KB164217

세상은 온통 과학이야

Die kleinstegemeinsameWirklichkeit by Mai Thi Nguyen-Kim
© 2021 Droemer Verlag. An imprint of Verlagsgruppe Droemer KnaurGmbH&Co. KG
Korean Translation ⓒ 2022 by The Korea Economic Daily & Business Publications, Inc.
All rights reserved.

The Korean language edition is published by arrangement with
Verlagsgruppe Droemer Knaur GmbH Co.KG
throughMOMO Agency, Seoul

이 책의 한국어판 저작권은 모모 에이전시를 통한
Verlagsgruppe Droemer Knaur GmbH Co.KG사와의
독점 계약으로 한국경제신문 (주)한경BP에 있습니다.
저작권법에 의해 한국 내에서 보호를 받는 저작물이므로
무단전재와 무단복제를 금합니다.

세상은 온통 과학이야

마이 티 응우옌 킴 지음

배명자 옮김

의심스러운 사회를 읽는 과학자의 정밀 확대경

Die kleinste gemeinsame Wirklichkeit

한국경제신문

프롤로그

맨날 틀리는 과학에 귀 기울일 필요가 있을까?

"흠, 과학에 관심 있는 사람이 있을까?"

아빠가 이마를 찌푸리며 걱정스럽게 말했다. 어쩌면 화학자인 아빠의 경험에서 우러나온 얘기일 것이다. 때는 2017년 초였고, 나는 바스프(BASF)의 실험실 책임자라는 매력적인 제안을 방금 거절했다. 머리와 가슴이 내게 한목소리로 과학 커뮤니케이션 분야에서 일하라고 말했기 때문이다. 사실과 의견의 구별이 점점 모호해지고, 소셜미디어에선 진짜 정보와 가짜 정보가 범람하고, 지구가 평평하다거나 바이러스가 존재하지 않는다고(그렇다, 코로나 이전부터 그랬다) 주장하는 몇몇 사람의 끈질긴 현실 부정을 보면서 나는 도저히 손 놓고 가만히 있을 수가 없었다. 뭐라도 해야 했다. 나서서 뭔가를 말해야 했다. 아주 미미하더라도 과학성과 사실성을 위해 능동적으로 뭔가를 하고 있다는 기분만이라도 가져야 했다. 아빠는 내 결정을 그럭저럭 수긍하긴 했지만, '과학에 대해 얘기하는 것'

이 어떻게 직업이 될 수 있는지는 완전히 이해하지 못했다.

하긴 당시 누가 생각이나 했겠나. 겨우 3년 뒤에, 아무도 과학에 관심이 없는 게 아니라 갑자기 모두가 관심을 쏟게 되는 문제가 발생하리란 걸 말이다. 예전에 나는 기회가 있을 때마다 정치 토크쇼와 뉴스가 과학자의 목소리를 너무 과소평가한다며 투덜대곤 했다. 그런데 2020년부터 독일의 모든 토크쇼에 과학 전문가가 필수로 출연했다.

"당신이 가장 좋아하는 바이러스학자는 누구인가요?"

이런 질문이 스몰토크의 단골 주제가 됐다. 심지어 황색지 〈빌트(Bild)〉조차 바이러스학자 크리스티안 드로스텐(Christian Drosten)과의 인터뷰 기사를 실었다. 이는 과학자의 목소리가 힘이 세졌다는 분명한 표시다. 그런 와중에 과학 저널리스트인 나는 때때로 현기증이 나는 일을 겪었다. 코로나의 존재를 부정하는 아틸라 힐트만(Attila Hildmann)이 나를 고발했고, 유명한 바이러스학자가 은근히 협박하는 메일을 보내왔다. 코로나 팬데믹이 대중의 과학 인식에 가장 좋은 기회인지 아니면 그 반대인지, 확신할 수 없었다. 그러나 한 가지만큼은 어느 때보다 명확했다. 우리가 현실을 이해하는 공통분모에서 점점 더 멀어지고 있고, 그것을 서둘러 바로잡아야만 한다는 것이다!

사실, 의견, 상상, 불안이 진흙탕처럼 마구 뒤섞이는 것은 과학뿐 아니라 토론 문화에도 좋지 않다. 어렸을 때 가지고 놀던 장난감 중에 태엽을 감아주면 폴짝폴짝 뛰는 작은 금속 개구리가 있었다.

그런데 태엽이 빽빽해서 처음엔 손끝으로 살짝 밀어줘야 뛰기 시작했다. 나는 태엽을 끝까지 감은 뒤에 개구리를 바닥에 조심스럽게 내려놓고, 오빠를 불러 태엽을 감아달라고 부탁했다. 그러면 오빠가 손을 대자마자 개구리가 갑자기 튀어 올라 멀리 도망가거나 오빠의 얼굴을 때렸다. 내가 가장 좋아하는 장난이었다. 착한 오빠는 매번 깜짝 놀랐다는 시늉을 했고 나는 깔깔대며 바닥을 굴렀다.

오늘날 우리는 태엽이 감긴 개구리처럼, 살짝 건드리기만 해도 정신없이 폭발하는 것 같다. 인터넷 덕분에 모두가 자기 목소리를 낼 수 있게 됐는데, 또 한편으로는 사소한 일이 분노의 소용돌이를 타고 거대한 쓰레기 더미로 부풀기도 한다. 개구리가 오빠 얼굴로 튀어 오르면 바닥을 구르며 깔깔대던 어린 나처럼, 그런 부풀림을 부추기며 기뻐하는 요괴들이 있는 것 같다. 현재 토론 문화는 크게 훼손됐다. 흑백논리가 지배하고 여러 전선이 형성되어 굳어졌다. 종종 객관적인 토론 자체가 불가능할뿐더러 합의는 더더욱 요원한 일이 됐다.

합의에 도달하기란 말처럼 쉽지 않다. 그레타 툰베리(Greta Thunberg)가 말한 '과학으로 단결하는 것(Unite behind the Science)'조차, 코로나 이후엔 어쩐지 예전보다 더 복잡해진 듯하다. 그레타로서는 과학으로 단결하자는 호소가 최소한의 요구였으리라. 그러나 '그런' 과학이 과연 있을까? 그리고 우리는 무엇에 합의할 수 있을까?

이 책에서 나는 세상에 남은 최소공통분모를 찾는 데 몰두할 것이다. 우리가 실제로 합의할 수 있는 것을 찾아낼 뿐 아니라 (사실

이것이 훨씬 더 흥미진진한데) 어디까지가 사실이고, 수치와 과학 지식이 아직 부족한 곳은 어디이며, 어디에서 저마다의 의견을 주장해도 되는지 찾아낼 것이다. 공통분모를 토대로 해야만 다툼이 제 기능을 하고, 태엽 개구리처럼 얼굴로 튀어 오르는 일 없이 토론이 진행될 수 있다. 그러면 다툼조차 다시 즐거워질 것이다.

그러니, 즐기자!

세상은 온통 과학이야
차례

3장_ 남녀 간 임금 격차는 실존할까?
과학적으로 해명되는 것과 해명되지 않는 것

4장_ 거대 제약산업 vs. 대체의학
건강하지 못한 이중 표준

만인의 연인 술 vs. 악마의 풀 마약

과학적 데이터는 얼마나 믿을 만할까?

마약의 법적 지위는 유해성에 따라 결정되어야 할까?

☐ 그렇다.

☐ 아니다.

술이 대마초보다 더 해롭지 않느냐는 질문에, 독일 정부 마약 담당관이자 CSU(기독교 사회연합) 당원인 다니엘라 루트비히(Daniela Ludwig)는 이렇게 대답했다.

"술이 월등히 해롭다고 해서 대마초가 브로콜리인 건 아닙니다."

2020년 7월 기자회견에서 루트비히가 발언한 브로콜리 비교는 당연히 온갖 조롱과 함께 인터넷을 뜨겁게 달궜다.[1] 특히 대마초 합법화에 찬성하는 젊은 세대는[2] '브로콜리 부정 발언'을 신나게 씹은 뒤에 밈, 컵, 티셔츠 형태로 다시 뱉어냈다.

나 역시 브로콜리에 비교한 건 우스꽝스럽고 적절치 않다고 여기지만, 그렇다고 이 발언을 가벼이 다루거나 대마초 합법화를 반대할 타당한 근거가 없다는 증거로 삼아선 안 된다고 생각한다. 실제로 루트비히는 대마초 합법화를 반대할 근거 하나를 나중에 내놓기는 했는데, 그 얘기는 뒤에서 다루겠다.

대마초는 브로콜리가 아니다, 엑스터시 역시 승마가 아니다

'에쿠아시(equasy)'에 대해 들어본 적이 있는가?

에쿠아시는 2009년 1월에 영국의 정신약리학자 데이비드 너트

(David Nutt)가 그간 간과해온 위험한 마약이라며 소개한 약이다. 그는 학술지 〈정신약리학 저널(Journal of Psychopharmacology)〉에서 30대 초반에 에쿠아시 때문에 영구 뇌 손상을 입은 한 여성의 비극적 사례를 들며, 관심 밖에 있던 이 중독물질에 주의를 기울이게 된 경위를 설명했다. 충격적이게도 영국에서만 에쿠아시 복용자가 수백만 명에 달했고, 그중에는 청소년뿐 아니라 심지어 어린이도 있었다.

너트는 먼저 에쿠아시가 매년 100건 이상의 교통사고와 약 10건의 사망 사고를 일으킨다고 추산한 다음,[3] 후반부에서 에쿠아시가 원래 무슨 뜻인지를 설명했다. 'Equine-Addiction Syndrome(승마 중독 신드롬)', 즉 승마의 재미에 중독된 증상이라는 뜻이다. "승마 중독자는 승마를 즐기기 위해 승마의 모든 위험을 감수한다. 말에서 떨어져 영구 뇌 손상을 입을 위험조차도. 승마가 그렇게 위험하다는 사실에 많은 사람이 분명 충격을 받았으리라."

다소 억지스러운 비교 같긴 하지만, 너트는 이를 통해 뭔가를 비판하고자 했다. 영국에서 불법 마약은 세 가지 범주로 분류된다. A급, B급, C급.[4]

A급 마약은 가장 강력하게 처벌된다. 사용자는 최대 7년 징역, 판매자와 생산자는 최대 무기징역을 받을 수 있다. 헤로인과 크랙 이외에 엑스터시로 더 잘 알려진 MDMA 마약도 A급에 속한다. 너트는 이런 분류를 한심하게 여겼고, 그 한심함을 승마 비교로 강조하고자 했다. 물론 승마와 마약을 비교하는 건 중독 측면에서만 보더라도 적절하지 않다. 그러니 그 너머를 보자. 너트가 지적하려는

	마약	사용자	판매자 및 생산자
A급	크랙, 코카인, 헤로인. 엑스터시(MDMA), LSD, 환각버섯, 메타돈, 메스암페타민(필로폰)	최대 7년 징역 그리고/또는 무제한 벌금	최대 무기징역 그리고/또는 무제한 벌금
B급	암페타민, 바르비투르산염, 대마초, 코데인, 케타민, 메틸페니데이트(리탈린), 합성 칸나비도이드, 합성 카티논(예: 메페드론, 메톡세타민)	최대 5년 징역 그리고/또는 무제한 벌금	최대 14년 징역 그리고/또는 무제한 벌금
C급	아나볼릭스테로이드, 벤조디아제핀(디아제프람), 감마하이드록시부티레이트(GHB), 감마부티로락톤(GBL), 피페라진(BZO), 까트	최대 2년 징역 그리고/또는 무제한 벌금(개인이 사용하기 위해 소지한 아나볼릭스테로이드는 예외적으로 처벌하지 않음)	최대 5년 징역 그리고/또는 무제한 벌금

진짜 요점은 승마 사고가 엑스터시보다 더 위험하다는 점이다. '에쿠아시'라고 불리든 '필로폰'이라고 불리든, 승마 사고처럼 큰 상해를 입힐 수 있는 마약은 A급 마약으로 분류된다. 그런데 엑스터시 역시 A급 마약으로 분류됐다. 여기에는 합리적 판단 근거가 없다. 한마디로 완전히 터무니없는 분류다. 너트는 승마 비교로 이것을 드러내고자 한 것이다.[5]

그러나 너트는 엑스터시를 A급에서 빼내지 못했다. 그 대신 같은 해 가을, 회장직을 맡고 있던 ACMD(약물남용에 관한 자문위원회)에서 해임됐다. 해임 직전에 너트는 런던 킹스칼리지 강연에서 마약 분류 시스템을 비판했다.[6] 대마초가 B급 마약으로 분류된 것은 부당하고, 합법적 마약인 담배가 오히려 대마초보다 더 해롭다고 주장했다. 내무부 장관 앨런 존슨(Alan Johnson)은 ACMD에서 너트를 쫓아낸 뒤에 자신의 결정을 대략 다음과 같이 정당화했다. 생각해 보세요! 정부에 자문하는 사람이 정부 정책에 반하는 캠페인을 한다는 게 말이 안 되잖아요![7]

안 될 게 뭐람? ACMD 자문위원을 포함한 몇몇 과학자는 너트가 두 가지를 동시에 해도 된다고 여겼고, 일부 자문위원은 항의 차원에서 사의를 표했다. 너트의 해임을 계기로 여러 분야의 과학자들이 독립된 과학자문 지침을 마련했고,[8] 영국 정부는 결국 이 지침을 일부 수정하여 채택했다.[9]

해임 후에도 너트의 저항은 계속됐다. 그는 2010년에 ISCD(독립마약과학위원회)를 설립했고, 이 조직은 나중에 'Drug Science(마약과학)'로 이름이 바뀌었다. ISCD는 너트의 주도 아래 2010년 11월에 유명 학술지 〈랜싯(The Lancet)〉에 논문 하나를 게재했다.[10] 이 논문

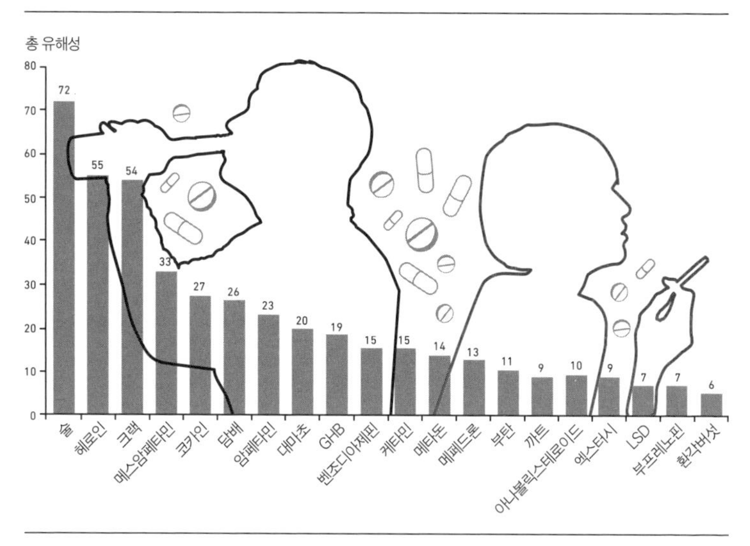

그림 1.1 너트가 분류한 다양한 마약의 유해성 평가[11]

은 다음의 그래프 때문에 전 세계적으로 화제가 됐다(그림 1.1).

이른바 '마약의 유해성 랭킹'이다. 너트는 2007년에도 이미 이와 비슷한 마약 랭킹으로 세상을 흔들어놓은 적이 있다. 너트의 마약 랭킹과 비교하면 당시 영국의 마약 분류는 완전히 터무니없어 보였다. 너트의 랭킹에 따르면 술과 담배가 대마초, LSC, 엑스터시보다 더 해롭다. 2007년의 마약 랭킹은 매우 거친 방법으로 선정됐기 때문에 약간의 업데이트가 필요했을 것이다. 아무튼 2007년 랭킹은 2010년 랭킹만큼 충격적이진 않았는데, 헤로인이 여전히 1위를 차지했기 때문이다.[12]

그런데 업데이트된 2010년 랭킹에서는 하필이면 만인의 연인인 '술'이 1위를 차지했다. 맥주의 나라 독일에서 보기에 헤로인과 크랙을 당당히 제치고 높이 솟은 술 막대가 눈에 거슬렸으리라. 당시 내무부 장관이었고 그 전에 오랫동안 바이에른 주지사를 지낸 호르스트 제호퍼(Horst Seehofer)에게 맥주는 "기호식품이면서 문화 상품이고 기초식량이자 생활 방식의 표현이다. 맥주는 고향과 전통에 대한 사랑, 삶의 기쁨, 공동체 의식을 보여준다." 제호퍼는 2016년 주 정부가 주최한 '바이에른의 맥주' 전시회에서 이런 맥주 사랑을 고백한 이후,[13] 2019년 대마초 관련 기자회견에서 냉랭한 태도로 같은 당 동지인 루트비히 편에 섰다. 왜 대마초 합법화에 반대하냐는 질문에 그는 이렇게 대답했다.

"통계를 보면 대마초가 얼마나 위험한지 알 수 있습니다."[14]

그런데 어떤 통계를 말하는 걸까? 아무튼 너트의 통계에서는 대마초가 담배보다 덜 해롭고, 랭킹에서도 중간 정도를 차지한다. '파티 마약'으로 불리는 엑스터시와 LSD는 저 아래 하위에 얌전히 자리하고, 그보다 덜 해로운 건 환각버섯뿐이다. 언뜻 보기에 이 마약 랭킹은 대다수 국가의 마약 정책이 완전히 비합리적이라고 폭로하는 것 같다. 그러나 두 번, 세 번 다시 살펴볼 필요가 있다.

방법, 방법, 방법이 중요해!

과학의 질은 데이터 수집에서만 좌우되지 않는다. 무엇보다 데이터 분석에서 판가름 난다. 당신은 이 책에서 그런 사례를 자주 만나게 될 것이다. 산출 방법을 모르면 수치 자체는 아무 의미가 없다. 그러므로 마약 랭킹의 수치들이 어떻게 산출됐는지, 눈을 가늘게 뜨고 비판적으로 들여다보자. 2007년에 너트의 첫 랭킹이 아주 거친 방법으로 만들어진 후에, MCDA(Multicriteria Decision Analysis) 원리에 따라 새롭게 분석됐다. MCDA의 적합한 번역어를 찾던 중 인터넷에서 '대략의 다기준 의사결정 분석'이라는 표현을 만났다. '대략의'라는 말이 진짜로 들어 있었다! 아무튼, MCDA는 여러 기준을 동시에 고려하여 복합적으로 비교하고 결정하는 방법이다. 이 방법은 세 단계로 나뉜다.

- 1단계: 고려할 모든 기준을 찾아낸다. 마약의 유해성을 분석하려면 흡연에 의한 폐암이나 과음에 의한 사망 같은 여러 신체적 상해는 물론이고, 중독이나 정신병 또는 지능 저

하 같은 정신적 상해도 고려해야 한다. 여기에 마약으로 인한 관계 및 가정 파괴, 마약 사용자 및 생산자의 처벌 비용이나 치료 비용 등 사회적 피해도 고려해야 한다. 게다가 마약을 생산하는 과정에서 발생하는 독성 폐기물의 환경 파괴 같은 몇몇 피해는 산출하기가 쉽지 않다.

MCDA에서 가장 중요한 것은 '다기준'이다. 너트는 관련된 모든 신체적 · 정신적 · 사회적 피해를 드러낼 16개 기준을 세웠다.

- 2단계: 모든 기준을 하나의 가늠자로 측정한다. 너트의 마약 랭킹에서는 0에서 100까지의 가늠자로 측정했다. 각 기준에서 가장 해로운 마약에 100점을 주고, 이것을 토대로 나머지 마약의 유해성을 비율로 나타냈다. 말하자면, 다른 것보다 2배 해로운 마약은 점수도 2배 높다.
- 3단계: 배정된 점수에 여러 인수를 곱하여 각 기준에 가중치를 부여한다. 예를 들어 중독 위험이 환경오염보다 2배 더 심각하다고 판단되면, 중독 점수에 2배의 가중치를 부여한다. 즉, 2배 큰 인수와 곱한다. 여기에서도 비율이 적용된다. 끝으로 약물마다 16개 기준의 가중치 점수를 합산하여 최종 결과를 얻는다. 너트의 마약 랭킹에서는 술이 가장 높은 점수를 받았다.

흠…. 뭔가 찜찜한 기분이 들어 이마를 찌푸리고 있진 않은가? 그러니 방법을 확인하는 것이 매우 중요하다!

첫 번째 약점이 곧바로 눈에 띈다. 이 방법은 너무 주관적이다! 1단계에서 기준을 정할 때부터 말이다. 피해의 경중을 따져 가중치를 부여할 때의 주관성은 보기 민망할 정도로 심하다.

'과학 연구'에서 주관성은 흔치 않지만, 완전히 피하기도 어렵다. 예를 들어 약물의 독성은 객관적으로 비교할 수 있지만, 마약에 의한 가정 파괴를 과연 객관적으로 측정할 수 있을까? 가정 파괴는 경제적 피해보다 얼마나 더 심각하고, 가중치 비율은 어때야 할까? 결코 객관적일 수 없다. 이 지점에서 첫 번째 중요한 팩트가 밝혀진다. 마약의 유해성 분석은, '과학 연구'라고 적혀 있더라도, 주관적일 수밖에 없다.

물론 주관적 분석을 내놓은 사람이 길에서 우연히 만난 행인이 아니라 과학자들이라는 사실이 약간 위안이 될진 모르겠다. 그러나 이런 연구의 가장 큰 문제가 과연 주관성일까? 글쎄, 나도 궁금하다. 다음 단락에서 당신은 과학적 관점이 얼마나 제한적일 수 있는지 깨닫게 될 것이다.

금주는 알코올 중독의 해결책이 아니다

술과 연관된 여러 고통, 질병, 사망 사고를 생각하면 제호퍼가 맥주를 문화 상품으로 추켜세우며 열광하는 것이 어쩌면 잘못일지 모른다. 그러나 분명 대다수는 적어도 현실 감각을 가졌고, 금주가 해결책이 아니라는 것쯤은 알 것이다.

금주가 해결책이 아니라고 주장할 때 가장 애용되는 근거가 미국의 금주법 실패다(어쩌면 일부 역사학자는 '실패'를 조금 더 세분화해서 다루고 싶으리라). 전국에서 술을 금지하는(정확히 말해 '음주'가 아니라 술의 생산 · 공급 · 판매가 금지됐다) 금주법은 1920년에 도입됐지만 1933년에 폐지되면서 실패로 끝났다.

지금 시각으로 보면, 금주법은 실패로 끝날 수밖에 없는 매우 어설픈 아이디어처럼 비친다. 그러나 이 금주법은 어느 날 갑자기 하늘에서 뚝 떨어진 게 아니다. 19세기부터 절제 운동이 분위기를 만들기 시작했고,[15] 최초의 로비 단체인 '반살롱연맹'이 설립되면서 본격화됐다. 반살롱연맹은 강한 압박으로 절제 운동을 선도하며 전진했다. 금주법이 통과되기 몇 년 전에 이미 몇몇 주가 다소 엄격한 금지를 결정했고, 그렇게 법제화의 길이 다져졌다.[16] 반살롱연맹의 전술은 교묘함을 넘어 조작에 가까웠고, 금주법 외에 아무것도 요구하지 않았다는 점에서 급진적이라고 할 만하다. 그들은 지지자의 정치적 입장에 개의치 않았다. 심지어 지지자가 술을 마시든 안 마시든 상관하지 않았다. 이쯤 되면 실용주의의 끝판왕 아닌가! 역사학자 대니얼 오크렌트(Daniel Okrent)에 따르면, 미국의 무기 로비 단체 NRA는 반살롱연맹의 이런 '단독 이슈 전략'을 모범으로 삼았다.[17]

금주법 실패는 다양하게 해석할 수 있다. 예를 들어 음주는 거의 본능적인 욕구라서 급진적 로비 활동만으로는 억제할 수 없음이 다시금 확인됐다, 약물을 대하는 우리의 태도가 주로 도덕과 가치관의 영향을 받는다는 사실이 재확인됐다 같은 해석이다.

그러나 무엇보다 술의 그림자가 사람들에게 고통을 안겨주지 않았다면, 반살롱연맹은 뜻을 이루지 못했을 것이다. 금주법 지지자들은 '여성 참정권 운동'의 지원 사격을 받았다. 남편이 살롱에서 술을 마시고 집에 돌아와 가족에게 폭력을 행사하거나 직장을 잃는 것은 많은 여성에게 고통을 안겼다.[18]

그러나 대다수는 금주법을 명백한 실패로 본다. 금주법은 목표를 이루지 못했을 뿐 아니라 술이 야기하는 질병, 폭력, 범죄 그리고 음주 자체를 오히려 더 키웠다는 것이다. 정말? 정말! 금주법이 발효됐음에도 사람들은 계속 술을 마셨다. 단지 장소만 바뀌었을 뿐이다. 이제 살롱이 아니라 '비밀 술집'이나 집에서 마셨다. 그러나 음주량은 감소했다. 금주법 이전과 비교해서 초기에는 술 소비가 30퍼센트 수준까지 줄었다. 물론 이런 감소가 오래가진 않았다. 몇 년 뒤에 다시 이전 소비량의 60~70퍼센트 수준으로 돌아갔고, 그 수준이 유지됐다.[19]

금주법이 폐지됐을 때는 어땠을까? 폐지되자마자 술을 맘껏 마셨을 것 같지만, 흥미롭게도 당분간은 계속 술을 삼갔다. 1인당 술 소비가 금주법 이전 수준으로 돌아가는 데 족히 10년이 걸렸다.[20] 그리고 금주법 시행 초기에 약 절반으로 줄었던 간경화로 인한 사망률은 1960년대가 되어서야 비로소 금주법 이전과 같아졌다. 그러니 금주법이 술 소비와 질병을 줄이지 못했다는 주장은 틀린 것으로 보인다. 게다가 금주법의 효과는 대다수의 예상과 달리 오래 지속됐다. 지속되지 않기를 바랐던 부차 효과도 오래 지속됐다. 국가 차원의 금주는 갱단과 마피아의 전국 네트워크를 탄생시켰다.[21]

이 네트워크는 금주법 폐지 이후에도 존속하여 도박, 매춘, 여러 불법 마약을 취급했다. 암시장은 질 나쁜 술도 유통시켰고, 그래서 금주법으로 감소한 음주 관련 사망률이 불순물 중독에 의한 사망으로 상쇄됐다.

어쩌면 금주법은 알려진 것보다 더 성공적이었을지도 모른다. 그러나 미국 사회가 치러야 했던 대가에 비하면 성공의 크기가 한참 모자라다. 금주법이 실패로 끝난 이유는 무엇보다 그 법의 가혹함이었을지 모른다. 자신의 적당한 음주를 무해하다고 여기며 다른 술주정뱅이들을 손가락질하던 금주법 지지자들은 '볼스테드 법(Volstead Act)'이 알코올 함량 0.5퍼센트 이상을 모두 금지했을 때 약간 당혹스러웠으리라.[22] 맥주 한 잔도 안 된다고?? 그들은 분명 이 모든 것을 상상조차 못 했을 것이다. 도수가 높은 술만 금지하는 덜 가혹한 금주법이었다면, 그렇게 배척받지 않았을지 모른다. 그리고 전국이 대공황의 충격에 빠지지 않았다면, 금주법이 더 오래 유지됐을지도 모른다. 어쩌면 금주법이 이미 벼랑 끝에 선 상태였고, 위기에 처한 경제를 부활시키고 새로운 주류세 수입을 올리기 위해 결국 금주법을 벼랑 아래로 떠민 것은 아닐까.[23]

마약 정책이 성공하느냐 마느냐는 언제나 국민의 호응에 달렸다. 유럽의 대다수 국가와 마찬가지로 독일에서도 금주 정책이 호응을 얻지 못할 테고, 수많은 이유로 관철되지 못할 것이다. 설령 관철되어 술을 금지하더라도 인터넷과 다크넷 덕분에 마피아 네트워크 없이도 술 암시장이 번성할 것이다. 마약의 인기는 마약 정책에서 중대한 요소이지만, 과학적 분석에서는 거의 고려되지 않는다. 그러나 마약의 유해성과 부정적 결과에만 초점을 맞추는 것은 동전의 한 면만 보는 것이다.

자주 인용되는 술과 대마초의 비교로 돌아가 보자. 세계보건기구(WHO)에 따르면, 전 세계적으로 매년 300만 명이 술 때문에 사망한다. 에이즈, 폭력, 교통사고로 사망하는 사람의 수를 모두 합한 것보다 많다.[24] 대마초와 관련된 사망 사건이 널리 알려져 있지만, 사실 대마초 하나만으로는 중독이 안 된다. 대마초에 들어 있는 테트라하이드로칸나비놀(THC)은 다량일 때는 치명적일 수 있지만, 흡연으로는 치사량에 도달할 수가 없다.[25] 대마초는 의료 목적으로도 사용되기에 기본적으로는 유익하다고 여겨 부작용을 과소평가하는 사람들도 있다. 주로 척수와 뇌에 있는 대마초 물질 수용체는 다양한 기능을 하는데, 특히 뇌 발달과 시냅스의 복잡한 활성 및 억제 과정에서 중요한 역할을 한다.[26] 이 과정에서 치료 가능성뿐 아니라 예기치 못한 부작용도 생긴다. 그래서 몇몇 연구자는, 설령 칸나비디올(CDB)처럼 향정신 효과가 없는 대마초 물질이라도, 의료 목적으로 아동과 청소년에게 투약할 때는 특히 신중해야 한다고 경고한다.[27]

대마초가 정신 질환을 얼마나 완화 또는 악화할 수 있느냐 하는 문제도 논란거리다. 어렸을 때의 대마초 소비와 나중의 조현병 간 상관관계를 관찰한 장기 연구가 있다.[28] 대마초 소비가 전 세계적으로 증가하고 있지만 조현병이 그 추세에 발맞춰 증가하지는 않으므로, 둘의 관계는 단순한 인과관계보다 훨씬 더 복잡하다. 어렸을 때의 대마초 소비가 나중에 조현병을 유발하진 않더라도 악화시킬 수는 있다. 그러나 성인이 대마초를 적정량만 소비하면 기본적으로 부작용은 미미하다. 안전한 대마초 소비를 위한 과학적 지침도 있다(자료 1 참조).[29] 이 지침을 지키면 부작용 위험을 계속 줄일 수 있으며, 따라서 독성 측면에서 대마초가 술보다 덜 해롭다고 주장할 수 있다.

국민 건강 보호를 명분으로 마약의 금지나 제한을 정당화하려면, 합법적 마약인 술보다 덜 해로운 모든 마약을 합법화해야 마땅한 게 아닐까? 그러나 마약이 너무 해로워서 불법이 된 게 아니고, 술 역시 그저 인기가 너무 높아서 효과적으로 금지하기 어려운 탓에 합법화했다면 어떨까? 그러면 마약 담당관 다니엘라 루트비히를 충분히 이해할 수 있을 것 같다. 루트비히는 수많은 조롱을 받은 '브로콜리' 기자회견에서 놀랍도록 정직하게 발언했다.

"우리에게는 이미 두 가지 국민마약이 있습니다. 세 번째 국민마약은 필요치 않습니다."[30]

자료 1 _ 안전한 대마초 소비를 위한 과학적 지침[31]

1. 대마초의 위험을 피하는 가장 안전하고 효과적인 방법은 대마초를 소비하지 않는 것이다. 소비를 결정하는 순간 여러 장 · 단기적 건강 및 사회적 손상 위험에 노출된다. 위험의 강도는 소비 태도와 제품의 질 그리고 사용자에 따라 제각각이다.

2. 대마초 소비를 이른 나이에 시작할수록(특히 16세 이전) 건강 및 사회적 손상 위험이 높다. 일찍 시작했을 뿐만 아니라 집중적으로 자주 소비할수록 위험은 더욱 높아진다. 빈번한 대마초 소비는 뇌 발달에 영향을 미치기 때문이다.
   증명 수준: 높음

3. THC 함량이 높은 제품은 여러 (급성 및 만성) 정신적 · 신체적 문제를 동반할 위험이 매우 높다. 그러므로 제품의 유형과 성분을 잘 확인하여 가능한 한 THC 함량이 낮은 제품을 사용하는 것이 좋다. CBD가 THC 효과 일부를 완화하므로, THC에 대한 CDB 비율이 높은 제품을 사용하는 것이 좋다.
   증명 수준: 높음

4. 최신 연구에 따르면, 합성 제품이 더 심각하게 건강을 해칠 수 있다(사망에 이를 수 있다). 그러므로 이런 제품의 사용은 피해야 한다.
   증명 수준: 제한적임

5. 잦은 대마초 흡연은 기관지에 해롭다. 소비 방법에 따라 제각각 나름의 위험이 있지만, 특히 연소된 대마초 물질을 음식이나 스프레이 형태로 흡입하는 방법은 피해야 한다. 식용 대마를 섭취하면 비록 기관지 손상은 막을 수 있지만, 향정신 효과가 뒤늦게 나타나기 때문에 의도치 않은 과용량과 그에 따른 더 큰 부정적 결과를 유발할 수 있다.
   증명 수준: 높음

6. 담배 형태로 대마초를 소비할 때는 향정신성 물질의 흡수를 촉진하는 깊은 흡입과 숨 참기, 즉 발살바 호흡 기법을 삼가야 한다. 이런 호흡은 폐로 들어가는 독성 물질의 양을 막대하게 높인다.
   증명 수준: 제한적임

7. 대마초 소비가 잦을수록(예를 들어 매일 또는 거의 매일), 건강 및 사회적 손상의 위험은 더 높다. 그러므로 가능한 한 아주 가끔씩만 피우는 게 좋다(예를 들어 일주일에 한 번만, 주말에만 등).
   증명 수준: 높음

8. 대마초를 피운 상태에서 운전하면 교통사고 위험이 높다. 대마초 흡연 후 적어도 6시간이 지난 다음 운전(또는 기계 조작)을 하기 바란다. 이런 대기 시간은 사람에 따라 또는 제품의 특성에 따라 더 길어질 수 있다. 대마초와 술을 동시에 소비하는 것은 교통사고 위험을 몇 배로 높이므로 절대적으로 피해야 한다.
   증명 수준: 높음

9. 대마초의 부작용 위험이 유난히 높은 사람들은 소비를 삼가야 한다. 예를 들면 정신병과 중독 성향이 있는 사람, 가족 중에 정신병이나 중독 병력이 있는 사람, 임산부(특히 태아나 신생아를 보호하기 위해) 등이다.
   증명 수준: 높음

10. 지금까지 기술한 위험 요소들이 합쳐지면 부정적 효과는 더욱 커질 수 있다. 예를 들어 어려서 시작하고 자주 사용할 경우 손상 위험이 막대하게 높아질 수 있다.
    증명 수준: 제한적임

그렇다면 마약은?

술의 인기를 고려할 때, 술의 합법화를 근거로 대마초의 합법화를 요구하는 것은 다소 안일한 시도다. 그러나 과연 금지가 기본적으로 보호에 도움이 될까? 오히려 해로운 건 아닐까? 흠, 그것참 흥미로운 질문이군.

포르투갈에서는 2001년부터 개인의 마약 소지와 사용은 범법 행위가 아니라 그저 질서를 어지럽히는 행위로 간주된다. LSD에서 헤로인에 이르기까지 모든 마약에 적용된다. 금지 대신 예방, 처벌 대신 치료! 이것이 모토다. 그래서 종종 포르투갈은 성공적 마약 정책의 우수 사례로 꼽힌다. 그러나 이 경우에도 몇몇 회색톤과 뉘앙스가 빠져 있다. 경제자유주의 싱크탱크인 케이토연구소의 2009년 보고서가 강한 영향을 미쳤는데,[32] 변호사이자 저널리스트인 글렌 그린월드(Glenn Greenwald)는 이 보고서에서 포르투갈의 '비범죄화 전략'이 '모든 항목에서 대성공이었다'고 평가했다. 이런 명확한 발언에 그래프 19개와 도표 3개가 더해져 그린월드의 보고서는 대단히 멋진 선언이 됐고, 〈이코노미스트〉, 〈타임 매거진〉, 〈사이언티픽 아메리칸〉 같은 유력 잡지의 헤드라인을 장식했다.[33] 〈타임 매거진〉과 〈사이언티픽 아메리칸〉은 메릴랜드대학교의 범죄학자 피터 로이터(Peter Reuter)의 회의적 발언도 같이 보도했지만, 대중은 그런 발언에 거의 주목하지 않았다. 로이터는 포르투갈의 비범죄화 전략이 비록 마약 소비를 증가시키진 않았지만(이것만으로도 벌써 화제성이 있다), 헤로인 소비 감소 같은 개별 효과가 비범죄화 전략에서 자동으로 도출된 건 아니라고 지적했다. 그런 개혁이 없더라도 마약 소비는 원래 파도처럼 오르락내리락한다는 것이다. 그러니까 전문용어로 말해 '비범죄화 개혁을 하지 않은 포르투갈'을 대조군으로 하는 통제 실험이 이뤄지지 않았다는 지적이다.

남들과 다른 것도 좋지만, 이런 신중한 어조로는 포르투갈의 성공 신화 열광에 이렇다 할 타격을 주진 못할 것 같다. 그렇지 않은가? 그러나 포르투갈 의사 마누엘 핀토 코엘류(Manuel Pinto Coelho)의 설명이 더해지면, 얘기가 달라진다. 코엘류는 강렬한 어조로 "포르투갈의 오판"이라며 이 개혁을 '재앙적 실패'로 평가했다.[34] 그는 세계를 향해 외쳤다. "우리를 따라 하지 마시오!"[35] 휴, 이게 다 무슨 난리람?

흥미로운 사실은, 그린월드와 코엘류 두 사람 모두 각자의 환희에 찬 호평과 신랄한 혹평을 뒷받침하는 수치를 제시했다는 점이다. 두 사람이 제시한 수치는 당연히 전혀 다르다. 그린월드의 케이토 보고서에 따르면, 포르투갈 청소년의 마약 소비가 줄었다. 7~9학년의 경우 개혁 초반인 2001년에는 14.6퍼센트가 대마초 경험이 있었는데, 2006년에는 단 6.6퍼센트에 그쳤다. 10~12학년은 2001년에 약 25.6퍼센트가 대마초를 피워봤다고 답했는데, 5년 뒤에는 18.7퍼센트에 그쳤다.

하지만 코엘류는 다른 수치를 제시했다. 1998년부터 2002년 사이에 포르투갈 청소년의 대마초 소비가 150퍼센트나 극적으로 증가했다! 2002년부터 2006년까지 (헤로인을 제외한) 모든 마약 소비가 약간 줄었지만, 개혁 이전보다 명확히 더 높은 수준을 유지했다. 그러므로 결론적으로 마약 소비는 증가했다. 엥?? 이게 어떻게 된 거지?

쓸 만한 데이터를 모두 꺼내놓고 보면,[36] 우선 데이터가 매우 빈약함을 확인하게 된다. 한심하게도, 아니 거의 슬프게도, 포르투갈 정부는 마약 정책 개혁에서 상세한 데이터 분류 및 분석을 첨부하지 않았다. 청소년의 마약 소비에 관한 네 가지 데이터를 제시했을 뿐이고, 그린월드와 코엘류는 이 중에서 자기 입맛에 맞는 한 가지 데이터만 가져다 썼다. 그들이 선택한 각각의 데이터는 그들의 주장을 뒷받침해줬다. 다만, 각자가 선택한 한 가지 데이터만 그랬다는 게 문제다. 두 사람이 그린 그림은 모두 불완전했다.

(빈약한 데이터에서 나왔으니 당연할 결과지만) 코엘류와 그린월드의 그림은 그들의 강렬한 발언과 비교하면 매우 밋밋하다. 마약 소비는 2001년쯤에 어느 정도 상승했다가 그 후 지속적으로 완만하게 감소했다. 마약 정책 효과는 두 사람이 주장한 것만큼 그렇게 강력하지 않아 보인다.

그러나 여기에 결정적인 것이 더해진다. 설문조사 문항에 다음과 같은 질문이 있었다. "대마초를 피워본 적이 있습니까?" 딱 한 번 피워보고 다시는 입에 대지 않은 사람도 이 질문에 '그렇다'라고 응답했다. 그린월드와 코엘류는 '그렇다'를 '대마초 소비'로 해석했다. 반면 '최근에' 마약을 했거나 현재 마약을 하고 있느냐고 물었을 때는 '그렇다'라고 대답한 사람이 2001년과 2007년 사이에 대부분 연령층에서 증가했고, 25~34세가 7퍼센트로 가장 많이 증가했다. 흥미롭게도 그 아래 연령대인 15~24세는 감소했다. 그러므로 마약 정책 개혁 이후 많은 사람이 한 번쯤 마약을 시도해봤지만 그들 모두 계속 마약을 한 건 아닌 것 같다.

데이터를 탐색해보면, 그린월드와 코엘류 모두 적절치 않은 선택이나 해석으로 '대성공' 또는 '재앙적 실패'라는 결론에 도달했음을 확인할 수 있다.[37] 그러나 현실은 '대성공' 쪽에 가까운 것 같다. 그러니까 '대'를 뺀다면 그린월드의 말이 맞는 것 같다.

비범죄화 전략은 다른 측면에서도 긍정적 효과가 있었다. 징역 면제, 법집행 절차의 단축, 예방과 치료 확대를 통해 포르투갈은 사회적 비용을 약 18퍼센트나 절약했다.[38]

빈약한 데이터지만 조심스럽게 결론을 내려보면, 포르투갈의 마약 정책 효과는 중간과 대성공 사이 어디쯤 있는 것 같다. 어떤 사람에게는 이것만으로도 벌써 충분히 충격적일 것이다. 나는 이것을 조사하면서, 마약 정책 개혁을 과학적으로 분류하고 분석하기가 얼마나 어려운지를 새삼 깨달았다. 물론 어떤 사람에게는 대수롭지 않을지도 모른다. 예를 들어 과학 저널리스트 키스 오브라이언(Keith O'Brien)은 포르투갈의 마약 정책 효과를 '로르샤흐 검사(Rorschachtest)'에 비유했다.[39] 저마다 다른 그림을 발견하는 바로 그 잉크 반점 검사 말이다.

악마는 디테일에 있다

미국의 금주법은 마약이 야기하는 피해 대부분이 금지에서 비롯됨을 보여주는 좋은 사례다. 특히 악명 높은 헤로인을 보자. 역시 악마는 디테일에 있다! 헤로인은 중독성이 매우 강하고 과용량이면 사망할 수 있다. 음주의 경우 몸이 구토 반응으로 과음을 막지만,

헤로인 주사는 쉽게 과용량으로 이어질 수 있다. 사실 깨끗한 헤로인이라면 평생을 함께할 수 있다. 그러나 암시장에서 온갖 지저분한 것이 혼합된 불순한 헤로인은 중독성이 과도하게 높을 뿐 아니라 몸에도 매우 해롭다. 오염된 주사기를 통한 HIV 감염을 생각해보라. 불법화가 초래하는 전형적 현상이 바로 그것이다. 또한 불법마약에 대한 사회적 배제(범죄다!) 때문에 중독자들은 도움을 구하기도 어렵다. 중독, 즉 어떤 물질에 대한 의존성은 낙인을 찍고 손가락질해 마땅한 범죄가 아니라 의학적 도움과 치료가 필요한 정신 질환이다.

과학방송 〈크바르크스(Quarks)〉를 나와 함께 진행하는 옌스 하네(Jens Hahne)는 촬영을 위해 뒤셀도르프 중독 치료 병원을 방문했다. 그곳에서는 헤로인 중독자를 '디아모르핀'이라는 깨끗한 헤로인으로 치료한다. 의사의 통제하에 헤로인은 언제나 깨끗하게 보존되고 과용량 위험도 철저히 예방된다. 아무리 깨끗한 약물이라도 과용량은 치명적일 수 있으니까! 디아모르핀은 스위스나 영국에서 이미 수십 년 전부터 허용된 의약품으로, 적정 용량이면 놀라울 정도로 무해하다.[40] 독일에서는 2009년부터 디아모르핀 투약이 허용됐는데, 메타돈 치료 같은 다른 치료가 실패했고 환자가 계속해서 거리의 헤로인을 구입할 만큼 중독이 심한 경우에만 가능하다.[41] 중독의학자들이 크게 찬성하고 의료보험이 비용을 지불하는데도, 아직까지 독일에선 디아모르핀 치료가 매우 드물다.[42]

중독은 당연히 매우 중대한 문제다. 개인의 자유를 옹호하며 '취할 권리'를 주장하는 사람이라도 중독이 자유의지를 해친다는 데 동의할 것이다. 그렇게 보면, 금지나 통제를 통해 중독물질로부터 개인을 보호하는 정책은 결국 개인의 자유를 보호하는 것이라고 할 수 있다. 중독물질은 일상, 직장, 친구, 가정으로 침입하여 인생 전체를 장악할 수 있다. 술이든 헤로인이든 똑같다. 더욱이 병적으로 의존하게 된 물질을 구하기 위해 불법을 저지를 수밖에 없다면, 중독은 완전히 새로운 차원이 된다. 헤로인의 중독성이 특히 높으므로 금지해야 한다고 주장하는 것은 너무 편협한 관점이다. 중독성은 금지와 합쳐졌을 때 유해성이 커지기 때문이다.

이것 역시 상당히 단순한 관점이다. 독일에서 가장 치명률이 높은 담배를 보자. 암연구센터의 '담배 지도 2020'이 제시하는 수치는 대단하다.[43] 독일에서 2018년에 흡연으로 사망한 사람이 무려 12만 7,000명에 달한다고 한다. 그러나 진짜 놀라운 수치는 이제부터다. 12만 7,000명이면, 전체 사망 사례의 13.3퍼센트에 해당한다! 가장 비중이 큰 사망 원인은 암으로, 특히 폐암이 많았지만 대장암이나 간암도 만만치 않았다. 그 외에 심혈관계 질환, 2형당뇨, 기관지 질환이 있었다.

흡연자 수, 특히 청소년 흡연자 수가 얼마 전부터 느리지만 꾸준히 감소하는 추세다.[44] 그러나 흡연의 결과는 주로 인생 후반기에 뒤늦게 나타나기 때문에, 흡연자 수 감소가 사망 수치에 반영되려면 몇 년이 더 지나야 한다.

니코틴은 중독성이 매우 높다. 심지어 헤로인보다 더 높다는 보고도 있다.[45] 안전을 위해 니코틴을 중독성 강한 마약으로 분류하더라도, 다른 마약과 직접 비교하면 그것은 객관적 사실이 아니라 전문가 개인의 추측에 불과하다. 니코틴과 헤로인의 중독성을 과학적 방법으로 명백하게 비교하기는 어렵다. 두 약물의 구매 장벽이 크게 다를 뿐 아니라 중독자의 일상에 미치는 효력도 하늘과 땅 차이이기 때문이다. 니코틴은 환각물질로 분류되지만, 니코틴의 환각 효과는 거의 얘깃거리가 되지 못한다. 흡연자는 자신의 니코틴 중독이 다른 약물 중독자보다 훨씬 약하다고 말하면서도, 금연을 끔찍하게 힘들어한다.[46] 직장생활과 사회생활을 망칠 수 있는 헤로인 중독만 끊기 어려운 게 아니다. 아주 일상적인 니코틴 중독에도 나름의 함정이 있다. 니코틴 중독은 사회적 인식 면에서 가장 약한 낙인이 찍힌다. 니코틴 중독을 공공연히 밝히더라도 크게 손해 보는 일이 없다. 그리고 문 앞에서 잠깐 담배 한 개비의 휴식을 가질 수 있는 한, 직장에서도 일상에서도 아무 문제 없이 지낼 수 있다.

그러니 담배가 덜 해로울까? 아니면 오히려 더 치명적일까? 글쎄, 글자 그대로 보면 치명적이라는 말은 죽을 수 있다는 뜻이므로 12만 7,000명의 사망 사례에서 니코틴 중독이 어떤 역할을 했는지 따져봐야 한다. 아무튼 담배는, 불법과 낙인 없이도 매우 해로울 수 있음을 보여주는 좋은 사례다.

헤로인과 담배의 비교에서 봤듯이, 중독 · 신체적 상해 · 사회적 낙인 · 범죄 같은 여러 유해성이 문서상으로는 분리될 수 있지만 현실에서는 아주 복잡하게 얽혀 있다. 이 복잡한 연관성 때문에 직접 비교하기가 어렵다. 그러므로 이 지점에서 다시 데이비드 너트의 마약 랭킹과 그것의 두 번째 허점으로 돌아가야 한다. 너트의 마약 랭킹을 보면 마약의 유해성 수치가 주관적일 뿐 아니라 독립된 16개 유해성 범주 역시 매우 인위적이고 심하게 단순화됐음을 알 수 있다.

그렇더라도 일단 유해성을 측정하는 완벽한 가늠자가 존재한다고 가정해보자. 예컨대, 너트의 마약 랭킹이 절대적으로 객관적이고 과학적으로 정확하다고 해보자. 그렇더라도 금지나 통제 또는 합법화를 결정하기가 절망적으로 복잡할 것이다.

모든 마약은 이미 있었다

마약이 없는 세상을 상상해보자. 어느 날 친절한 외계인이 마약 없는 우리 세상을 방문한다. 외계인은 친절하게도 우리 종족을 위한 선물까지 준비해 왔다. 바로, 너트의 마약 랭킹에 오른 스무 가지 약물이다! 외계인이 우리에게 약물의 위험성을 설명한다. 어떤 것은 더 높고 어떤 것은 더 낮지만, 아무튼 모두 어느 정도는 위험할 거라고. 우리는 그럼에도 혹시 필요한 게 있지 않을까, 찬찬히 생각한다. 외계인이 우리보다 확실히 즐거워 보이므로, 어쩌면 이 약물들이 큰 즐거움을 주지 않을까 싶어 관심이 생긴다. 어떤 사람들은 크게 감탄하고, 어떤 사람들은 외계인의 선물을 멀리하고자 하고, 또 어떤 사람들은 조금만 받아볼까 생각한다.

이제 완벽하고 객관적이고 정확한 마약 랭킹을 근거로 어떤 마약을 받을지 결정한다고 상상해보자. 그러면 결정하기가 비교적 간단할 것이다. 유해성을 어느 정도까지 감수할 수 있는지 민주적으로 투표할 수 있다. 일테면 대마초보다 순위가 낮은 모든 마약을 수용하기로 할 수 있다. 그다지 위험을 좋아하지 않는다면 엑스터시와 LSD, 부프레노핀, 환각버섯만 받아들일 수도 있다. 약물 자체만 고려하여 결정하더라도 당연히 모든 마약을 수용하거나 거절할 수 있다.

그러나 상상과 달리 현실에서는 마약이 이미 존재하고, 그것이 모든 것을 바꾼다! 현실에서 우리는 마약을 선택하지 못한다. 결정은 이미 오래전에 내려졌다. 독일에서는 담배와 술은 합법이고 (치료 목적의 대마초 또는 처방전이 필요한 진통제를 제외하면) 다른 모든 마약은 불법이다. 현실에서 우리가 선택할 수 있는 것은 마약이 아니라 마약 정책이다. 술이냐 대마초냐가 아니다. 술을 더 강력하게 통제할 것인가, 아니면 모든 것을 그냥 내버려 둘 것인가? 대마초를 합법화할 것인가, 아니면 계속 금지할 것인가?

마약 정책이 바뀌면, 마약이 야기하는 피해의 종류와 규모도 자동으로 바뀐다.

헤로인 사례는 마약이 야기하는 피해 대부분이 금지에서 비롯됨을 보여줬다. 헤로인만 그런 게 아니다. 필로폰, 크랙, 아이스 등 다양한 이름으로 불리는 메스암페타민은 금지가 됨으로써 환경에까지 위험을 끼쳤다.[47] 이 약물은 소규모 아마추어 실험실에서 생산되고, 이때 발생하는 유해 폐기물이 부적절하게 처리되기 때문이다. 메스암페타민 생산이 합법이라면, 당연히 더 전문적으로 생산되고 폐기물 역시 안전하게 처리되어 환경을 덜 파괴할 것이다.

이른바 합법적 마약 역시 좋은 사례다. 대마초의 주요 물질인 THC와 그것의 향정신성 효과를 모방한 합성 칸나비노이드는[48] 2016년까지 '약초혼합물'로 완전히 합법적으로 구할 수 있었고 금지된 대마초의 대체물로 판매됐다. 왜 합법이었을까? 마약법은 알려진 물질만 금지할 수 있기 때문이다. 화학구조만 살짝 달라도 '형식상' 합법적인 새로운 물질이다.

문제는 그런 합법적 약초에 확인되지 않은 낯선 물질이 첨가되기 때문에 정확히 무엇을 흡입했는지 전혀 알 수 없다는 것이다. 그러므로 이런 합법적 THC 혼합물이 더러는 천연 THC보다 더 위험할 수 있다.[49] 물론 당국이 나서서 모든 새로운 향정신성 물질을 식별하고 금지하지만, 그때는 이미 새로운 합법적 마약이 더 많이 생산된 상태일 테니 당국은 처음부터 다시 시작해야 한다.

이런 꼬리잡기 놀이를 마침내 끝내기 위해, 2016년에 '신종 향정신성 물질법(NpSG)'이 통과되어 처음으로 전체 약물이 금지됐다.[50] 여담인데, NpSG는 화학구조가 포함된 최초의 법률이고, 화학자로서 나는 이것을 열렬히 환영한다. 그러나 화학조차 이 문제를 해결할 수 없었다. NpSG의 효과를 상세히 분석했는데 '통계적으로 유의미한 변화는 없었다'라는 정신이 번쩍 드는 결과를 얻었다.[51] 대마초 금지는 결국 대마초보다 더 해로울 수 있는 온갖 합성 대마초의 암시장을 탄생시켰다.

그러나 금지 또는 더 강력한 통제로 막거나 줄일 수 있는 피해를, 합법화가 오히려 유발할 수도 있다. 한 약물이 개인에게 미치는 유해성과 사회 전체에 미치는 유해성은 근본적으로 다르게 평가될 수 있다. 예를 들어 운석에 충돌하는 건 당사자에게는 굉장히 치명적이다. 아마도 사망 확률이 100퍼센트일 것이다. 그러나 운석 충돌은 일반적으로 크게 걱정하지 않아도 되는 사망 원인이다. 이른바 청산가리라고 불리는 사이안화칼륨도 한 개인에게는 술보다 훨씬 치명적이지만, 사회 전체로 보면 과음이 더 큰 문제다. 미국 정치학자 조너선 컬킨스(Jonathan Caulkins)는 이를 '미시적 피해'와 '거시적 피해'로 설명했다.[52] 개인에게 끼치는 피해는 미시적 차원이고, 사회 전체에 미치는 피해는 거시적 차원이다.

약물의 미시적 유해성은 비교적 쉽게 분석할 수 있다. '소비에 따른 유해성' 같은 독성의학적 분석은 아주 잘 작동한다. 그러나 정책 결정에는 거시적 차원이 중요하다. 미시적 피해를 거시적 피해로 환산하는 가장 간단한(그리고 아주 단순화된) 공식은 다음과 같다.

미시적 피해 × 소비 규모 = 거시적 피해

우습게도, 소비 규모는 약물의 법적 지위에 좌우된다. 나는 작은 시골 고등학교에 다녔는데, 당시 내게 대마초는 고민거리가 아니었다. 그런 풀을 어디서 구할 수 있는지조차 몰랐기 때문이다. 오늘날에는 사정이 달라져 대마초 정책이 전 세계에서 점점 느슨해지고 있지만, 옛날에는 대마초에 대한 이미지가 아주 나빴다. 다른 아이들은 틀림없이 나보다 더 똑똑했으므로 맘만 먹으면 대마초를 구할 수도 있었겠지만, 합법적 약물을 구하기가 더 쉬웠고 그래서 합법적 약물을 더 많이 소비했다. 그러나 개별 소비자에게 미치는 미시적 피해가 소소한 약물은 국민마약이 되어 막대한 거시적 피해를 야기할 수 있다.

그런데 너트의 분석에서 담배와 GHB(감마하이드록시부티르산. 화학적으로나 효과 면에서 엑스터시와 공통점이 거의 없는데도 '액체 엑스터시'라고 불린다) 사례를 보면, 미시적 피해와 거시적 피해의 차이가 충분히 구별되지 않았다. 담배는 다기준 유해성 분석에서 26점을 받아, 19점을 받은 GHB보다 약 3분의 1이 더 해롭다. 당시 영국에는 흡연자가 850만 명이었고 GHB 소비자는 5만 명에 불과했다. 이런 상황에서 영국 사회에 끼치는 담배의 유해성이 GHB보다 겨우 3분의 1 더 크다고 주장하는 것은 터무니없는 일이다.

동시에 너트는 16개 기준을 두 범주로 나눴다. 9개 기준은 개인 피해를 평가하는 '소비자에게 끼친 피해'에 속하고, 7개 기준은 대부분 '소비 규모를 간접적으로 고려한' 그래서 컬킨스의 거시적 피해와 일치하는 '그 외 영역에 끼친 피해'에 속한다. 너트는 미시적 피해보다 거시적 피해에 가중치를 조금 더 많이 부여했다. '소비자에게 끼친 피해'와 '그 외 영역에 끼친 피해'의 가중치 비례가 46:54였다.

이것은 결국 다기준 분석의 7개 또는 9개 기준의 총가중치를 상당히 임의로 부여하게 되는 결과를 낳았다. 그리고 흥미롭게도 술이 특히 '그 외 영역에 끼친 피해'에서 많은 점수를 얻었다. 소비자에게 끼친 피해만 보면 선두 3위는 헤로인, 크랙, 메스암페타민이다(그림 1.2). 너트가 '그 외 영역에 끼친 피해'를 매우 중요하게 여겼

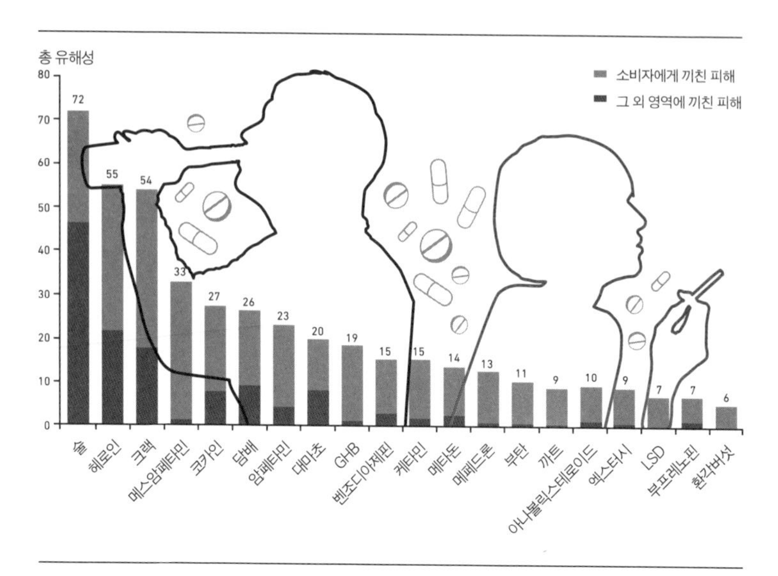

그림 1.2 소비자에게 끼친 피해와 그 외 영역에 끼친 피해로 구분한 너트의 약물 유해성 평가

음을 엿볼 수 있다.

20개 약물을 하나의 순위표에 넣어 랭킹을 정하는 대신, 약물마다 각각 하나씩 총 20개의 순위표를 만드는 것이 어쩌면 더 의미 있었을 것이다. 각각의 약물마다 생각할 수 있는 다양한 정책 시나리오 목록을 만들어 랭킹을 정하는 것이다. 금지, 비범죄화, 합법화는 각각 어떤 피해를 유발할까? 어떤 정책이 특정 약물의 사회적 피해를 가장 적게 야기할까? 그러나 알려지지 않은 복잡한 시나리오를 내놓거나 거기에 속한 모든 불확실성을 감수하고 모형화해야 하므로 이런 접근법은 매우 어렵다. 어떻게 돌리고 구부리고 주무르든, 약물을 과학적으로 분석한다는 건 굉장히 어려운 일이고 앞으로도 계속 어려울 것이다.

비과학보다는 차라리 오류가 낫다?

이 장의 초점이 너트의 마약 랭킹에 맞춰진 데는 다 이유가 있다. 벌써 10년이나 된 랭킹이지만, 지금까지 가장 유명하고 가장 자주 인용되는 과학적 유해성 평가다. 다른 전문가들이 너트의 방법을 이어받아 네덜란드 또는 오스트레일리아의 고유한 랭킹을 만들었다.[53] 언제나 술과 담배가 대마초보다 명확히 더 해로운 것으로 평가됐고, 우리가 가장 사랑하는 술은 특히 나쁜 평가를 받았다. 적어도 사회에 미치는 '거시적 피해'의 경우 술은 오스트레일리아에서 1위, 네덜란드에서 2위에 올랐다. 2005년에 발표된 드레스덴과학대학교의 순수독성 평가에서는[54] 술이 다른 10개 약물보다 월등히 해로운 것으로 평가됐다. 10개 약물 중에는 헤로인, 코카인, 니코틴이 있는데, 이 순서로 술의 뒤를 따른다.[55]

너트의 방법을 나 혼자만 비판하는 건 아니다. 나는 과학 커뮤니티의 내부 토론을 참고했고,[56] 특히 앞에서 언급한 조너선 컬킨스와 카네기멜런대학교의 동료들을 따랐다.[57] 그들의 비판을 나 혼자만 타당하다고 여긴 게 아니다. 너트 자신조차 동료들의 비판을 '정당하다'고 인정했고, 페어플레이 정신과 훌륭한 과학적 태도로 그들의 비판에 동의했다.[58]

물론 너트의 마약 랭킹은 완벽하지 않다. 그 랭킹은 부분적으로 과하게 단순화되어 현실을 심하게 왜곡한다. 그러나 현실을 더 잘 보여주는 복합적 랭킹을 만들기는, 말했듯이 굉장히 어렵다. 너트는 동료들의 비판에 대한 반박글에서 다소 익살스러운 투로 이렇게 썼다. "내가 생각하기에, 바로 그런 이유로 컬킨스 외 여러 동료가 직접 랭킹을 만들 엄두를 내지 못했을 것이다."[59]

캐나다 과학자 베네딕트 피셔(Benedikt Fisher)와 페리 켄들(Perry Kendall)이 조심스럽게 토론에 가담했다. 그들에 따르면, "방법을 비판하는 것은 정당하지만, 캐나다와 그 외 여러 나라가 너트의 랭킹을 기준으로 삼는다면 그것은 여전히 증거에 기반한 더 합리적인 마약 정책을 향한 양자도약이다.[60] 현재 우리는 마약 정책의 과학적 또는 합리적 근거를 찾는데, 그것은 헛된 일이다. 말하자면, 과학적 근거가 전혀 없는 것보다는 타당성이 다소 부족한 과학적 분석이 더 낫다." 흠…, 그럴듯하군.

이것은 아름다운 결론처럼 보이고, 나도 대체로 동의하는 편이다. 그러나 조건이 있다. 유권자와 정책 결정권자가 과학적 근거의 이런 한계를 충분히 알아야 한다는 것이다. 당연히 유해성을 측정하는 과학적 가늠자를 정교하게 다듬고 개선할 수 있을 것이다. 그러나 이 장에서 배운 것만 보더라도, 방법론적 허점과 불확실성이 없는 완벽하게 객관적이고 과학적인 분석은 유토피아와 같다. 그럼에도 과학적 분석은 종종 논란의 여지가 없는 일종의 절대진리로 간주된다(9장 참조). 그것은 확실히 잘못된 일이다. 불확실성과 방법론적 허점이 고려되지 않은 채 과학을 절대진리로 보고, 그것을 근거로 정책을 결정하고 이의제기가 허용되지 않는다면 오히려 더 해로울 수 있다. 그러므로 이런 다층적이고 복합적인 주제는 앞으로도 오랫동안 수많은 이의제기를 만나게 될 것이다.

우리는 독일의 현재 마약 정책이 과학적 또는 합리적 분석을 기반으로 하지 않았다는 데 동의할 수 있고, 개선이 필요하다는 데도 동의할 수 있다. 그렇다면 가장 합리적인 개선은 어떤 모습일까? 그렇다, 바로 그것에 대해 우리는 앞으로 계속 해결 지향적으로 열심히 다뤄야 한다.

비디오 게임이 폭력성을 유발한다고?

해답은 '방법'에 있다

유도질문

다음 그래프에서 유추할 수 있는 주장은 무엇인가?

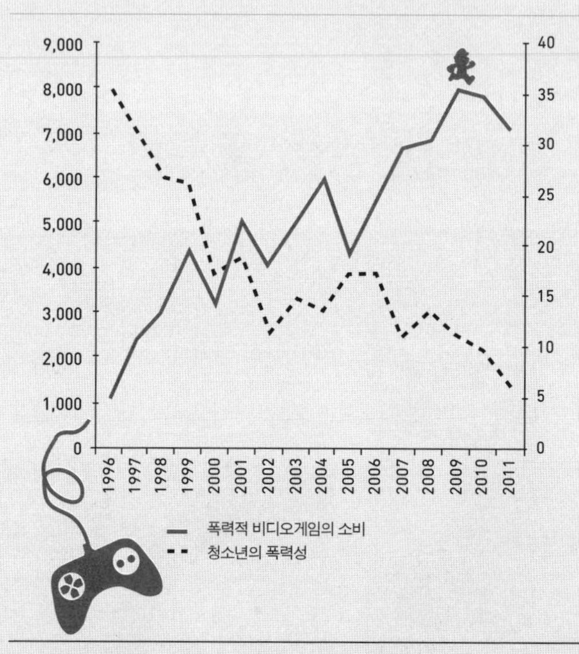

그림 2.1 폭력적 비디오게임의 소비와 청소년의 폭력성 비교, 1996-2001, 미국[1]

- ☐ 폭력적 비디오게임은 청소년의 폭력성을 낮춘다.
- ☐ 폭력적 비디오게임은 청소년의 폭력성을 낮출 수 있다.
- ☐ 폭력적 비디오게임은 청소년의 폭력성을 높이지 않는다.
- ☐ 폭력적 비디오게임은 청소년의 폭력성에 아무런 영향도 미치지 않는다.
- ☐ 폭력적 비디오게임을 더 자주 하는 청소년이 오히려 덜 폭력적이다.

자주 들었던 얘기 아닌가? 총기 난사 사건이나 그에 버금가는 끔찍한 폭력 사건이 벌어지면, 모든 매체에서 어김없이 비디오게임('킬러 게임')과 폭력성의 상관관계를 떠들어댄다.[2] 그러나 언제나처럼 기껏해야 며칠 또는 몇 주 후면 아무 결론도 해명도 없이 대중의 관심에서 사라지고, 다시 끔찍한 폭력 사건이 벌어지고 똑같은 과정이 반복된다.

토론이 아무 결론도 내지 못하는 이유 중 하나는 '잡초 주장' 때문이다. 내가 붙인 이름인데, 쓸데없는 주장이 잡초처럼 토론 위로 무성하게 자라는 걸 가리킨다. 비디오게임 반대자의 고전적 잡초 주장은 특히 미국에서 자주 등장한다.[3] "옛날부터 폭력과 무기가 있었지만, 총기 난사 사건은 최근 20년에야 비로소 빈번해졌다. 왜일까? 두말할 것도 없이 킬러 게임 때문이다!" 그러나 최근 20년 동안 바뀐 것이 킬러 게임 하나뿐이라면 그럴 수 있겠지만, 다른 근거 없이 오직 이런 상관관계만으로는 둘의 인과관계를 도출할 수 없다(자료 2.1 참조).

비디오게임 옹호자 편에서도 아주 유사한 잡초 주장이 무성하게 자란다. 이들은 앞서의 그래프를 근거로 이렇게 말한다. "폭력적 비디오게임을 즐기는 사람들이 점점 많아지는 동안, 청소년의 폭력성은 점점 감소했다. 그래프에서 확인할 수 있듯이, 상관관계가 반비례한다."

그러나 비디오게임의 소비가 증가할수록 청소년의 폭력성이 감소하는 추세는 오해의 여지가 없지만, 이 그래프는 오해를 낳을 수 있다. 말하자면, 이 그래프는 폭력적 비디오게임이 폭력성을 높일 수 있다는 주장을 반박하지 못한다. 폭력적 비디오게임이 증가하지 않았다면, 어쩌면 청소년의 폭력성이 훨씬 더 가파르게 감소했을지도 모르기 때문이다.

아마도 어떤 사람에게는 청소년의 폭력성 감소 추세가 예상 밖이면서도 반가운 일일 것이다. 사실 이런 추세는 그리 놀라운 일이 아닌데, 청소년이든 성인이든 폭력의 감소는 무엇보다 복지 · 교육 · 건강 수준의 전반적 상승으로 생겨난 대세적 흐름이다. '옛날에는 모든 게 더 좋았던 것 같은' 기분이 종종 들겠지만, 다행스럽게도 전 세계 대부분 국가에서 이런 감소 추세를 확인할 수 있다.[4] 비디오게임이 증가하면서 폭력적 게임도 점점 더 많이 생산되고 판매되는 것은 기술 발전과 관련이 있으므로, 그것은 사회가 전반적으로 발전했다는 뜻이기도 하다. 그러나 전체 사회 또는 전체 청소년을 봐서는 폭력적 비디오게임을 자주, 많이 하는 청소년이 더 폭력적인지 어떤지 알 수 없다. 전체 청소년의 평균값만 보여주는 그래프에서는 이런 정보를 읽을 수가 없다. 이것으로 우리는 이 장 도입부의 유도 질문에 대한 해답에 도달했다. 이 그래프로는 앞서 제시된 주장 어느 것도 유추할 수 없다.

그러므로 이 연구를 조금 더 깊이 파헤쳐봐야 한다. 이와 관련된 연구는 아주 많다. 이미 수십 년 전부터 비디오게임 같은 폭력적 매체가 우리의 행동과 가치관에 어떤 영향을 미치는지가 연구돼왔다. 차고 넘치는 연구 결과 서랍에서 비디오게임 반대자뿐 아니라 옹호자들도 필요한 것을 찾아내 각자의 '과학적 근거'를 토론 상대의 얼굴에 던진다. 이는 결코 낯선 현상이 아니다. 과학은 매우 복합적이라, 부스러기를 조금 주워 왜곡된 해석을 붙이면 자기주장에 맞는 '과학적 근거'를 언제나 갖출 수 있다.

그런데 과학에도 서로 나뉜 적대적 진영이 있고, 각 진영이 대중의 토론을 지배할까? 단지 부분적으로 다른 관점과 다른 방법을 쓰더라도, 이른바 모순된 연구 결과가 나올 수 있다. 비디오게임과 폭력성의 경우 실제로 전문가의 의견이 놀랍도록 상반된다.

과학자라면 누구도 총기 난사 사건 같은 극단적이고 예외적인 사건의 원인이 폭력적 비디오게임이라고 주장하진 않을 것이다. 그러나 확실히 상반된 두 진영이 있다. 비디오게임에 반대하는 진영은 폭력적 비디오게임이 의심의 여지 없이 공격성과 폭력성의 위험 요인이라고 확신한다. 그리고 비디오게임을 옹호하는 진영은 게임의 효력이 전체적으로 아주 미미하여 실질적으로 무의미하다고 확신한다. 두 진영이 합의에 도달할 가능성은, 현재까진 없는 것 같다. 과학에서 자신의 세계관을 재확인할 뿐 아니라 진지한 해명을 찾고자 하는 보통 사람들은 다투는 전문가들 사이에서 어찌할 바를 모르고 서 있다. 종종 그렇듯, 해답은 방법에 있다. 방법을 알면 확실히 과감하게 자신의 고유한 결론을 내릴 수 있다. 그러나 먼저 맥락을 파악할 필요가 있다. 심리학 방법은 신중하게 써야 하기 때문이다.

심리학은 귀에 걸면 귀걸이, 코에 걸면 코걸이?

화학자인 나는 심리학 방법이 상당히 허술하다고 평가한다. 화학자들은 분자를 일종의 MRI 안으로 밀어 넣고 원자핵의 진동을 통해 화학구조를 알아내는 반면, 심리학자들은 설문조사 같은 방법을 쓸 수밖에 없다. 물론 과학적 설문조사는 과학적 방법을 따른다. 트위터 설문조사 같은 게 아니다. 그럼에도 인간은 잘못 예측할 가능성이 있고 완전히 정직하지도 않기 때문에 수많은 왜곡이 생길 수 있다. 예를 들어 익명으로 하는 온라인 설문조사의 경우, 사람들은 진실과 일치하지 않더라도 사회적으로 더 강하게 받아들여지는 대답을 하는 경향이 있다(사회적 바람직성 편향).[5] 샤워 중에 소변을 보느냐는 질문에 익명으로 응답할 경우, 몇몇은 실제로는 그러면서도 솔직하게 인정하지 않는다. 그래서 샤워 중에 소변을 보는 사람의 수가 실제보다 더 적은 것으로 집계될 수도 있다.

하지만 어쩌겠는가. 손에 쥔 방법을 써야 하고, 거기서 최선을 얻을 수밖에. 그런데 최선이면 되는 걸까? 이것은 중대한 질문이다. 과학적 방법의 우수성은 연구의 재현성에서 드러난다. 재현성의 중심 질문은 이렇다. '이 연구를 재현하면 같은 결과를 얻을까?' 확실히 중대한 질문이다. 일반인은 과학적 결과에 재현성이 있기를 희망한다. 그러나 여러 연구 분야의 과학자 1,500명 이상에게 물었을 때, 압도적 다수가 크고 작은 재현성 위기가 있다고 응답했다.

나 역시 박사 과정 때 재현성 문제를 이미 경험했다. 나는 긴 조사 끝에 한 논문에서 내 연구 주제에 꼭 필요한 실험을 찾아냈다.

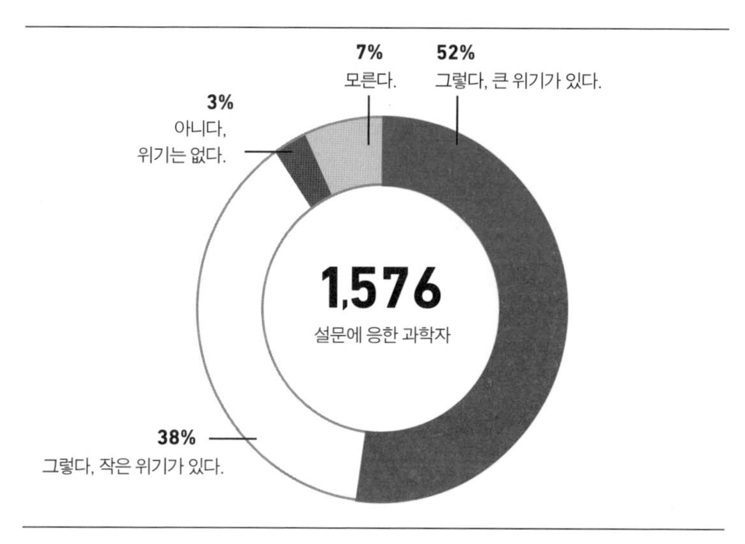

그림 2.2 과학 학술지 〈네이처(Nature)〉가 여러 연구 분야의 과학자 1,576명에게 물었다. "재현성 위기가 있는가?"[6]

화학자들이 즐겨 쓰는 표현대로 '그대로 따라서 요리하려' 했지만, 결국 욕을 한 바가지 쏟아냈다. 논문에 적힌 대로 작동하는 게 하나도 없었기 때문이다. 설문에 응한 과학자 대다수가 분명 이와 비슷한 경험을 했을 것이다.[7] 이때 다른 연구자들의 꼼꼼하지 못함을 탓해선 안 된다. 모든 연구자가 자신의 실험을 재현하는 것조차 실패한 경험이 있을 테니 말이다. 요리와 똑같다. 같은 레시피로 같은 요리를 하더라도 두 번째 때는 실패하거나 이상하게 다른 맛이 난다. 그런 일이 특히 자주 발생하는 분야가 있다. 물리학 · 화학 · 공학 분야의 과학자들은 자신의 연구를 신뢰할 만하다고 평가했지만, 의학 · 심리학 · 사회학 분야의 연구자들은 대부분 재현성이 없다고 여겼다.

오픈 사이언스 컬래버레이션(Open Science Collaboration)이 3년에 걸친 '재현성 프로젝트'의 결과를 내놓았을 때, 심리학자들이 특히 유명해졌다. 2015년 당시 100개가 넘는 심리학 연구를 재현했는데, (놀라지 마시라!) 약 40퍼센트만이 원래 실험과 똑같은 결과가 나온 것이다.[8] 다시 말해, 심리학 연구의 60퍼센트는 재현성이 없었다는 뜻이다. 이럴 수가!! 매체들은 재현성 위기뿐 아니라 심리학 연구의 신빙성까지 의심했다. 그런데 미국 심리학자 댄 길버트(Dan Gilbert)를 중심으로 하는 한 단체가 심리학을 편들기 위해 뛰어들었다. 그들은 '재현성 프로젝트'를 분석한 후[9] 희망찬 결론을 내렸다. 실제로 재현성이 있고, 위기는 없다! 60퍼센트라는 암울한 실패율은 재현 때 연구 설계를 심하게 바꿨기 때문이다. 예를 들어 아프리카계 미국인에 대한 백인 미국인의 선입견 연구를, 미국인이 아니라 이탈리아인으로 재현하려 시도했기 때문이다. 저학년이 비교적 어려운 과제를 풀어야 했던 연구를, 고학년이 명확히 쉬운 문제를 푸는 것으로 바꿨기 때문이다. 다른 결과가 나오는 것이 당연하다!

그러나 이런 사례들은 60퍼센트 실패율의 극히 일부분만 해명할 수 있었다. 그 밖에 통계 분석과 저자들의 편향성도 지적됐는데, 길버트는 이 또한 명확히 부정했다.[10] 여기서 세세한 내용까지 다룰 필요는 없다고 생각하는데,[11] 논쟁 자체만으로도 이미 눈을 뜨는 데 충분하기 때문이다. 하지만 심리학은 자기들이 위기에 처해 있는지 아닌지조차 아직 합의하지 못했다! 이것이 이미 '명확한' 위기가 아닐까? "아주 똑똑한 두 집단이 정확히 똑같은 데이터를 보고 완전히 다른 결론을 내렸다."[12] 과학 저널리스트 케이티 팔머(Katie Palmer)가 이렇게 논평했고, 이를 진짜 문제로 지적했다. 심리학에서는 데이터를 수집하고 분석하는 최선의 방법이 무엇인지 아직 합의되지 않았다.

하지만 적어도 그 이유는 이해할 만하다. 심리학은 연구자의 자유가 아주 큰 분야다. 내가 올바른 분자를 만들었는지 확인하고자 할 때, 화학자인 나는 이 분자의 화학적 특성을 개인적으로 해석할 여지가 거의 없다. 그러나 비디오게임이 공격성을 키우는지 확인하고자 할 때, 여기에는 합의된 표준도 없고 객관적이고 절대적인 수치를 제공하는 물리화학적 측정 방법도 없다. 게다가 인간의 행동은 분자의 진동보다 훨씬 복잡하고 변화무쌍하고 신뢰할 만하지도 않다(그래서 나는 분자를 훨씬 더 사랑한다). 심리학자들은 연구를 계획하고 실행하고 분석하는 과정에서 수없이 많은 개인적 결정을 한다. 바로 그것이 문제다! 개인적 결정이 서로 다르면, 연구를 비교하기가 어려울 뿐 아니라 재현성도 더 나빠진다. 무엇보다 인간의 결정과 해석이 많이 개입될수록 결과의 객관성은 떨어진다. 바이러스학자 드로스텐의 표현을 빌리면, "이런 인적 요인은 모든 곳에서 방해가 된다."[13] 다른 맥락에서 한 말이지만, 절묘하게 들어맞는다.

공격성 연구의 방법들을 좀 더 자세히 살펴보자.

결과의 왜곡을 낳는 요소들

과학 연구에 피험자로 참여한다고 상상해보라. 연구자가 당신에게 '스트레스가 반응 속도에 미치는 영향'이 연구 주제라고 설명해준다. 간단한 컴퓨터 게임을 통해 당신의 반응 속도를 상대와 겨룰 텐데, 상대는 다른 방에 있는 두 번째 피험자라고 한다. 개인적 인상이 연구를 왜곡해선 안 되므로 피험자들은 서로 상대를 모른다. 패배자, 즉 게임에서 더 늦게 반응한 사람은 벌칙을 받는다. 이때 스트레스가 등장한다. 벌칙으로 헤드폰에 '소음 폭탄'이 터지고 귀에 거슬리는 시끄러운 소리가 들린다. 콰광!!! 이때 소음을 얼마나 시끄럽게 할지는 피험자가 직접 결정한다. 게임을 시작할 때마다 상대가 패배했을 때 얼마나 오래, 어떤 크기로 소음 폭탄을 터뜨릴지 설정해야 한다. 물론 당신이 패배하면 상대가 설정한 소음 폭탄이 당신 귀에 터진다.

당신은 첫 번째 판에서 소음 폭탄의 크기와 길이를 중간 정도로 설정한다. 게임이 시작됐고, 애석하게도 상대의 반응 속도가 더 빨랐다. 당신은 게임에 졌고, 귀뿐 아니라 무릎까지 후들거릴 정도로 끔찍한 소음 폭탄을 맞았다. 이런 젠장. 맥박이 빨라지고 스트레스가 치솟는다. 컴퓨터 모니터에 상대의 소음 설정 창이 뜬다. 아니나 다를까, 상대는 길이와 크기 모두 최대로 설정해뒀다! 악랄한 놈 같으니! 그러나 총 25판 중에서 이제 겨우 첫째 판이 끝났다. 이제 두 번째 판을 위한 소음 폭탄의 크기와 길이를 설정해야 한다. 자, 이제 어떻게 설정하겠는가?

이것은 공격성 측정 때 가장 빈번히 사용되는 실험 설계다.[14] 실험을 위해 일부러 참가자를 살짝 속인다. 반응 속도는 그저 연막이고, 다른 방에 있다는 두 번째 피험자도 없다. 당신이 어떤 순서로 게임에서 이기거나 질지, 그리고 당신이 받게 될 소음 폭탄의 길이와 크기도 미리 설정되어 무작위로 선택된다. 단, 첫 번째 게임에서는 무조건 패해 최대 소음을 듣도록 정해져 있다. 이 실험의 목표는 결국 당신을 화나게 하는 것이다. 이런 소음 폭탄 테스트를 전문용어로 반응 속도 경쟁 게임(Competitive Reaction Time Task), 줄여서 CRTT라고 한다.[15] 그러나 나는 계속 '소음 폭탄 테스트'라고 부를 것이다. 당신이 상대에게 더 길고 큰 소음으로 벌칙을 줄수록 '공격성 점수'가 올라간다. 이 책의 독자들은 이제 모든 것을 알게 됐으니 소음 폭탄 테스트에 초대되기엔 부적합하다. 여전히 이런 방법을 쓰는 연구자들을 위해 이 책이 되도록 덜 팔리기를 바라야 하나?

다행히 다른 공격성 측정 방법이 더 있다. 예를 들어 '핫소스 테스트'가 있는데, 거기서는 매운 소스로 '벌칙'을 준다. '저주 인형 테스트'(이름에서 벌써 짐작되지 않는가) 또는 '냉압박 테스트'도 있는데, 냉압박 테스트에서는 다른 사람의 손에 얼음물을 떨어뜨린다. 별것 아닌 것처럼 들리겠지만 통증 내성을 측정할 때 많이 쓰인다.

실험실에서 왜 이런 사소한 방법으로 공격성을 측정하는지 당신은 어쩌면 이미 짐작하고 있을지도 모르겠다. 그 얘기는 곧 자세하게 다룰 예정이니, 조금만 기다리시라. 우선, 사소함이 때로는 최선임을 명심하자. 얼마나 많은 사람이 샤워 중에 소변을 보는지 알아내기는 비교적 쉽다. 특별 샤워실을 설치하고, 샤워 하수를 모아 소변 함유량을 측정하면 된다. 이 경우 사람들을 실험실로, 그러니까 샤워실로 유인할 수 있는 창의적 연막만 고안하면 된다. 물론 그런 연구에는 아무도 돈을 대지 않겠지만, 적어도 이론상으로는 현실성 있는 연구 설계가 존재한다! 그리고 샤워 중에 소변을 보는 사람이 얼마나 많은지가 사회적으로 중대해지면, 필요한 연구비도 분명히 따낼 수 있을 것이다. 그러나 실험실에서 공격성을 측정하는 일은 기본적으로 현실성이 떨어질 수밖에 없는데, 무엇보다 윤리적 이유 때문이다. 현재의 소음 폭탄 테스트는 1967년 오리지널 버전보다 더 윤리적으로 바뀐 것이다.[16] 오리지널 버전에서는 귀에 거슬리는 시끄러운 소리가 아니라 전기충격을 썼다! 허걱. 물론 위험하지 않을 정도의 강도였다. 그럼에도 허걱! 지금도 가끔 가벼운 전기충격이 사용되기도 하는데, 어떤 사람은 소음 폭탄보다 차라리 가벼운 전기충격이 덜 끔찍하다고 생각한다.

그러나 진짜 윤리적 문제는 따로 있다. 다른 사람을 괴롭히고자 하는 의지뿐 아니라 진짜 폭력성까지 실험실에서 관찰하려면, 실험자가 진짜 폭력을 쓰거나 피험자가 폭력을 쓰도록 유도해야 한다. 예를 들어 헤드폰 대신 권투선수를 투입하여 다양한 강도로 피험자의 얼굴을 때리게 할 수 있다. 그러나 설명하지 않아도 이런 실험이 왜 안 되는지 당신은 알 것이다. 공격성 측정 실험에는 기본적으로 방법론적 문제가 있다. 윤리적 이유로 실험실에서는 진짜 폭력을 유도해선 안 되고, 그저 약간의 불편만 줄 수 있다. 그러므로 연구를 일종의 퍼즐로 이해해야 한다. 모든 연구에는 한계가 있고, 각각의 연구는 그저 작은 퍼즐 조각 하나를 제공할 뿐이다. 따라서 그림이 완성되려면 수많은 퍼즐 조각이 필요하다. 여러 측면에서 그림을 채워나가기 위해, 즉 비디오게임이 공격성 또는 폭력성에 미치는 영향을 조사하기 위해 다양한 실험 설계가 사용된다.

소음 폭탄 테스트 같은 실험실 연구는 기본적으로 관찰 연구와 구별된다. 관찰 연구에는 횡단 연구와 종단 연구가 있다. 횡단 연구는 예를 들어 버스-페리(Buss-Perry) 공격성 검사지(자료 2.3 참조)를 통해 아동 또는 청소년에게 비디오게임 소비에 관해 묻는다. 이런 횡단 연구를 근거로 폭력적 비디오게임과 공격성 증가의 상관관계를 밝힌다.

상관관계와 더불어 인과관계도 있을까? 만약 있다면 무엇이 원인이고, 무엇이 결과일까? 폭력적 비디오게임이 폭력성을 조장할까(사회화 효과)? 아니면 폭력적인 사람이 더 자주 폭력적 비디오게임을 선택할까(선택 효과)? 어쩌면 두 가지가 동시에 발생할까? 이런 여러 효과의 한 증거를 종단 연구가 제공한다. 종단 연구는 코호트 연구라고도 하는데, 피험자 집단(코호트)을 장기간에 걸쳐 관찰하고 예상되는 추이를 추적한다. 폭력적 비디오게임을 많이 한 뒤에 공격적 행동이 증가했다면, 그것은 사회화 효과의 증거일 것이다. 그러나 이 경우 동시에 발생하는 선택 효과도 배제할 수 없다. 관찰 연구의 장점은 동시에 단점이기도 하다. 사람들의 일상을 관찰하므로 결과가 실험실 연구보다 훨씬 현실에 가깝지만, 현실은 언제나 매우 복잡하다. 연관성이 종종 복잡한 상관관계와 인과관계를 가진다(자료 2.1 참조). 그러므로 공격성에 미치는 폭력적 비디오게임의 영향과 가정폭력이나 차별 또는 유전적 요인 같은 다른 영향을 말끔하게 분리하기는 어렵다(6장 참조).

매우 인위적이고 현실에서 멀리 떨어진 상황에서 실행할 수밖에 없는 실험실 연구의 단점은 동시에 장점이기도 하다. 복잡한 세상을 실험 설계로 단순화하기 때문에 개별 변수를 통제하거나 바꿀 수 있고 체계적으로 비교할 수 있다. 실험실 연구의 최대 장점은 피험자를 실험집단과 통제집단으로 나눌 수 있다는 것이다. 실험집단은 폭력적 비디오게임을 하고, 통제집단은 평화로운 비디오게임을 한다. 연이어 소음 폭탄 같은 다양한 테스트를 진행하여 실험집단과 통제집단 사이에 중대한 차이가 있는지 관찰한다. 만약 중대한 차이가 있다면 인과관계를 확신할 수 있다.

자료 2.1 _ 상관관계

상관관계는 'A할수록 점점 더 B한 관계'다.
날이 더울수록 사람들은 점점 더 짧은 옷을 입는다. 이 경우 기온과 옷의 길이 사이에는 원인과 결과가 있다. 더운 날씨가 원인이고 그 결과로 사람들이 더 짧은 옷을 입는다는 뜻이다.
그러나 상관관계라고 해서 반드시 원인과 결과가 있어야 하는 건 아니다. 사람들은 상관관계를 자동으로 인과관계로 보거나, 반대로 상관관계에서 자동으로 인과관계를 배제하는 실수를 종종 한다. 상관관계가 자동으로 인과관계가 되는 것은 아니다. 그리고 상관관계라고 해서 인과관계가 없는 건 아니다. 순전히 우연한 상관관계와 직접적 인과관계 사이에는 여러 중간 단계가 존재한다.

상관관계 vs. 인과관계

1) 상관관계는 순전히 우연일 수 있다. 치즈 소비량이 늘수록 잠을 자다가 침대시트에 감겨 질식사할 확률이 증가한다. 타일러 비겐(Tyler Vigen)의 놀라운 책《가짜 상관관계(Spurious Correlations)》에[17] 제시된 다음 그래프를 보라.

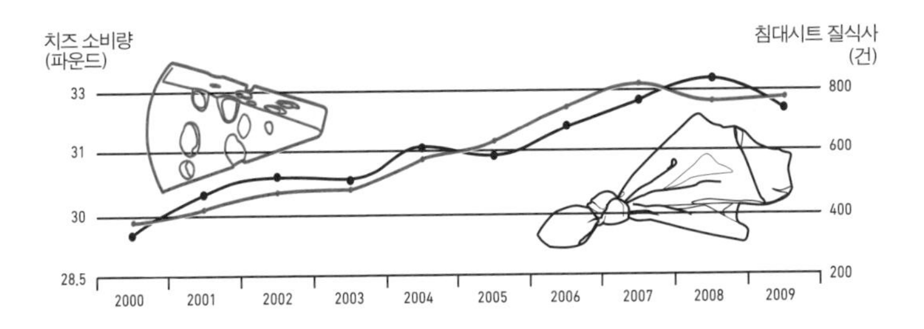

2) 상관관계는 공통 인과관계의 산물일 수 있다. 아이스크림을 많이 소비한 달에 비타민D 수치가 높다. 이때 아이스크림과 비타민D는 치즈와 침대시트 질식사만큼 서로 관련성이 없지만, 이 경우 계절에서 공통점을 찾을 수 있다. 신체는 햇볕을 받아 비타민D를 생산한다. 그래서 여름에(아이스크림을 많이 먹는 계절에) 비타민D 수치가 높다.

3) 상관관계는 비록 직접적 인과관계는 아니지만, 복잡한 인과관계의 일부분일 수 있다. 교육 수준이 높을수록 기대수명이 더 높다. 이 경우 하나가 다른 것의 직접적 조건은 아니다. 장수를 위해 대학에 갈 필요는 없다. 그러나 교육 수준이 높을수록 구직 기회가 더 많고 더 풍족하게 살고 더 건강하게 먹는 등 장수에 유리하다.

4) 상관관계가 곧 인과관계일 수 있지만, 한 측면일 뿐이다. 6장에서 높은

IQ와 좋은 학교 성적이 상관관계임을 확인할 것이다. IQ 테스트가 검사하는 지능이 학교에서도 유용하고 좋은 성적으로 이어질 수 있다. 그러나 좋은 성적의 원인에는 성실성이나 학습 의지 같은 다른 원인들이 더 있다.

5) 상관관계가 인과관계일 수 있는데, 이때 원인과 결과가 양방향일 수 있다. IQ는 학력과 상관관계에 있다. IQ가 높을수록 학력이 높다. 둘은 서로의 조건이 된다. IQ가 높은 사람은 높은 지능을 요구하는 고등교육을 마칠 수 있고, 반대로 고등교육이 지능을 강화하여 IQ를 높일 수 있다.

6) 상관관계는 동시에 인과관계일 수 있다. 더 자주 더 오래 담배를 피우는 사람은 폐암에 걸릴 확률이 더 높다. 이것은 인과관계다. 담배가 폐암을 유발할 수 있다.

상관관계는 통계적 '예언'이다

상관관계에서 종종 이른바 '예측변수'가 거론된다. "IQ는 좋은 학교 성적의 예측변수다" 또는 "IQ에서 좋은 학교 성적을 예측할 수 있다." 상관관계가 강할수록 예언력이 높다. 확실히 오해의 여지가 많은 표현이다. 물론 여기서는 유리구슬 마법으로 미래를 예언하는 것이 아니라 확률을 말한다. IQ에서 좋은 학교 성적을 예측할 수 있다는 말은, IQ가 높은 사람이 좋은 성적을 낼 확률이 더 높다는 뜻이다(6장 참조).

상관관계의 강도

수치 x와 y의 상관관계가 얼마나 강한지는 상관계수(r)로 나타낸다. 선형관계의 경우 상관계수는 −1과 +1 사이의 숫자로 표기된다.

r = −1 → x와 y는 완벽한 반비례관계다.
r = 0 → x와 y 사이에 아무 관련이 없다.
r = +1 → x와 y는 완벽한 비례관계다.

이 장을 시작하면서 제시했던 유도 질문의 그래프에서 폭력적 비디오게임과 폭력성의 상관계수는 -0.85다.[18]

선형관계와 상관계수를 더 쉽게 이해할 수 있도록 간단한 사례 하나를 보자. 상관관계의 강도는 이른바 산점도로 시각화할 수 있다. 몸무게와 키를 예로 들어보겠다. 한 집단의 키(x축)와 몸무게(y축)를 측정하여 각각의 좌표점을 좌표평면에 기입한다.

키와 몸무게는 비례관계다. 키가 클수록 몸무게가 많이 나간다. 이런 선형관계는 양의 기울기를 갖는 이른바 회귀선으로 시각화할 수 있다(그림 2.3의 붉은 대각선). 상관관계의 강도는 회귀선의 기울기가 얼마나 가파르냐가 아니라, 좌표점들이 얼마나 강하게 선 주변에 분포됐느냐에 달렸다. 분포가 넓을수록, 그러니까 좌표점 무리가 넓게 퍼질수록 상관관계는 약하다. 분포가 좁을수록, 그러니까 선형관계가 명확할수록 상관관계는 강하다.

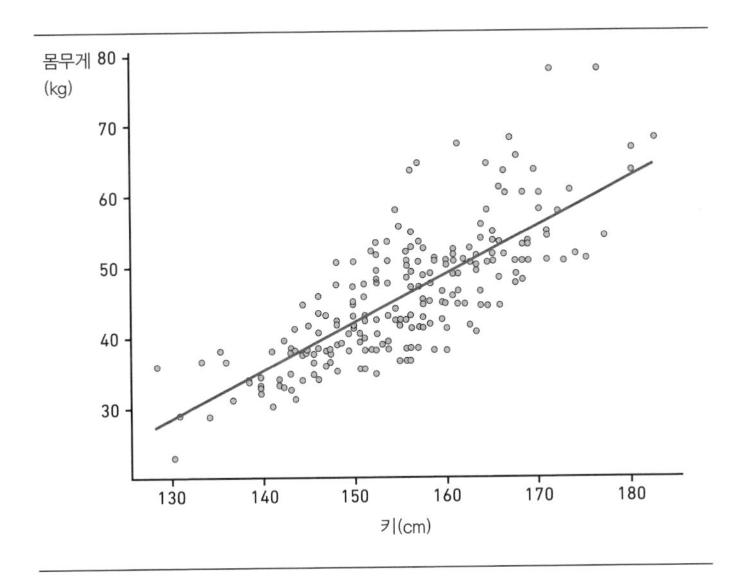

그림 2.3 몸무게와 키의 상관관계는 비례한다.

'키 vs. 몸무게' 사례는 상관계수가 0.77이다. 다음을 참고하면, 그것이 강한지 아닌지 알 수 있다.

$r < 0.1$ → 매우 약한 상관관계
$r = 0.2 \sim 0.3$ → 약한 상관관계
$r = 0.4 \sim 0.6$ → 보통 상관관계
$r = 0.7 \sim 0.8$ → 강한 상관관계
$r > 0.9$ → 매우 강한 상관관계

'r=0.77'이므로 키와 몸무게의 상관관계는 강하다!
일반적으로 상관계수는 연관성의 질적 구분뿐 아니라 유의성 측면에서도 중요한 변수이므로, 개념적으로 효과크기와 밀접한 관련이 있다(자료 2.2 참조).

그러나 실험실의 공격성 테스트가 반드시 현실과 똑같을 필요는 없다. 실험실에서는 진짜 공격성이나 폭력성을 측정하지 않기 때문이다. 윤리 문제 때문에 안 된다! 그렇더라도 실험실 측정이 진짜 공격성이나 폭력성과 강한 상관관계에 있을 수 있다. 그러므로 이렇게 물을 수 있다. 게임 상대의 귀에 더 시끄러운 소음 폭탄을 터트리는 사람은 실생활에서도 더 공격적이고, 더 나아가 더 폭력적일까?

만약 이런 상관관계가 존재하고 또한 강하다면, 소음 폭탄 테스트는 공격성의 좋은 예측변수다. 그러나 애석하게도 매우 회의적이다. 소음 폭탄의 강도와 실제 공격성의 상관관계를 조사해보면 설득력이 전혀 없다.[19] 어떨 땐 관련이 있고, 어떨 땐 관련이 없다.[20] 설령 상관관계가 있더라도 매우 약하다. [다음에서 볼 수 있듯이, 무엇보다 사전등록(Pre-Registration) 덕분에] 방법론적으로 신뢰할 만한 연구에 따르면,[21] 소음 폭탄의 강도와 실생활에서 연루된 폭력 사건 수의 상관계수는 0.2(매우 약한 상관관계) 또는 종종 그보다 더 아래다(자료 2.1 참조). 그러니 소음 폭탄 테스트는 실생활의 진짜 공격성을 예언하는 좋은 예측변수가 아닌 것 같다. 그 이유는 무엇보다 결과의 왜곡을 낳는 다음의 문제들 때문이다.

문제 1: 소음 폭탄 수치를 낮게 설정하는 데는 다양한 동기가 있을 수 있다

앞에서 실험을 소개할 때 제시한 질문으로 돌아가 보자. 사악한 상대가 첫 번째 게임부터 소음 폭탄 수치를 최고치로 설정했다는 사실을 알게 된 후, 당신은 이제 무엇을 하겠는가? 복수하겠는가? 아니면 공격적인 상대를 달래기 위해 전략적으로 약한 수치를 선택하겠는가? 당연히 전혀 다른 선택지다. 첫 번째 선택만이 공격성 질문에 적합하다. 사실 완전히 적합하진 않다. 왜냐하면 다음과 같은 이유 때문이다.

문제 2: 복수와 공격성은 같지 않다

당신이 어떤 선택을 할지, 나는 모른다. 나는 약간 공격적이고 상당히 평화적인 사람이라 불쾌할 만큼 시끄러운 소음으로 낯선 사람을 괴롭히고 싶진 않을 것 같다. 하지만 상대가 그렇게 공격적으로 나온다면? 내가 어떻게 반응할지 장담할 수 없다. 복수심. 내가 당한 만큼 똑같이 되갚아주고 싶다는 마음이 정말로 공격성일까? 공격성이란 도발받지 않고도 공격하거나 과도하게 반격한다는 뜻 아닌가(자료 2.3 참조)? 그러므로 문제는 이 테스트에서 실제로 관찰되는 것이 공격(도구적 폭력)의 강도가 아니라, 반격(반응적 폭력)의 강도라는 점이다.

문제 3: 다른 선택지가 없다

소음 폭탄 테스트에는 기본적으로 평화로운 선택지가 없다. 상대에게 벌칙을 전혀 주지 않거나, 더 나아가 대화로 풀 가능성이 없다. 말하자면, 실생활에서 도발을 받았을 때 평화로운 해결책을 찾는 사람들은 실험에서 그런 행동을 보일 수가 없다.

문제 4: 표준이 없다

소음 폭탄 테스트에는 모든 연구팀이 지켜야 하는 표준 합의서가 없다. 이것은 상당히 무거운 문제인데도 언뜻 그렇게 보이지 않는다. 뮌스터의 한 연구팀이 인상적으로 밝혔듯이 소음 폭탄 테스트는 다양한 연구팀이, 심지어 때로는 동일한 연구팀이 다양한 수단과 방식으로 진행했다.[22] 어떨 땐 소음 폭탄의 크기과 길이가 두 가지 버전으로 분석된다. 그리고 어떨 땐 크기과 길이 둘 다, 어떨 땐 둘 중 하나만 분석된다. 앞서 언급한 문제 1과 문제 2를 축소하기 위해 첫판 또는 처음 두 판만 분석한 연구도 있다. 어떤 소음 폭탄 테스트는 평화로운 선택지를 추가하여 피험자들이 크기를 0으로 설정할 수 있게 함으로써 문제 3을 없애기도 했다. 어쩌면 당신은 지금 속으로 '그게 뭐 어때서?'라고 생각했을 것이다. 표준이 없으면, 모두가 약간씩 다르게 실험할 수 있다. 사실 실험을 아주 다양하게 설계할 수 있다는 것은 장점이기도 하다. 그러나! 이제 새로운 단락에서 다뤄야 할 만큼 아주 큰 '그러나'가 온다.

'통계적으로 유의미하다'는 뉴스의 함정

청소년기 여드름에 브로콜리가 도움이 되는지 테스트한다고 가정해보자. 여드름이 많이 난 청소년을 모집하여 무작위로 실험집단과 통제집단으로 나눈다. 피험자들의 여드름 상태를 점검한 다음, 실험집단에는 매일 브로콜리를 먹게 하고 통제집단에는 브로콜리를 금지한다. 6주 뒤에 다시 여드름 개수를 센다.

차라리 실험집단에 브로콜리 추출액이 함유된 약을 주고, 통제집단에 플라세보 약을 주는 것이 더 낫지 않았을까? 이런들 어떠하고 저런들 어떠하리! 곧 보게 되듯이 심리학 방법은 이것보다 더 부정확하다.

실험집단과 통제집단 사이에 차이가 있느냐도 중요하지만, 그 차이가 '통계적으로 유의미하냐'가 더 중요하다. 통계적 유의성은 종종 크게 오해되는데, 일상에서 '유의성'은 '의미가 있다' 또는 '중요하다'와 동의어로 사용되기 때문이다. 그러나 연구에서 '유의성'은 '중요하다'는 뜻이 아니라 그저 어떤 결과가 우연이 아니라는 뜻이다.

실험집단이 브로콜리 섭취 6주 뒤에 갑자기 얼굴이 엉덩이처럼 깨끗하고 매끄러워진 반면 통제집단은 여전히 여드름투성이라면, 확실히 통계적 유의성이 있다. 그러나 브로콜리를 먹은 실험집단이 통제집단보다 평균 10퍼센트 정도 여드름 수가 줄었다면 어떨까? 언뜻 그럴듯하게 들리지만, 각 집단 내에 변수가 아주 많다. 평균 10퍼센트 더 깨끗해진 피부가 브로콜리 때문이 아니라 순전히 우연일 수 있다. 자, 이제 브로콜리가 정말로 효과가 있는지 어떻게 판단할 수 있을까?

여기서 그 이름도 유명한 p-값이 등장한다. 이것은 브로콜리를 먹지 않고도 여드름이 개선될 확률을 나타낸다. 이 확률은 0퍼센트($p=0$)와 100퍼센트($p=1$) 사이 어딘가다. p-값이 작을수록 통계적 유의성은 높다. 우리의 사례에 적용하자면 p-값이 작을수록 브로콜리가 정말로 여드름에 효과가 있고, p-값이 클수록 여드름 개선은 그저 우연에 불과하다.

'유의성 한계'라는 합의된 최솟값이 있다. 유의성 한계는 일반적으로 0.05다. p-값이 이보다 낮으면 '통계적 유의성'이 있다고 봐도 된다. 그러므로 통계적 유의성은 '$p<0.05$'를 뜻한다. '$p=0.05$'는 확률 20분의 1과 같다. 20면체 주사위를 던져서 1이 나올 확률이다. 브로콜리를 먹은 실험집단의 여드름이 10퍼센트 감소했고 통계 분석에서 p-값이 0.048이라면, 아슬아슬하지만 통계적 유의성이 있는 결과다! 유레카! 이제 곧장 1면 기사의 헤드라인을 뽑을 수 있다. "새로운 연구가 알아냈다: 브로콜리를 먹으면 통계적으로 유의

미하게 피부가 개선된다!" 거짓 보도가 아니다. 그러나 통계적 유의성이 얼마나 무의미할 수 있는지 당신은 알고 있다. 브로콜리에 아무런 효능이 없더라도 여드름이 개선될 확률이 약 20분의 1이나 된다. 아아아아주 낮은 확률은 아니다.

통계적 유의성의 문제는 이것만이 아니다. 다른 결과를 가정해 보자. 실험집단의 여드름이 통제집단보다 10퍼센트 적어졌다는 결과는 똑같다. 그러나 이번에는 이 결과가 통계적 유의성을 갖지 않는다. 과학이 원래 그런 거다. 애석하게도 많은 가설이 잘못된 것으로 판명된다. 사실 그건 문제가 안 된다. 다만 통계적 유의성이 없다는 사실이 종종 감춰지는데, 거기서 비로소 문제가 시작된다. 연구자들이 일부러 속여서 감춰지는 게 아니다. '브로콜리는 여드름에 통계적 유의성이 있는 효과를 내지 않는다'라는 결과는 보도 가치가 없기 때문에 언론에서 다루지 않을 뿐이다. 물론 브로콜리가 여드름 치료에 도움이 될지 궁금해하는 다른 연구자들의 시간을 아껴주기 위해서라면 보도할 가치가 있긴 하다. 그런데 설령 연구자들이 이런 실패를 발표하려고 해도, 그것에 관심을 보이는 학술지를 찾기가 힘들 것이다. '지루한' 결과보다 '보도 가치'가 있는 결과를 더 많이 보도하는 이런 현상을 출판 편향(Publication Bias)이라고 부르는데, 이것이 연구 분야의 중대한 문제다.

브로콜리로 피부를 관리하는 게 아주 핫한 주제이고 여러 연구팀이 그 뒤를 따른다고 가정해보자. 브로콜리는 사실 아무 효능도 없기 때문에 이런 행진이 공허할지라도, 여러 연구팀이 비슷한 브로콜리 실험을 충분히 많이 하기만 하면, 언젠가 누군가는 순전히 우연히 통계적 유의성이 있는 결과를 얻게 된다. ‘$p<0.05$’라는 ‘유의성 한계’는 효과가 없는 치료를 20회 하면 평균 1회는 ‘통계적 유의성’이 있다는 뜻이기 때문이다. 20회의 결과가 모두 발표되고 그래서 20회 가운데 19회가 실패였음을 안다면, 아무 문제도 없다. 여드름이 난 브로콜리 팬들에게는 실망스럽겠지만, 브로콜리에 아무런 효능이 없다는 결론을 내릴 수 있으니 괜찮다. 그러나 통계적 유의성이 있는 특정 1회만 발표되고 나머지 19회는 아무도 관심이 없다는 이유로 발표되지 않으면, 단 1회의 우연한 결과 때문에 브로콜리에 관심이 있는 과학자와 청소년들이 더 많이 잘못된 행진에 동참한다. 이런 출판 편향에서 무엇보다 “새로운 연구가 알아냈다: 브로콜리를 먹으면 통계적으로 유의미하게 피부가 개선된다!” 같은 헤드라인이 더 많은 혼란을 낳는다.

안타깝게도, 이제 더 큰 문제가 온다. 언젠가 우연히 ‘통계적 유의성’이 있는 결과가 나올 때까지 브로콜리 실험을 반복할 수 있다는 것이다. 주사위 은유로 말하면, 20면체 주사위를 여러 번 던지면 언젠가는 1이 나오지 않겠는가.

정신이 번쩍 드는가? 이제 안전벨트를 더욱 단단히 매시라. 브로콜리 실험에서 통계적으로 유의미한 여드름 개선 결과가 나오지 않았더라도, 어쩌면 여드름 개선 외에 다른 효과가 있지는 않을까? 무엇이든 조사할 수 있다. 체중, 혈압, 반응 속도, 기분, 손톱 길이…. 조사를 많이 할수록 어딘가에서 (순전히 우연히) ‘통계적 유의성’이 있는 차이를 발견할 확률은 높아진다. 20면체 주사위 여러 개를 던질수록 1이 나올 확률이 높아지는 것처럼.

아직 끝나지 않았다. 또 다른 가능성이 있다. 모든 피험자를 분석하는 대신 오로지 남학생만, 또는 16~18세 사이의 남학생만 살핀다. 실험집단과 통제집단 간에 '통계적 유의성'이 있는 차이가 어딘가에서는 등장할 것이다. 통계적 유의성을 찾는 이런 왜곡된 방식을 p-해킹이라고 부른다.[23] p-해킹으로 언젠가는 발표할 만한 뭔가를 찾아낼 수 있다. "새로운 연구가 알아냈다: 브로콜리를 먹으면 통계적으로 유의미하게 손톱이 길어진다!"

원래는 브로콜리가 피부를 얼마나 개선하는지 보여주고자 했지만 측정 데이터가 손톱 길이와 더 잘 맞기 때문에 연구 주제를 손톱으로 바꿀 때, 이것을 하킹(HARKing, Hypothesis After Results Known)이라고 부른다. 측정으로 가설을 증명하거나 반박하는 대신 측정에 맞춰 가설을 바꾸는 것이다. 과학적으로 보면 이것은 엄청난 반칙이다. 다트 화살을 다트판 어딘가로 던지고, 바로 그 자리를 겨냥했다고 주장하는 것과 같다. "야호! 다트판 옆으로 정확히 1.8센티미터 떨어진 곳을 노렸어. 아주 정확히 성공했어!" 브로콜리 피부 연구에서 이 초록 채소가 손톱 성장에 영향을 미친다는 사실을 우연히 발견할 수 있다. 그러면 당연히 그 길을 따라가 봐야 한다! 다만, 실험을 진행하기 '전에' 그런 가설을 세우고 브로콜리 실험을 반복해야 한다.

이제 소음 폭탄 테스트 같은 폭력성 측정 방법에 표준이 없는 것이 왜 큰 문제인지 알겠는가? 실험을 진행하고 분석하는 방법이 여럿이라면, 그것은 분명 p-해킹의 기회다. 폭력적 비디오게임을 한 실험집단과 평화로운 비디오게임을 한 통제집단 사이에서 통계적으로 유의미한 차이를 반드시 찾아내고자 한다면, '주사위를 여러 번 던질' 가능성은 아주 크다. 예를 들어 소음 폭탄의 크기와 길이를 함께 분석하거나, 오로지 길이만 또는 크기만 살필 수도 있다. 첫판만 보거나 모든 판을 다 볼 수도 있다. 피험자가 패배한 게임만 보거나 승리한 게임만 볼 수도 있다. 이제 뭐가 문제인지 알겠는가? 연구자의 자유가 클수록 p-해킹의 가능성이 더 크다.

부디 내 말을 오해하지 마시라. 나는 심리학 분야의 연구자들이 틈만 나면 p-해킹과 하킹을 하여 결과를 맘대로 조작한다고 음해하려는 게 아니다. 다만, 그들이 혹시 그렇게 했는지 의심스러울 때 확인할 수 없다면 정말 답답한 노릇 아닌가! 과학에서 연구자의 양심에 의존할 수밖에 없는 일은 절대 있어선 안 된다. 그들 역시 그저 한 인간에 불과하기 때문이다. 그것만으로도 벌써 비과학적이다. 과학은 신뢰가 아니라 증명과 검사를 기반으로 해야 한다.

다행히 신약의 승인 절차는 검사가 가능하다. 신약의 치료 효과를 테스트할 때 쓰는 고전적 실험 설계는 원리 면에서 우리의 브로콜리 사례와 같다. 실험집단에는 신약을 주고, 통제집단에는 플라세보 약을 준다. 실험집단이 통제집단보다 통계적으로 유의미하게 더 빨리 또는 더 잘 회복되기를 희망하면서. 한 연구가 성공할 때마다, 그러니까 통계적으로 유의미한 효과가 발견될 때마다 p-해킹의 가능성이 의심된다. 의식적이든 무의식적이든(반드시 의식적인 속임수인 건 아닌데, 때때로 소망이 생각이나 분석에 영향을 줄 수 있다), 약효가 출판 편향과 합쳐져 과대평가되고 부작용이 과소평가될 수 있다. 효과가 없거나 심지어 위험한 약이 시장에 나온다면, 분명한 재앙이다. 애석하게도 우리는 그것을 과거에 뼈아프게 배워야만 했다(자료 4.1 참조). 그러므로 신약 승인에서는 임상연구가 특히 엄격하게 통제된다(4장 참조). 임상연구는 사전에 등록되어야 한다. 다시 말해 어떤 가설을 테스트하고자 하고, 어떤 방법으로 결과를 분석할지 세부적으로 공개해야 한다. 이런 사전등록을 통해, 혹여 원하는 결과를 얻지 못했을 때 연구를 아예 진행하지 않은 척하거나 원래는 여드름을 조사하려 했으면서 마치 손톱을 조사하려 했던 척하는 것을 방지할 수 있다. p-해킹과 하킹을 막는 간단하면서도 강력한 방법이다.

학술 연구에서도 사전등록이 점점 빈번해지고 있다. 물론 환영할 만한 일이지만, 비교적 최신 추세로 애석하게도 아직은 표준이 아니다(도대체 왜 표준으로 정하지 않는 거지? 과학 분야 전체에 아주 좋을 텐데). 아직 표준이 아니므로, 신뢰할 만한 결과와 의심스러운 결과를 구분하려면 출판 편향과 p-해킹 가능성을 잘 살펴야 한다. 비디오 게임과 폭력성의 관계처럼 사회적으로 중대한 문제를 다룬다면 더더욱 눈을 크게 떠야 한다.

중요한 건 '크기'야!

통계 분석에서 첫 번째로 중요한 수치가 통계적 유의성이라면, 두 번째로 중요한 수치는 효과크기다. 브로콜리의 효과는 얼마나 클까? 브로콜리는 평균 10퍼센트 정도 여드름을 개선했다. 그러나 이것만으로는 아직 많이 부족하다. 예를 들어 브로콜리를 먹은 실험집단은 얼굴에 평균 9개씩 여드름이 있고, 통제집단은 10개씩 있다고 하자. 이 하나 차이가 얼마나 중요한지는 여드름 개수의 분산에 달렸다. 여드름 개수가 넓게 분산되어 어떤 사람은 얼굴에 여드름이 2~3개뿐이고 어떤 사람은 20개가 있다면, 평균 1개 차이는 그리 중요하지 않다. 이때 효과크기는 작다. 그러나 만약 좁게 분산되어 실험집단의 대다수 청소년이 9개를 가졌고 통제집단 대다수가 10개를 가졌다면, 브로콜리의 효과는 확실히 의미가 있다. 분산이 작을수록 효과크기는 크다.

효과크기를 잘 비교하기 위해 표준화된 효과크기 d를 사용한다. d가 클수록 (브로콜리 또는 폭력적 비디오게임의) 효과는 크다. 'd=0.2' 이하면 기본적으로 약한 효과로 보고, 'd=0.1' 이하면 거의 무의미하고, 'd=0'이면 효과가 전혀 없다는 뜻이다. 0.7 또는 0.8 이상부터는 강한 효과 또는 매우 강한 효과로 볼 수 있다. 0.5 주변이면 중간으로 간주한다.

이런 분류는 통계적 유의성만큼 중요하다. 청소년이 평화로운 비디오게임을 했을 때보다 폭력적 비디오게임을 한 뒤에 더 공격성을 보인다면, 당연히 얼마나 더 공격적인지 물어야 한다. 효과크기는 얼마일까? 관찰 연구에서 비디오게임 소비와 공격적 행동의 상관관계가 확인됐다면, 역시 물어야 한다. 상관관계가 얼마나 강한가? 상관계수는 얼마나 높은가(자료 2.1 참조)? 애석하게도 언론 기사는 대부분 이 질문에 답하지 않는다. 여기서 효과크기가 그렇게 중요할까?

자료 2.2 _ 효과크기

효과크기는 때때로 '심리학 연구의 화폐'라고 불린다.[24] 실험집단과 통제집단 사이의 평균 여드름 개수 또는 남자와 여자 사이의 평균 키 차이 같은, 두 집단의 평균값 차이가 얼마나 중대한지를 보여주는 표현이다. 일상에서 우리는 종종 평균값과 그것의 차이만 주로 다룬다. 예를 들어 '남자는 평균 175센티미터이고 여자는 평균 162센티미터다'라는 식으로 말이다. 그러나 여기서 13센티미터가 유의미한 차이인지 그저 소소한 차이인지는 평균값 주변의 분포, 즉 분산을 알아야 비로소 판단할 수 있다.

남자와 여자의 키 차이는 대략 다음과 같다.

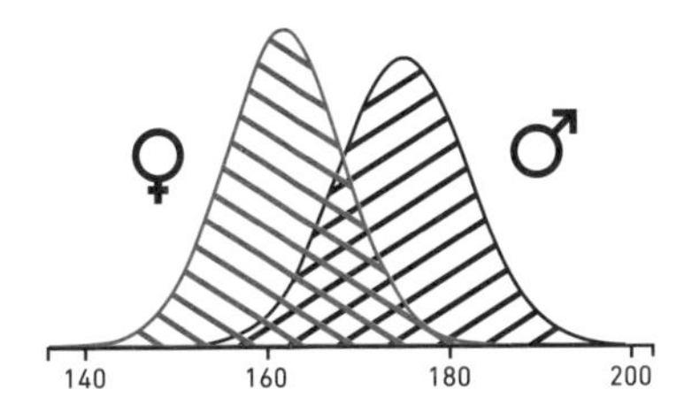

왼쪽 붉은 곡선은 여자의 키 분포를 보여주고, 오른쪽 검은 곡선은 남자의 키 분포를 보여준다. 각각의 최고점이 평균값이다. 두 곡선이 겹치는 부분이 있다. 34퍼센트가 겹치고, 두 분포곡선은 확실히 차이가 있다.

이제 사람들 사이에 명확히 더 큰 분산이 있다고 가정해보자. 그러니까 사람들의 키가 30센티미터와 300센티미터 사이라고 해보자. 만약 평균값이 같다면(175센티미터와 162센티미터) 13센티미터 차이는 무의미하다. 두 곡선이 84퍼센트나 겹치기 때문이다.

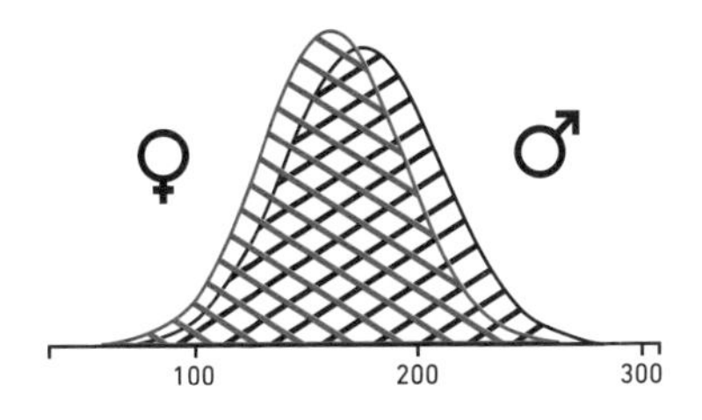

그러므로 과학에서는 평균값의 차이뿐 아니라 효과크기도 다룬다. 효과크기는 분산, 즉 분포의 폭에 비례하는 평균값의 차이를 말한다.

효과크기를 계산하는 방식은 여럿이지만, 가장 인기 있는 것이 표준화된 효과크기 d(Cohen's d)다. d가 클수록 효과가 더 강하다.

남녀 키 차이의 효과크기는 1.91이고, 이것은 큰 효과크기로 통한다. 84퍼센트가 겹치는 두 번째 사례의 효과크기는 0.39로, 작은 효과크기 또는 기껏해야 중간 효과크기다.

대략 다음과 같이 분류한다.

d = 0.2 → 작은 효과크기

d = 0.5 → 중간 효과크기

d = 0.8 → 큰 효과크기

효과크기에 대한 감을 익힐 수 있도록 몇 가지를 더 보여주겠다.

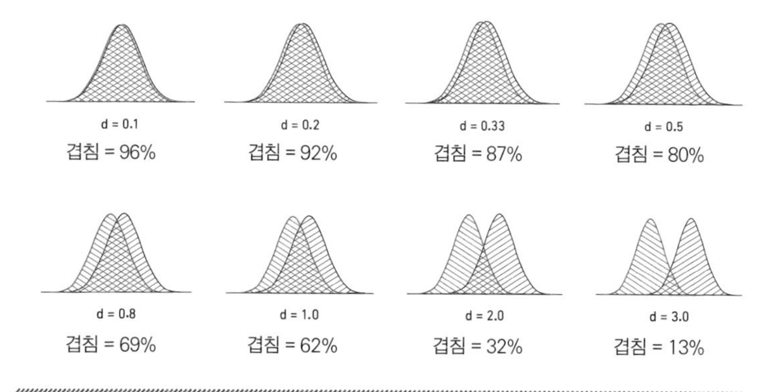

아주 미미한 차이를 겨루는 메타 전쟁

공격성 연구에 관한 언론 기사에서 효과크기나 상관계수를 찾으려

애써봐야 헛수고다. 전문가들은 바로 이것에 대해 서로 다투지만, 관찰 연구에서 비디오게임과 폭력성의 상관관계가 있는지에 관해서는 다투지 않는다. 실험집단이 통제집단보다 더 공격적이었는지에 관해서도 다투지 않는다. 전문가들은 폭력적 비디오게임과 공격성 사이에 비례관계가 있다는 데 동의한다. 그들에게 중요한 것은 그 효과가 주목할 만큼 충분히 큰가 하는 것뿐이다.

연구마다 효과크기가 다를 수 있는데, 우선 다른 방법이 사용되기 때문이다. 그러므로 종종 메타분석을 통해 해명하고자 한다. 메타분석이란 여러 연구에서 나온 데이터를 비교하여 최종 결론을 내리는 매우 광범위한 연구다. 메타분석은 커다란 전체 그림을 보기 때문에 개별 퍼즐 조각에 초점을 둘 때 발생할 수 있는 모순을 없앤다. 그러나 비디오게임과 폭력성에 관한 여러 메타분석의 최종 결론들은 당혹스러울 정도로 상반된다. 그래서 과학 저널리스트 조프 드 브리즈(Jop de Vrieze)는 심지어 '메타 전쟁'이라고까지 표현했다.[25]

특히 논쟁이 많았던 메타분석 두 가지를 살펴보자.

비디오게임에 반대하는 진영에는 심리학자 브레드 부시먼(Brad Bushman)과 크레이그 앤더슨(Craig Anderson)이 있다. 이 두 과학자는 2010년에 몇몇 동료와 함께 메타분석을 했다. 136개 실험의 피험자 13만 296명을 분석했는데, 그들의 결론은 명료했다. 폭력적 비디오게임은 공격적 사고와 행동을 유발한다.[26] 어떤 사람들은 이런 메타분석으로 모든 의심이 한 번에 사라졌다고 봤지만,[27] 어떤 사람들은 어깨만 으쓱해 보이거나 고개를 저었다.[28]

그리고 2015년에 다른 메타분석이 101개 실험의 피험자 10만 6,070명을 분석하여 결론을 내렸다. 폭력적 비디오게임을 통한 공격성 상승은 실험실 밖의 진짜 세계에 아무 의미가 없을 만큼 매우 미미하다.[29] 이 메타분석의 저자는 비디오게임에 찬성하는 진영의 대표자인 심리학자 크리스토퍼 퍼거슨(Christopher Ferguson)이었다. 확실히 해두기 위해 언급하자면, 퍼거슨은 게임을 즐겼는데, 몇몇 비평가가 이것을 미묘하게 비난했다.[30] 게이머가 과연 게임에 대해 객관적일 수 있겠냐는 것이다. 이럴 때 다음과 같은 질문으로 반박할 수 있을 것이다. '어떤 현상을 실제로 경험해보지 않고도 과연 과학적 시선으로 잘 해석할 수 있을까?' 그러므로 나는 가능한 한 개인적인 요소를 토론에서 배제해야 한다고 생각한다. 보라, 벌써 이렇게 복잡하다.

스탠퍼드대학교 통계학자 마야 마투르(Maya Mathur)는 이런 불일치에 매료되어 두 메타분석을 다시 분석했고,[31] 뭔가 기이한 것을 발견했다. 두 진영은 데이터를 분석하여 전혀 다른 결론을 내렸지만, 데이터 자체는 놀랍도록 같았다! 공격성 질문지든 소음 폭탄 테스트든 무엇이든, 폭력적 비디오게임은 공격성 측정에서 거의 항상 더 높은 점수를 받았다. 그러나 두 메타분석에서 효과크기는 음, 어떻게 말해야 할까…, 헛웃음이 나올 만큼 작았다. 두 진영의 다툼이 0.2라는 작은 효과크기냐(부시먼/앤더슨 팀) 아니면 0.1이라는 매우 작은 효과크기냐(퍼거슨 팀)를 따지는 것임이 명확해졌을 때, 나는 거의 배꼽을 잡고 웃었다! 실험실 밖의 진짜 세계에서 폭력적 비디오게임이 총기 난사 사건을 유발할 수 있는지 추측하는 동안,

상아탑의 과학자들은 효과크기가 아주 작은지 아니면 거의 무의미할 정도로 작은지에 대해 싸운다.

좋다, 내가 약간 과장했음을 인정한다. 기본적으로 효과크기 0.2는 '아주 작다'가 아니라 '작다'고 표현한다(자료 2.2 참조). 그러나 'd=0.2'일 경우 통제집단과 실험집단이 90퍼센트 이상 겹친다는 점을 고려한다면, 이 일이 그토록 야단법석을 떨 일인지 모르겠다. 독자들 가운데 심리학자가 있다면 부디 나와 같은 생각이기를 바란다. 심리학에서는 효과크기 0.1, 0.2 또는 0.3이 일반적인데, 결코 웃을 일이 아니다. 오히려 심리학이 얼마나 복잡한지를 보여주는 증거다. 그러나 비디오게임이 총기 난사 사건 같은 극단적 사건을 유발하므로 엄격히 통제해야 하는지를 과학 밖에서 토론하면서 그런 작은 효과크기를 기반으로 한다면 정말 웃긴 일이다. 나는 효과크기 0.2 또는 0.1이 학술 연구에서 흥미로운 차이를 만들 수 있다는 데 이의를 제기하지 않는다. 한편, 다소 불안정한 방법으로 측정된 데이터의 효과크기가 사회와 실질적 연관성이 없다는 데에도 이의를 제기하기 어렵다.

연구 분야의 방법론적 허점을 알게 된 지금, 나는 비디오게임에 반대하는 진영의 효과크기 0.2가 확실히 후하게 평가됐다고 확신한다. 사전등록된(!) 최신 연구들, 그러니까 정말로 믿을 만한 연구들에 따르면 비디오게임이 공격성에 미치는 영향은 거의 없다(이 연구들의 효과크기는 0과 0.1 사이이다). 실험실 연구에서도 코호트 연구에서도 영향이 없다.[32]

그래서 결론이 무엇이라는 건가? 폭력적 비디오게임이 무해하다는 얘긴가? 글쎄, 엄격히 말해 그렇다고 할 수도 없다. 진짜 세계의 폭력성과 공격성을 말하기에는 과학적 방법이 너무 제한적인데, 방법론적으로 허점이 있는 연구라고 해서 비디오게임의 유해성을 무시할 수는 없다. 또한 방법론적으로 똑같이 허술한 연구를, 비디오게임이 무해하다는 증거로 쓸 수도 없다. 다만 확실하게 말할 수 있는 한 가지가 있다. 설령 영향을 미치더라도 아주 미미하리라는 것이다. 영향이 컸더라면, 데이터 자체가 애초에 이렇게 불만족스럽지 않았을 것이다.

한 가지는 명확해졌다. 과학 지식이 어떻게 분류되는지 안다면, 많은 논쟁이 불필요해지리라는 것이다. 과학 지식을 다루는 우리의 피상적 방식은 순전히 시간 낭비다. 과학에서 답을 찾으려면, 바르게 질문해야 한다. 이 방법은 얼마나 유효한가? 출판 편향이 얼마나 큰가? 통계적 유의성은 얼마나 높은가? 이 연구는 사전등록이 됐나? 효과크기는 얼마인가? 상관계수는 얼마인가?

단순한 대답 찾기의 유혹

이 장이 끝나가는 지금에야 비로소 밝히건대, 나는 앞으로 게임을 할 계획이 전혀 없다. 예전에도 마리오 카트 게임조차 하지 않았다. 게임에서 익명의 적을 총으로, 때로는 수류탄으로 공격하며 시간을 보내는 모습을 보면 그런 게임이 감각을 무디게 하거나 폭력적 행동을 조장할 수 있다는 주장이 아주 허튼소리는 아니라고 여겨진다. 나는 공포영화도 싫어한다. 사이코패스 연쇄 살인마에게서 도망치기 위해 자기 다리를 톱으로 잘라내는 모습을 자발적으로 보다니 도저히 이해할 수가 없다. 그러나 친구들이 〈쏘우 1(Saw 1)〉을 훌륭한 영화라고 말하면, 그냥 그런가 보다 한다. 그러니까 뭔가를 어떻게 판결하느냐는 대개 각자의 인식에 따라 색이 입혀진다. 총기 난사 사건 이후에 오로지 '킬러 게임'만 거론되고 '킬러 영화' 얘기는 아무도 하지 않는 것은 흥미롭다. 영화의 폭력과 비디오게임의 폭력이 다르게 평가되는 것은 아마 관객과 게이머의 역할 때문일 것이다. 영화에서는 살해 장면을 수동적 관객으로 목격하고, 비디오게임에서는 게이머 스스로 사람을 죽인다는 점 말이다.

그러나 폭력적 비디오게임이 일상의 폭력을 조장하지 않을 뿐 아니라 오히려 (반대로) 진짜 폭력을 완화한다고 주장할 수도 있다. 카타르시스 명제가 이런 주장을 뒷받침하는데, 이 명제에 따르면 사람들은 일상에서 공격성을 드러내는 대신 비디오게임의 도움으로 공격성을 해소하거나 줄일 수 있다. 폭력 영화가 다시 게임의 카타르시스 효과를 반박한다.[33] 그러나 여기서 다시 게임의 능동적 역할을 지적하며, 영화에서는 '흥분 가라앉히기'가 불가능하지만 비디오게임에서는 어쩌면 가능할 것이라고 주장할 수도 있다.

비디오게임을 직접 경험해보지 않은 나는 이 현상을 제삼자의 눈으로 볼 수밖에 없다. 이럴 때 비디오게임을 너무 폭력적이라 여기고 한쪽 측면에서만 볼 위험이 생긴다. 비디오게임에는 다양한 긍정적 측면도 있다. 예를 들어 3차원적 사고와 전략적 사고 또는 반응 능력을 훈련할 수 있고, 멀티플레이어 게임에서는 팀워크, 커뮤니케이션, 규칙 준수가 중요한 역할을 한다.[34] 문제는 비디오게임 자체를 너무 단순화하는 데서 시작된다.

비디오게임 논쟁에서 특히 아쉬운 것은 비디오게임을 중심으로 형성된 커뮤니티를 자세히 관찰하는 시각이 없다는 점이다. 사회에서 격리돼 어두운 방에 틀어박혀 있는 게이머.[35] 이런 클리셰는 전 세계 젊은이들이 게임 커뮤니티에서 서로 만나 우정을 나눌 수 있다는 사실을 무시한다. 실제로 비디오게임에서 게이머들이 가장 좋아하고 중요하게 여기는 측면이 바로 게임을 비롯한 주변의 모든 상호작용이다.[36] 그리고 코로나 팬데믹 기간에 게임은 분명 수많은 이에게 외로움과 황량함을 막아주는 구원자였다.

총기 난사 사건 같은 끔찍한 폭력 뒤에, 이 끔찍한 사건을 해명하기 위해 대답을 찾으려는 노력은 이해할 만하다. '왜?'라는 질문에 좋은 대답이 없는 상황은 견디기 어렵다. 이런 상황에서 폭력적 비디오게임을 탓하는 것은 매력적일 만큼 간단한 탈출구다. 물론 비디오게임 하나가 평범한 사람을 마구 총질을 해대는 사람으로 만든다는 주장은 터무니없지만, 극단적이고 특히 공격적이거나 정신 질환이 있는 사람의 경우 폭력적 비디오게임이 어쩌면 가득 찬 물통을 흘러넘치게 하는 마지막 한 방울로 작용할 수 있다. 비디오게임을 금지하는 것이 간단할 것이고, (이른바) 폭력을 막기 위해 뭔가를 했다는 안도감을 느낄 수 있을 것이다. 그러나 비디오게임과 폭력성의 관계를 토론함으로써 사회 및 가정의 안정, 복지, 교육 등 폭력을 막을 수 있는 확실한 요소가 있다는 사실을 보지 못하게 된다.[37] 맞다, 그것을 개선하는 일은 확실히 더 복잡하다.

청소년 폭력의 감소를 보여주는(도입부의 유도 질문에서 제시한) 그래프는 비디오게임 논쟁에 거의 도움이 안 되지만, 시선을 전체로 돌리는 계기를 마련해준다. 우리는 폭력을 줄이는 데 이미 성공했다. 다만 그것을 인식하지 못할 뿐이다. 청소년의 폭력 감소가 어떻게 생겨났는지 이해하면, 이런 반가운 후퇴 경향을 훨씬 더 집중적이고도 효과적으로 이어갈 수 있다. 그러므로 개별 퍼즐 조각에 매몰돼 왜곡하지 말고 전체 그림을 보자.

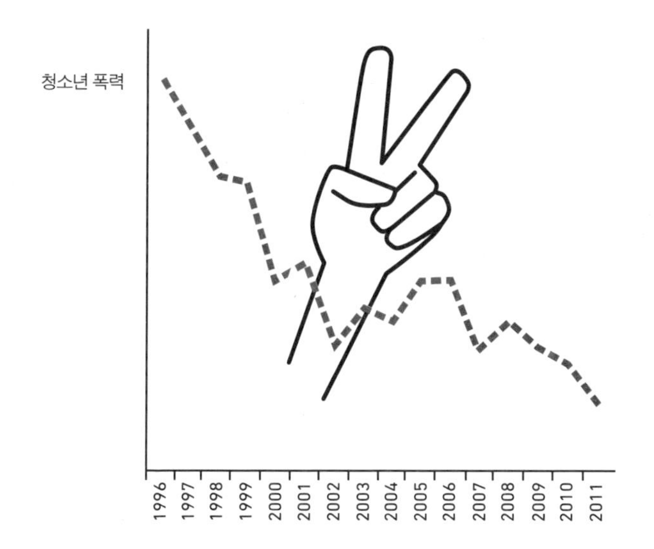

자료 2.3 _ 버스-페리 공격성 검사지

개발자의 이름을 따서 명명된 버스-페리 공격성 검사지에는 고전적 버전의 질문 29개가 들어 있다. 신체적 공격(신), 언어적 공격(언), 분노(분), 적대감(적) 등 네 가지 공격 범주를 질문한다. 응답자는 각 진술이 자기 자신을 얼마나 잘 설명하느냐에 따라 5점 만점을 기준으로 답해야 한다('매우 그렇다'부터 '매우 그렇지 않다'까지). 질문 내용은 대략 다음과 같다.

1. 몇몇 친구는 나를 불뚝 성질이 있다고 여긴다.(분)
2. 필요하다면 폭력을 써서라도 나의 권리를 방어한다.(신)
3. 사람들이 특별히 내게 친절하면 '나에게 뭘 바라고 저러나' 하고 의심이 든다.(적)
4. 친구와 생각이 다르면, 그것을 친구에게 솔직하게 말한다.(언)
5. 너무 화가 나서 물건을 던져 망가뜨린 적이 있다.(신)
6. 의견이 다르면 그것에 대해 싸울 수밖에 없다.(언)
7. 내가 왜 이렇게 괴롭고 힘든지 때때로 이해가 안 된다.(적)
8. 때때로 다른 사람을 때리고 싶다는 욕구를 통제할 수 없다.(신)
9. 나는 평정심을 유지하는 사람이다.(분)
10. 과도하게 친절한 사람을 보면 의심이 든다.(적)
11. 친구나 지인을 위협한 적이 있다.(신)
12. 쉽게 흥분하지만, 분노가 금세 다시 가라앉는다.(분)
13. 도발을 받으면 주먹이 나간다.(신)
14. 사람들이 나를 짜증 나게 하면, 속마음을 그들에게 말한다.(언)
15. 때때로 질투가 제대로 폭발한다.(적)
16. 다른 사람을 때릴 좋은 핑곗거리를 찾을 때가 있다.(신)
17. 내가 특히 불운한 인생을 살고 있다는 기분이 든다.(적)
18. 갑자기 치솟는 분노를 통제하기 어렵다.(분)
19. 좌절감이 들 때, 분노를 감출 수가 없다.(분)
20. 사람들이 뒤에서 나를 비웃는다는 기분이 들 때가 있다.(적)
21. 다른 사람들과 의견이 다를 때가 자주 있다.(적)
22. 누군가가 나를 때리면, 나도 같이 때린다.(신)
23. 내가 언제든 터질 수 있는 시한폭탄 같을 때가 더러 있다.(분)
24. 다른 사람들은 언제나 운이 좋아 보인다.(적)

25. 어떤 사람들은 주먹이 나갈 만큼 나를 화나게 한다.(신)
26. 내 뒤에서 나를 험담하는 '친구'가 있다는 걸 안다.(적)
27. 친구들은 나를 싸움닭이라고 부른다.(언)
28. 때때로 특별한 이유 없이 폭발한다.(분)
29. 나는 평균보다 더 자주 주먹싸움을 한다.(신)

남녀 간 임금 격차는 실존할까?

과학적으로 해명되는 것과 해명되지 않는 것

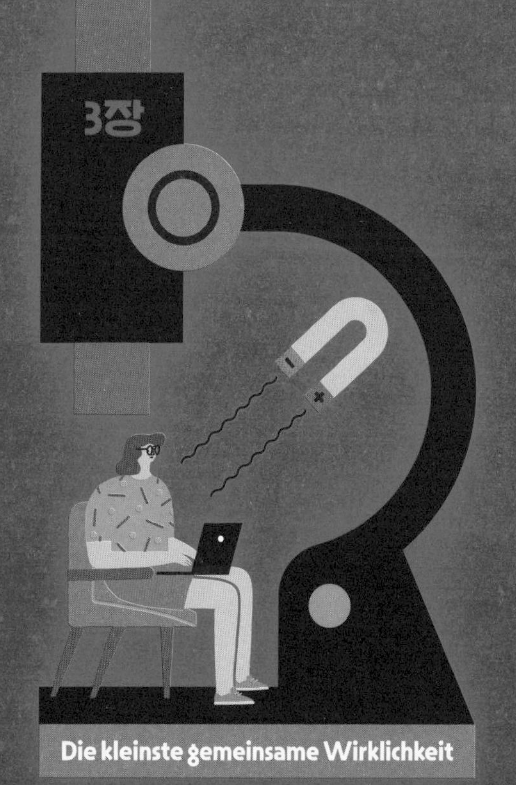

유도질문

당신은 다음 중 어느 입장에 동의하는가?

□ 남녀 모두 직장이냐 가정이냐를 자유롭게 선택한다.

: 집안일을 하든 직장에 다니든, 모두가 각자 원하는 대로 선택할 수 있다. 그리고 남자와 여자는 일반적으로 원하는 바가 다르다.

□ 남녀 모두 직장이냐 가정이냐를 선택할 때 사회적 압박을 받는다.

: 남녀는 원래 일반적으로 생각하는 것보다 훨씬 더 비슷하다. 그럼에도 여자는 가사를 돌봐야 한다는 압박을 받고, 남자는 돈을 벌어와야 한다는 압박을 받는다. 이런 역할 압박 때문에 남녀 모두 자신이 진짜 원하는 직업을 선택하기 어렵다.

독일에서는 매년 봄에 남녀 임금 격차를 알리기 위한 '동일 임금의 날(Equal Pay Day)' 행사가 열린다. 2021년 동일 임금의 날은 3월 10일이었다. 이와 관련하여 다음과 같은 기사가 보도됐다.

> 동일 임금의 날은 성별에 따른 임금 격차를 상징적으로 보여주는데, 연방통계청에 따르면 현재 독일의 남녀 임금 격차는 19퍼센트다. 날짜로 환산하면 69일이고, 그래서 올해 동일 임금의 날은 3월 10일이다. 남녀가 같은 시급을 받는다고 가정할 때, 남성은 1월 1일부터 급여를 받는 반면, 여성은 3월 10일, 즉 동일 임금의 날까지 무보수로 일한다는 뜻이다.[1]

어떤 사람들은 이 기사를 강하게 반박한다. 남녀 임금 격차는 19퍼센트가 아니라 사실은 6퍼센트에 불과하다는 것이다. 임금 격차가 6퍼센트보다 더 낮다고 주장하는 이들도 있다. 수치에 대한 해석뿐 아니라 수치 자체에 대한 의견까지 분분하다는 점이 흥미롭지 않은가?

이 분야는 채굴할 것이 무궁무진하다! 독일의 성차별 토론은 조화와 거리가 멀다. 사우디아라비아에서 여성의 대학 진학이 허용되지 않고, 이집트에서 잔인한 여성 할례가 행해진다는 사실에 대해 심장과 뇌가 있는 사람이라면 아주 신랄하게 비판해야 마땅하다. 그러나 독일처럼 남녀가 법 앞에 평등한 나라에서 솔직히 성차별을 불평해도 될까?

성차별을 비판하면 종종 증거를 대라는 요구를 받는다. 일상에서 직접 차별을 당하지 않는 사람은 대개 남녀차별을 인식하지 못하는데, 차별을 드러내거나 증명할 수 있는 신뢰할 만한 수치나 명확한 사실이 많지 않기 때문이다. 그러나 남녀 임금 격차의 경우는 다르다. 매달 통장에 입금되는 월급은 다르게 해석할 수 있는 주관적 수치가 아니다. 그럼에도 남녀 임금 격차를 두고 차별이다, 아니다 하며 격렬하게 싸운다. 이때 수치가 만드는 혼돈은 금세 해명된다. 먼저 그것부터 빨리 해결하자.

남녀 임금 격차에 대한 이해할 만한 해명?

연방통계청이 남녀 임금 격차를 조사했고,[2] 다른 방식으로 산출된 두 가지 수치를 내놓았다.[3]

조정 전 남녀 임금 격차

'조정 전' 남녀 임금 격차는 간단히 산출할 수 있다. 2019년 수치를 보자.[4]

세전 시급(특별수당 제외)을 보면, 남성은 평균 21.7유로이고 여성은 평균 17.33유로다. 여성이 남성보다 4.37유로 더 적게 받는다. 즉, 2019년에 여성은 남성보다 시급을 19퍼센트 더 적게 받았다.

달리 표현하면, 2019년 조정 전 남녀 임금 격차는 19퍼센트다.

여기까지는 아주 간단하다. 그러나 논쟁에서, 그리고 애석하게도 여러 매체에서, 똑같은 해석 오류를 계속해서 범한다. 흔한 주장과 달리 조정 전 남녀 임금 격차는 '같은 일'을 하고도 여성이 남성보다 임금을 19퍼센트 적게 받는다는 뜻이 '아니다.' 병원에서 월급을 많이 받는 의사들은 주로 남성이고 월급이 적은 간호사들은 주로 여성이라면, 평균적으로 여성이 남성보다 월급을 더 적게 받는다. 월급이 더 적은 일을 하니 당연한 결과다.

동일 임금의 날 기사에서 여성이 이날까지 '무보수로' 일한다고 한 내용은 오해의 소지가 있다. 남녀가 같은 일 또는 적어도 비슷한 일을 했을 때만 동의할 수 있다.

그러니 더 자세히 비교해보자! 그러려면 세전 시급보다 더 많은 정보가 필요하다. 연방통계청이 내놓은 또 다른 수치가 있다.

조정 후 남녀 임금 격차

사과와 배 또는 의사와 간호사를 비교하지 않도록, 직종의 차이로 생기는 임금 격차를 계산에서 제외하여 이른바 조정 후 남녀 임금 격차를 산출하고자 한다. 그러려면 세전 시급 이외에 업무 유형, 직원의 업무 능력, 직위 등과 같은 여러 데이터가 필요하다. 연방통계청이 4년마다 조사하는 이른바 수익구조 통계에서 이런 데이터를 얻을 수 있다.[5] 직원의 성별도 구분하기 때문에 이제 남녀의 차이를 살필 수 있고, 그것으로 조정 전 남녀 임금 격차의 문제를 해소할 수 있다.

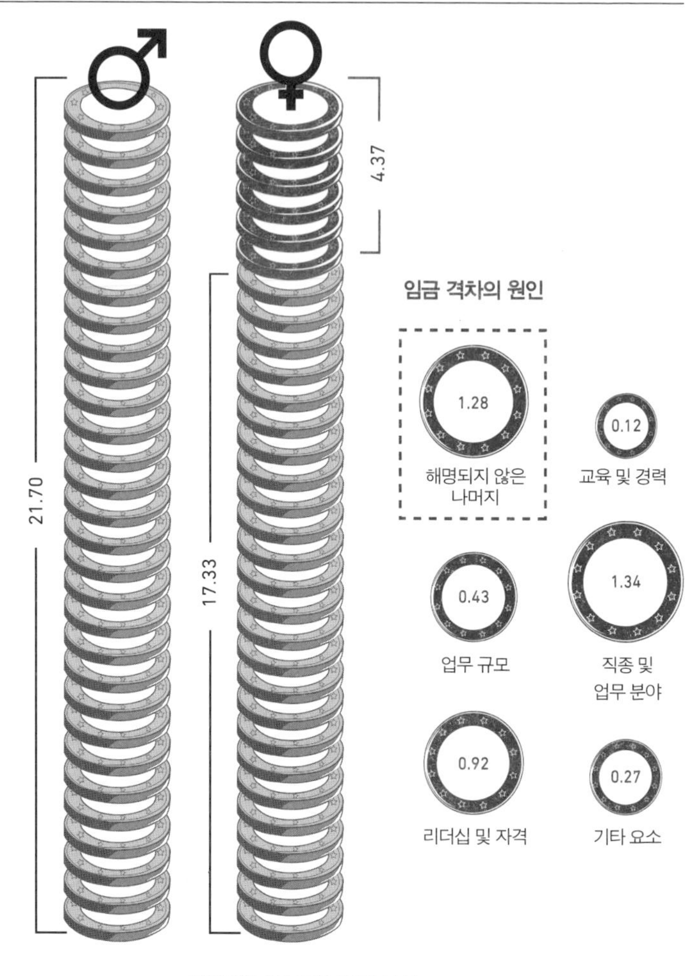

그림 3.1 남녀 임금 격차의 원인

그림 3.1은 조정 전 임금 격차 4.37유로가 어떻게 생겼는지 보여준다. 격차의 약 3분의 1, 즉 1.34유로는 직종 및 업무 분야가 달라서 생긴 것이다.

결과를 자세히 살펴보면, 능력의 차이는 아주 미미한 역할만 한다. 사실 이에 관한 수많은 논쟁은 모두 쓸데없는 다툼인데, '교육 및 경력'에서 생기는 임금 격차가 겨우 2.7퍼센트, 즉 12센트에 불과하기 때문이다.

남녀 임금 격차 대부분은 이해할 만하게 해명된다. 아하, 그렇군. 이제 여성들은 이런 해명에 그냥 만족할지 말지 곰곰이 생각한다. 적어도 일관성 있는 해명이라면, 객관성을 사랑하는 여성으로서 나는 만족할 수 있다. 그것만으로도 이미 좋은 출발이다.

그러나 해명이 가능한 임금 격차 이외에 1.28유로 또는 6퍼센트라는, 해명되지 않는 임금 격차가 여전히 남는다(해명되지 않은 나머지). 조정 후 남녀 임금 격차가 6퍼센트다. 즉 업무 유형, 업무 능력, 업무 분야 등의 차이를 고려할 때 여성은 남성보다 평균 6퍼센트를 적게 번다는 얘기다. 달리 말하면, 독일에서 여성은 남성과 비슷한 일을 하고도 월급을 평균 6퍼센트 적게 받는다.

'동일 임금의 날'이 상징하는 것을 오해 없이 구현하려면, 19퍼센트가 아니라 6퍼센트로 계산해야 맞을 것 같다. 그러면 '동일 임금의 날'은 3월 10일이 아니라 1월 22일이 된다. 여전히 불공정하지만, 보도되고 회자되는 것만큼 충격적이지진 않다. 조정 전 격차와 조정 후 격차만이라도 명확히 구분한다면, 일부 뜨거운 다툼은 불필요해질 것이다. 지루한 얘기는 이쯤에서 끝내고, 이제 재밌는 세부 사항으로 들어가 보자.

해명되지 않은 격차

같은 일을 하고도 여성이 남성보다 월급을 적게 받는다면, 조정 후 남녀 임금 격차를 차별로 이해해도 되지 않을까? 어떤 사람들은 명확한 증거가 없다면서 차별이 아니라고 말할 것이다. 실제로 임금 차별을 과학적으로 증명하기는 쉽지 않다. 그러나 불가능한 건 아니다.

예일대학교 심리학자들이 2012년에 교수들을 두 집단으로 분류하여 실험했다.[6] 피험자 교수들은 가짜 이력서를 받아 평가서를 제출해야 했다. 지원자의 자질은 얼마나 훌륭한가? 채용할 것인가? 초봉은 얼마가 적당할까? 두 집단은 같은 이력서를 받았다. 다만 딱 한 가지가 달랐는데, 바로 지원자의 이름이다. 실험집단 1은 '제니퍼'의 이력서를 받았고, 실험집단 2는 '존'의 이력서를 받았다.

이력서에 사진은 없다(이것은 미국에서 당연한 일인데, 모델을 뽑는 게 아니라면 모든 국가가 도입해야 마땅한 원칙이라고 생각한다). '제니퍼'와 '존'이라는 이름으로 연상되는 바가 같은지도 미리 테스트했다. 제니퍼와 존은 미국에서 비슷하게 평범하고 비슷하게 흔한 남녀의 이름이다(특이한 이름을 썼다면 왜곡된 실험 설계였을 것이다).

연구 결과는 매우 흥미로웠다. 제니퍼는 평균적으로 자질이 부족하고 채용에 부적합하다는 평가를 받았고, 멘토링 지원과 발전 기회도 적었다. 반면 존은 평균적으로 명확히 더 높은 초봉을 받았다. 존에게는 초봉으로 3만 238달러가 제안됐고, 제니퍼에게는 2만 6,508달러가 제안됐다. 12퍼센트 더 낮게! 흥미롭게도, 남자 교수뿐 아니라 여자 교수 역시 그런 평가서를 제출했다.

조정 후 남녀 임금에 격차가 생긴 것이 오로지 차별 때문이라고 볼 수는 없다. 임금에 영향을 미칠 수 있는 요소들이 아주 많은데, 측정하기가 어렵다. 대담함, 기회주의적 행동, 연봉 협상 능력 등의 요소들에 남녀의 차이가 있을까? 임금 격차를 만들 만큼 그 차이가 클까? 충분히 그럴 수 있다. 또한 이른바 암흑의 삼총사(소시오패스, 나르시시즘, 마키아벨리즘)에 관한 연구들도 있다.[7] 이 삼총사는 직업적 성공과 상관관계가 있을 수 있고,[8] 남성 또는 남성의 역할과 강하게 연결되어 있다.[9]

그러나 2장에서 봤듯이, 심리학 연구에는 방법론적 허점이 있고 제니퍼-존 연구 같은 통제된 블라인드 실험 설계가 쉽지 않다. 조정 후 남녀 임금 격차는 해명될 수 있지만, 그 근거는 부분적으로만 타당하다. 그래서 연방통계청은 조정 후 남녀 임금 격차를 임금 차별이 아니라 '차별 상한선'으로 본다.[10]

잊으면 안 되는 사실이 있다. 조정 후 남녀 임금 격차를 왜 '해명되지 않은 격차'라고 하는지 생각해보라. 추측을 사실로 받아들여 서로 들이받으며 싸우기 전에, 이런 해명되지 않은 불확실성을 고려해야 한다. 차별이 없다는 주장에도, 전부 차별이라는 주장에도 명확한 근거가 없다. 중간 어디쯤 진실이 있다는 주장 역시 그저 어느 정도만 타당할 뿐이다. 휴…, 차별을 이해하기란 여전히 너무 복잡한 것 같다.

해명된 (불)공평한 나머지

해명되지 않은 '조정 후 남녀 임금 격차'를 두고 차별 논쟁이 벌어지는 동안, 나머지 해명된 격차는 종종 과소평가된다. 조정 전 임금 격차는 잘 분석되고 근거가 제시된 상태이므로, 몇몇 사람은 해명된 임금 격차를 차별이나 불이익으로 봐선 안 된다고 주장한다. 인생이 다 그렇듯, 직업이 다르면 임금이 다른 게 당연하다는 것이다. 그럼, 임금이 낮은 직업을 선택한 여성에게 임금이 높은 직업으로 바꾸라고 말해야 할까?

글쎄, 연방통계청이 분석한[11] 임금 격차의 주요 원인 세 가지를 살펴보자.

1. 여성은 시간제로 일하는 경우가 많고 휴직 기간이 더 길다.
   남녀의 시급을 비교하더라도, 시간제나 단기 계약직 또는 장기 휴직은 노동 시간을 줄일 뿐 아니라 시급도 낮춘다.
2. 여성은 임금이 낮은 직종에서 일하는 경우가 많다.
   보육교사, 간호사, 사회복지사 같은 저임금 분야가 여기에 속한다.
3. 여성은 임금이 낮은 직책으로 일하는 경우가 많다.
   같은 분야 또는 같은 직종 내에서도 남성이 주로 임금이 더 높은 직책을 차지한다. 여의사는 아주 많지만, 여성 과장 의사는 확실히 드물다.

이 세 가지는 서로 독립적이지 않다. 많은 경우 2번과 3번은 1번의 직접적 결과다. 임금이 높은 팀장은 시간제가 아니라 대부분 전일제로 일하고, 더 나아가 종종 초과근무를 한다. 예를 들어 육아 때문에 장기 휴직을 하면, 비록 같은 직책으로 복직할 권리가 있더라도 대개는 승진에 불리하다. 휴직을 하지 않거나 더 짧게 쉬는 동료들이 먼저 승진한다. 한편 연방통계청이 명시했듯이, 남녀 차이가 거의 없는 '교육 및 경력'을 계산할 때 경력 단절 기간은 고려하지 않았다.[12]

이제 나는 위험을 감수하고 과감하게 외친다. 이 모든 것의 원인은 여성이 가족과 더 많은 시간을 보내고, 특히 자녀와 노부모를 돌보기 때문이다! 여성은 가족을 돌볼 시간을 허락하는 직업을 택한다. 육아를 위해 직장을 그만두거나 시간제로 일하고, 보육교사나 초등학교 교사 같은 전형적인 '여성 직업', 그러니까 기본적으로 가정을 잘 돌볼 수 있지만 임금은 높지 않은 직업을 선택한다.

모든 것이 아주 명쾌해 보인다. 하지만 이것은 위험을 감수한 주장인데, 연방통계청이 사용한 데이터는 누가 엄마이고 누가 아닌지를 알려주지 않기 때문이다. 그래서 임금 격차의 원인이 곧장 출산이라고 볼 순 없다. 그래도 나는 아주 느긋하게 등을 기댈 수 있는데, 육아휴직 신청 기간을 참고하면 남성과 여성이 각각 자녀 양육에 얼마나 많은 시간을 쓰는지 명확히 알 수 있기 때문이다. 2019년 조사 기록에 따르면 아빠들은 육아휴직을 평균 3.7개월 썼고, 엄마들은 14.3개월을 썼다. 압도적 다수(72퍼센트)의 아빠가 집에 머문 기간은 2개월이 넘지 않은 반면 엄마들은 약 64퍼센트가

10개월에서 최대 12개월을 휴직했고, 23퍼센트는 15개월에서 23개월을 휴직했다.[13] 이 수치는 전통적인 역할 이해가 가정에서 여전히 지배적임을 보여준다. 그리고 이런 역할 이해는 여성의 월급통장에 영향을 미친다.

역동적인 남녀 임금 격차

아이를 키우는 데는 돈이 많이 든다. 추정키로 1년에 700에서 800유로가 든다는 기저귓값을 말하는 게 아니다.[14] 내가 말하는 건 아이를 키우기 위해 포기해야 하는 월급과 승진 기회다. 그러나 우선 한 걸음 뒤로 물러나 시간에 따른 남녀 임금 격차를 보자.

시카고대학교의 한 연구팀이[15] 경영대학원 졸업생 약 2,500명을 몇 년 동안 관찰하며 졸업 후 월급을 얼마나 받았는지 추적했다(그림 3.2). 취업 첫해에 벌써 남녀 임금 격차가 존재했다. 남성의 평균 연봉은 약 13만 달러였고, 여성은 약 11만 5,000달러였다. 즉 여성이 남성보다 11.5퍼센트 적게 받았다.

여기서 고려할 것이 있는데, 일반적으로 미국이 독일보다 남녀 임금 격차가 더 크고 특히 경영학 분야가 다른 분야보다 격차가 더 크다는 점이다. 진짜 흥미로운 것은 임금 격차의 크기 자체가 아니라, 그 격차가 최근 몇 년 사이에 극적으로 커졌다는 사실이다. 졸업 후 9년이 흘렀을 때 남성은 평균 연봉 40만 달러를 집에 가져간 반면, 여성은 25만 달러를 받았다. 여성이 남성보다 37.5퍼센트 적

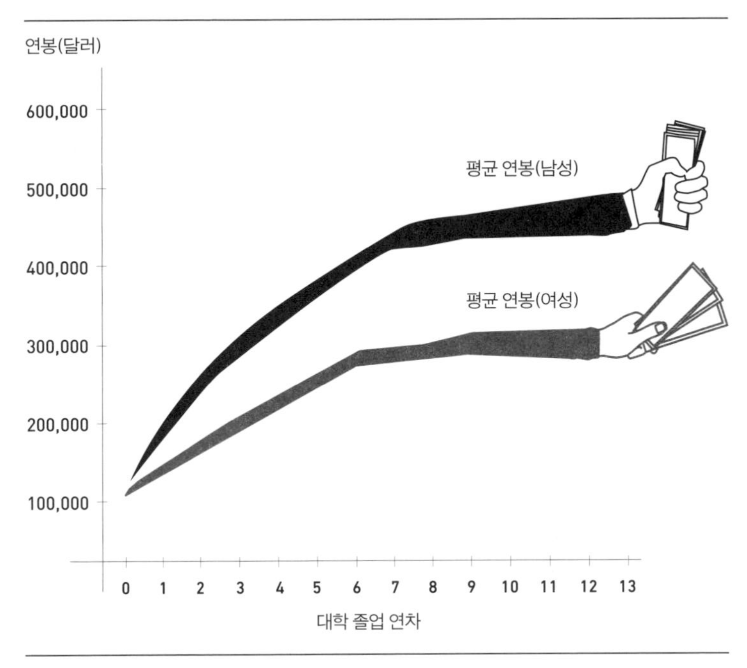

그림 3.2 버트런드(Bertrand) 연구팀이 시카고대학교 졸업생을 관찰했다. 취업 첫해에는 남녀 임금 격차가 상대적으로 작았지만, 해가 갈수록 커졌다.[16]

게 받았다. 남녀 임금 격차는 역동적이다.

연방통계청이 제시한 남녀 임금 격차는 모든 연령대의 평균을 낸 것이므로 이른바 고정된 수치다. 그래서 어쩌면 가장 흥미로울 수 있는 지점을 간과하게 된다. 하버드대학교의 한 연구에 따르면,[17] 남녀 임금 격차는 취업 후에 해마다 증가하다가 특정 나이부터 증가세가 서서히 멈춘다(그림 3.3). 남성 대비 여성의 소득은 30대 말 또는 40대 초에 최저점을 찍고, 비록 남성을 완전히 따라잡지는 못하지만 서서히 증가한다.

이런 추세는 매우 그럴듯해 보인다. 여성은 대부분 20~30대에

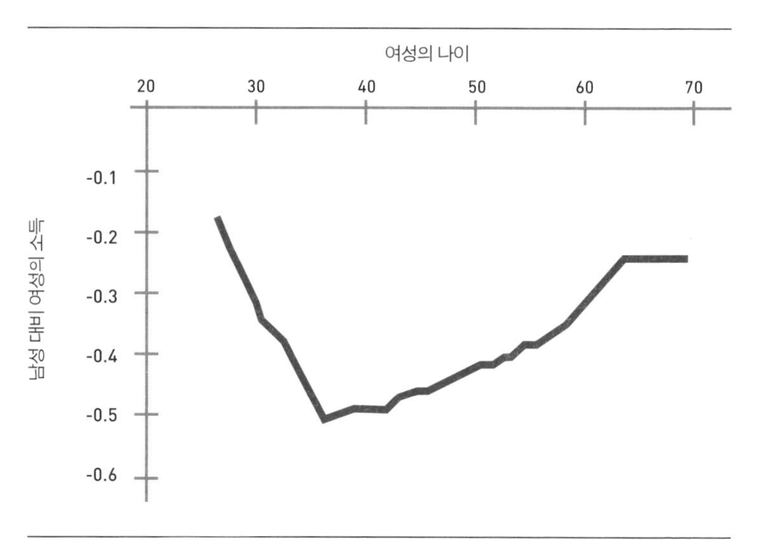

그림 3.3 남녀 임금 격차는 취업 후 나이가 들수록 증가하지만, 중년부터는 다시 줄어든다.[18]

아이를 낳고 육아를 위해 근무 시간을 줄이거나 휴직을 하므로 이 시기에 소득이 감소한다. 남성은 대부분 육아의 영향을 덜 받고 계속해서 경력 사다리를 올라 여성 동료보다 재정적으로 점점 더 앞서간다. 자녀들이 커서 육아 상황이 여유로워지면 비로소 여성이 남성을 서서히 추격한다.

이것은 흥미로운데, 처음에는 격차가 작더라도 시간이 지날수록 점점 커진다는 뜻이기 때문이다. 남편이 아내보다 더 많이 버는 부부를 떠올려보자(사회적 기대도 한몫했을 흔한 조합이다. '진정한 남자는 더 크고 더 강하고 돈도 더 많이 벌어야 한다!'). 부부는 아이를 위해 한 사람이 직장을 그만두기로 한다. 누가 집에 남아야 할까? 경제적으로만 보면, 합리적 선택은 하나뿐이다. 월급이 더 많은 남편이 생활비를 벌고, 아내가 집에서 아이를 돌보는 것이다. 이제 하버드대학교의 연구에서 목격된 일이 발생한다. 남편은 계속해서 경력을 쌓고 연봉이 인상되고 승진한다. 반면, 아내는 경력이 단절된다. 두 사람의 임금 격차는 더 커진다. 몇 년 뒤에 둘째가 태어나면, 역할 분담은 더욱 빨리 결정된다. 아이가 자라 독립해 나간 뒤에는 아내와 남편의 임금 격차가 너무 커져서 아내가 남편을 더는 따라잡지 못한다. 권력 차이, 임금 차이 또는 성 역할의 일반적 차이 같은 사회적 차이는 기본적으로 '다람쥐 쳇바퀴 효과'를 가진다. 출발 시점의 차이가 계속해서 차이를 재생산한다.

남녀 임금 격차의 수치를 깊이 들여다보면, 다음과 같은 논리적 결론을 얻을 수 있다. 여성이 가족을 위해 더 많은 시간을 쓰는 것이 남녀 임금 격차의 주요 원인이다. 그렇다, 역시 아이를 키우는 데는 돈이 많이 든다(그런데 정말로 아빠보다 엄마가 집에 있는 것이 아이들에게 더 좋을까? 이 질문은 7장에서 잠깐 살필 예정이니, 여기서는 짧게 답하고 넘어가겠다. 아무 상관 없다!). 어떤 사람은 이런 불공평에 흥분할 테지만, 어떤 사람은 이런 흥분 자체를 이해하지 못한다. 지금 우리가 다루고 있는 주제가 정말로 불공평일까, 아니면 그저 차이일 뿐일까? 남녀가 법 앞에 평등하다는 것은 남녀가 똑같아야 한다는 뜻이 아니다. 그리고 가족과 시간을 보내기 위해 임금을 줄일지 말지는 여자든 남자든 각자 자유롭게 선택할 수 있지 않나? 여자들이 가족과 더 많은 시간을 보내고자 '한다면' 굳이 말릴 이유가 뭐란 말인가. 이쯤에서 도입부의 유도 질문으로 돌아가 보자.

하려 했으나 할 수 없었다?

맞다, 인정한다. 이렇게 다층적인 주제에서 선택지가 단 2개뿐이라니, 부족해도 한참 부족하다. 둘 사이에 몇몇 중간 의견이 더 있을 수도 있다. 그러나 둘 중 하나를 선택해야 한다면, 당신은 어느 쪽 입장에 더 동의하는가?

A: 남녀 모두 직장이냐 가정이냐를 자유롭게 선택한다.
B: 남녀 모두 직장이냐 가정이냐를 선택할 때 사회적 압박을 받는다.

믿고 쓸 만한 데이터가 없다. 그러므로 나는 과학자들이 어쩔 수 없을 때만 발을 들이는 영토에 과감히 들어간다. 증명되지 않은 의견들의 광활한 세상으로! 그러나 마땅한 데이터가 없다고 해서 합리적 숙고마저 버릴 필요는 없다. 그러니 A 입장을 숙고해보자.

미국 스타트업 기업에는 무제한 유급 휴가제가 종종 있다.[19] 예컨대 넷플릭스는 '무정책 정책(no-policy-policy)'을 약속한다.[20] 원한다면, 1년 내내 호놀룰루 해변에서 시간을 보내도 된다. 이론적으로 그렇다는 얘기다. 그렇다면 실제로는 어떨까? 한번 상상해보라. 당신은 (자유로운 결정으로!!) 동료보다 휴가를 더 많이 쓰는 게으른 돼지가 되고 싶은가? 참고로, 미국의 직원 보호 수준은 독일과 비교하면 거의 0에 가깝다. 그러므로 이처럼 '맘껏 쓸 수 있는 휴가(All-You-Can-Vacation)'라는 원칙이 가장 크게 비판받는 지점은 아무도 이런 휴가를 실제로 쓸 용기를 내지 못하고, 심지어 휴가를 쓸 여유가 거의 없다는 것이다.[21] 문서나 법이 보장하는 자유로운 결정이 곧 실제로도 자유롭다는 뜻은 아니다. 가사를 돌보든 직장에 나가든 남녀 모두가 자유롭게 선택할 수 있다는 주장은 너무 순진하거나 생각이 짧은 것 같다.

그렇더라도 남녀는 아주 달라서 외부의 강요 없이 통계적으로 유의미하게 다른 결정을 내릴 수는 있을 것 같다. 물론 사회적 압박이 있지만, 그렇다고 생물학적 차이가 아무 역할도 하지 않는다고 확정할 수도 없다. 이를 확인하려면 사회적 압박이 전혀 없는 일종의 평행 세계가 있고, 거기서 통제 실험을 할 수 있어야 할 것이다. 사회적 압박이 전혀 없는 통제된 평행 세계에서도 여성이 남성보다 육아휴직을 더 많이 낼 순 있겠지만, 정말 그럴지는 누구도 확인할 수가 없다.

어떤 사람은 A쪽에, 또 어떤 사람은 B쪽에 더 동의할 것이다. 그것은 개인의 의견이다. 그런 점에서 이것은 진짜 유도 질문이 아니다. 그러나 자신의 개인적 의견을 사실로 여기고, 다른 사람들도 그렇게 믿도록 집요하게 요구하는 것은 대단히 우려스럽다. 이 주제에는 신뢰할 만한 데이터가 없으므로 다른 의견을 기꺼이 받아들이고 수용해도 된다.

우리가 얼마나 자유롭게 또는 강요에 못 이겨 직업을 결정하는가 하는 문제가 실제로는 얼마나 중요할까? 그것이 남녀 임금 격차 논쟁과 관련이 있을까? 여자들이 자유롭게 선택한다면, 모든 것이 괜찮고 남녀 임금 격차 역시 아무것도 바꿀 필요가 없을까? 여자들이 자유롭게 선택하지 못하면, 남녀 임금 격차는 차별이고 뭔가를 바꿔야 할까? 이런 식으로 임금의 형평성을 이해할 수 있겠지만, 전혀 다르게 볼 수도 있다. 그리고 그것은 심지어 성 역할을 크게 넘어선다.

돌봄노동은 공적 영역이다

가족을 돌보는 사람, 예를 들어 아이를 키우거나 노부모를 돌보는 사람은 돌봄노동을 한다.[22] 가족을 돌보는 일을 '노동'으로 이해하고 '노동'이라고 부르는 것이 어떤 사람에게는 당연하고 어떤 사람에게는 어처구니가 없을 것이다. 혹여 당신이 어처구니없다고 여기는 쪽이라면, 재미 삼아 한 번만 다음의 관점을 시도해보기 바란다. 부부가 분업 개념으로 한 사람은 집에서 아이를 돌보고 다른 한 사람은 직장에 나가 돈을 벌어오기로 한다면, 직장생활도 육아도 팀워크에 해당한다. 직장에 일하러 가는 사람은 다른 사람이 집에 머물 수 있게 하고, 집에 머무는 사람은 다른 사람이 직장에 나가 일할 수 있게 하는 셈이다. 그런데 우습게도 돌봄노동에는 월급이 없다. 가족을 돌보는 사람에게 월급을 주는 일은 너무나 혁명적이라 거의 상상할 수조차 없다. 부모수당, 보육수당, 돌봄수당 같은 국가지원이 비용 부담을 아주 조금 덜어줄 뿐 경력 단절이나 근무시간 감소로 생기는 재정적 손실은 (그리고 기저귓값과 분윳값도!) 메워주지 못한다. 돌봄노동은 금전적 보상을 받지 못할 뿐 아니라, 더 나아가 금전적 손실을 유발한다. 이것은 남녀 임금 격차에 관한 설문조사에서 도출할 수 있는 놀랍도록 명료한 결론이다.[23] 여자들이 돌봄노동 대부분을 맡고 있다는 사실과 별개로, 돌봄노동이 금전적 손실을 유발하는 것이 과연 공정할까?

편의상 잠시 노부모 수발을 제외하면, 어떤 사람들은 대략 다음과 같이 생각한다.

'아이를 낳고 기르는 일은 개인이 선택한 사적인 즐거움이자 부담이다. 누구도 아이를 낳고 기르라고 강요받지 않는다.'

나는 이 생각에 동의하지 않는다. 진화생물학자의 관점에서만 보면, 삶의 의미는 오로지 생존과 생식에 있다. 그러나 엄격한 생물학적 시선에서 벗어나 더 넓게 보면, 아이를 키우고 가르치는 일은 사적인 일만이 아니라 전체 사회에 직접 영향을 미친다. 특히 세대계약을 기반으로 하는 연금 시스템을 가진 국가라면 더욱 그렇다. 극단적 냉소주의자라도 아이들이 우리 사회를 지탱한다는 점을 통찰할 수 있다. 따라서 우리는 아이들이 중요하고, 아이들을 잘 돌보는 일이 중요하며, 부모도 노년에 돌봄과 사랑을 받을 자격이 있다는 데 합의할 수 있다. 2020년 코로나 어휘로 표현하자면, 돌봄노동은 공적 영역이다! 코로나로 학교와 어린이집이 문을 닫았을 때 우리는 이 점을 명확하게 느꼈다. 공적 영역의 돌봄노동이 조정 전 남녀 임금 격차의 주요 원인이기에 나는 이런 임금 격차가 불공정하다고 볼 수밖에 없다. 남녀 임금 격차를 지적하고 항의하기 위해 굳이 '제니퍼-존' 유형의 차별을 거론할 필요도 없다. 공적 영역이 공적으로 인정받지 못한다면, 우리의 정의감 또한 훼손될 것이다.

남녀 임금 격차는 임금 정의라는 훨씬 더 큰 주제의 일부다.

없어서는 안 될 존재들에 대한 오해와 편견

경제지 〈한델스블라트(Handelsblatt)〉에 따르면, 폭스바겐 회장 헤르베르트 디스(Herbert Diess)의 2019년 급여는 990만 유로였다.[24] 그의 노동이 정말로 990만 유로의 '가치'가 있을까? 글쎄…, 아닌 것 같다!

노동이 이해할 만한 수준의 금전적 보상을 받지 못하는 것은 전혀 새로운 일이 아니고, 그것을 좋게 여기느냐 나쁘게 여기느냐는 순전히 생각의 차이다. 그러나 직업의 중요성이나 가치로 순위를 정하는 것은 결코 간단하지 않다. 그리고 코로나 팬데믹 덕분에 누가 사회를 지탱하고, 누가 없어서는 안 될 존재인지 명확하게 드러났다(헤르베르트 디스 회장님, 미안하지만 당신은 아니에요).

독일경제연구소는 2020년 6월 분석에서 '1차' 공적 영역 직업군, 그러니까 팬데믹 초기부터 공적 영역임이 명확해진 직업군을 제시했다. 건강, 교육, 위생 그리고 경찰과 법 분야의 직업들이 여기에 속한다.[25] 팬데믹 덕에 없어서는 안 되는 필수 직업군도 금세 밝혀졌다. 수의학, 저널리즘, 교사와 교직원들…. 독일경제연구소는 이 직업군을 '2차' 공적 영역 직업군으로 분류했다. 모든 공적 영역 직업군이 사회에 중대한데, 여기에도 어느 정도 평가가 개입된 것 같다. 그래서 구분이 다소 기이해 보인다. 다만 분류 자체는

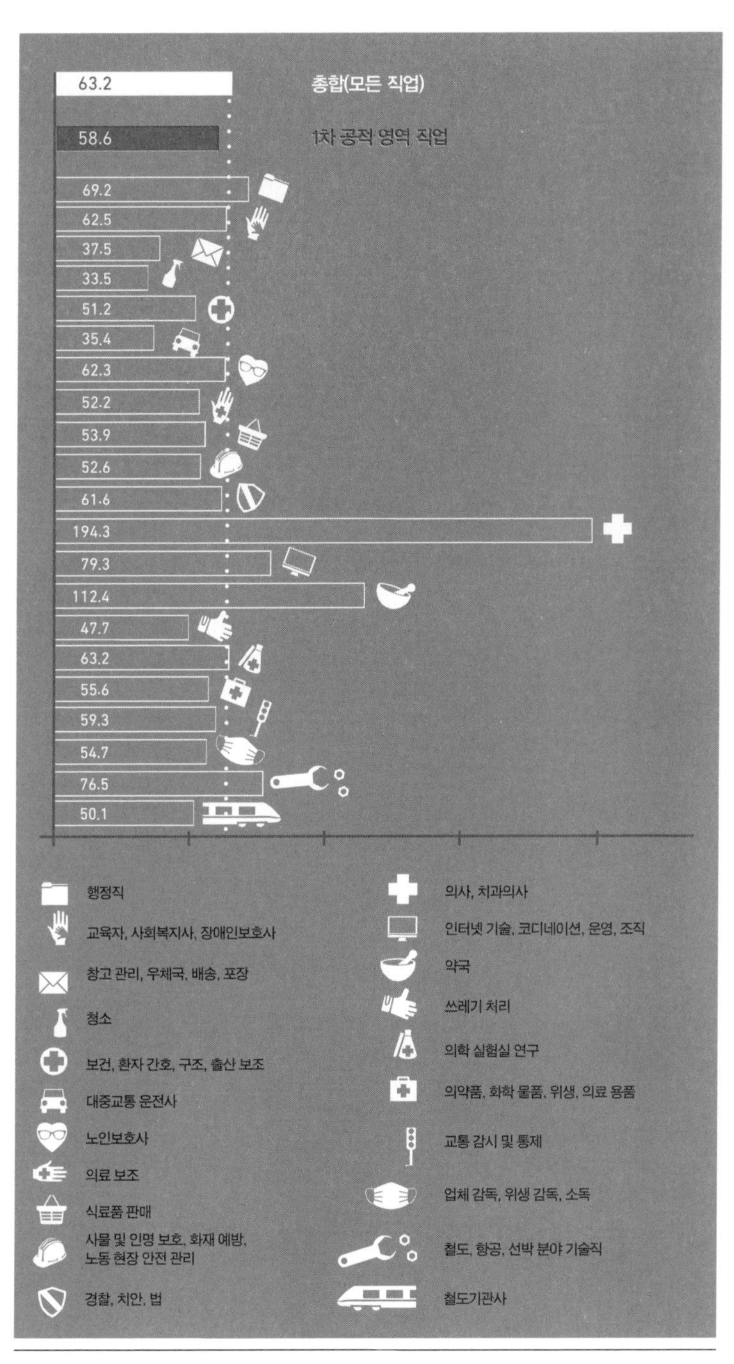

그림 3.4 1차 공적 영역 직업군의 특권[26]

흥미롭다. 하필이면 1차 공적 영역 직업군이 특히 형편없는 급여를 받고 (트위터나 페이스북에서 쏟아지는 감사의 박수갈채를 제외하면) 사회적 특권을 거의 누리지 못한다. 여기 수치가 있다.

그림 3.4는 일반 독일인을 대상으로 한 설문조사 결과다. 공교롭게도, 1차 공적 영역 직업 대다수가 평균 이하의 특권을 누린다. '의사와 치과의사'는 몇 안 되는 예외이고 아무튼 이들은 상위에 있지만, 흥미롭게도 '의료 보조'와 '보건, 환자 간호, 구조, 출산 보조'는 거의 특권을 누리지 못한다.

애석하게도 이런 결과에 깜짝 놀라는 사람은 없을 것이다. 그러나 깜짝 놀라 자기 뺨을 만지며 속으로 이렇게 물어야 한다. '우리 사회에 없어서는 안 되는 가장 중요한 직업들을 이렇게 무시한다면, 젠장 우리 사회는 도대체 무엇이란 말인가?'

그리고 그림 3.5에서 보듯이, 급여도 평균 이하 수준이다. 어쩌면 이것이 더 크게 분노할 일일 것이다. 몇몇 예외가 있긴 하다. 예를 들어 철도기관사는 평균 이하의 사회적 특권을 누리지만 급여는 평균 이상으로 높다. 그러나 압도적 다수가 낮은 특권에 낮은 급여를 받는다. 특권이 없는 직업이라 급여가 낮을까, 아니면 급여가 낮아서 특권이 없을까? 인과관계의 방향은 명확히 말하기 어렵다. 아마 양방향으로 작용할 것이다. 그러나 상관관계는 정신이 번쩍 들 정도로 명확하다.

방법론적으로 볼 때, 직업의 특권에 관한 설문조사가 가장 견고한 사실을 전달하는 건 아니다. 그러나 급여 수준을 보면 1차 공적 영역 직업에 대한 가치가 얼마나 박한 평가를 받는지 명확히 드러

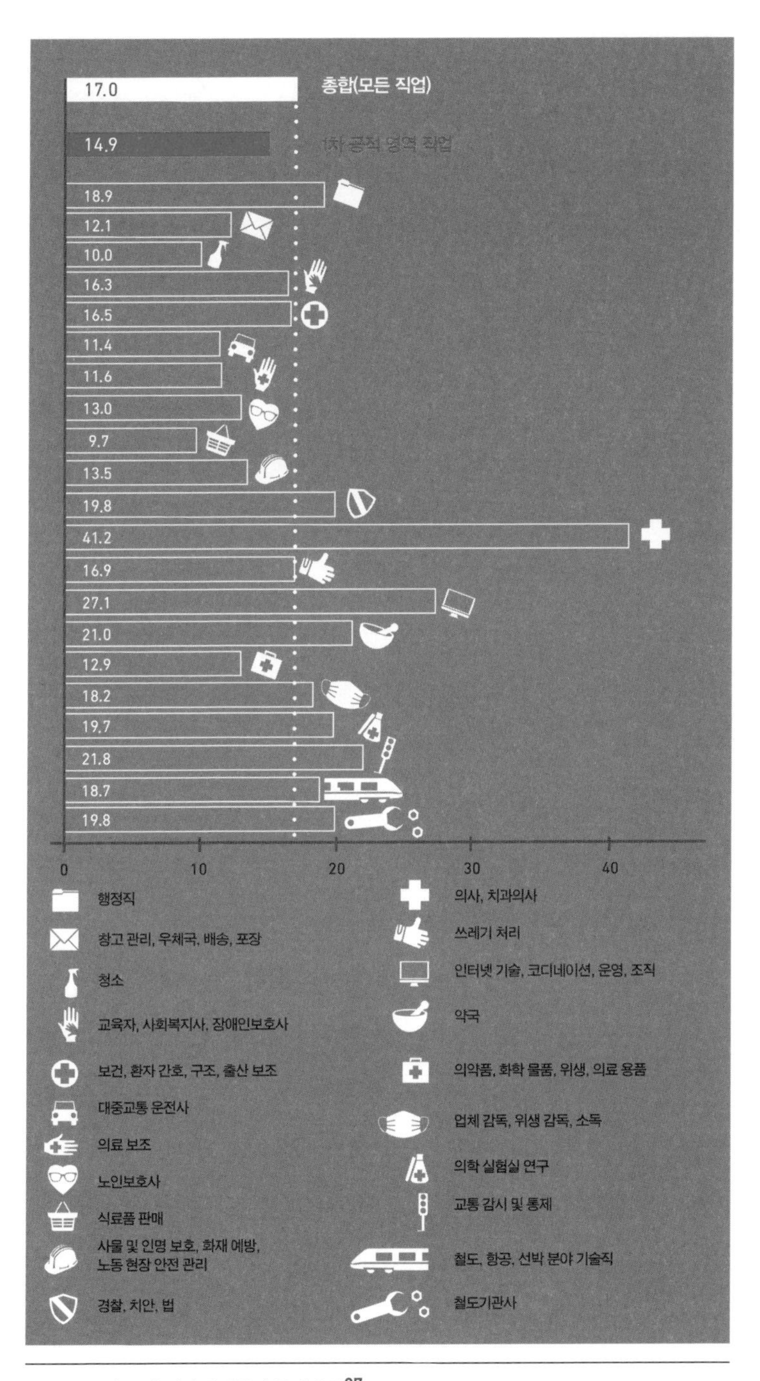

그림 3.5 1차 공적 영역 직업군의 급여 수준[27]

난다.

독일경제연구소의 분석에 따르면, 1차 공적 영역 직업에서 여성이 차지하는 부분이 모든 직업의 평균보다 18퍼센트 정도 더 높다. 특히 흥미롭게도, 공적 영역 직업의 조정 전 남녀 임금 격차는 겨우 11퍼센트다. 다시 말해, 공적 영역 직업의 남녀 임금 격차가 모든 직업의 평균보다 명확히 더 작다. 왜 그럴까? 공적 영역 직업의 남성 평균 임금이 벌써 모든 직업의 평균보다 16유로 정도 낮기 때문이다. 냉소적으로 말하면, 이미 급여 수준이 낮으니 여자라고 거기서 더 내리기는 어려웠을 것이다!

'급여 수준이 낮은 직업을 선택한 본인 잘못이다.' 이런 관점은 사회에 해롭다. 위기가 닥쳐 위급한 상태가 되면, 급여가 형편없고 거의 무시되는 공적 영역의 직업 그리고 급여가 아예 없고 완전히 무시되지만 똑같이 공적 영역인 돌봄노동이 사회를 지탱한다. 동시에 모두가 알고 있듯이, 공적 영역 직업 대다수가 낮은 급여와 부족한 특권 때문에 심각한 인력난을 겪는다. 그래서 이런 중요한 직업군에 종사하는 사람들이 더욱 힘들게 일한다. 예를 들어 2020년 코로나 겨울에 이런 상황이 비극적으로 명확해졌다. 병실이 한계에 도달하고, 이미 인력이 부족한 상태에서 일부 의료진은 비인간적 근무를 요구받았다. 그것이 다시 이런 직업의 매력도를 떨어뜨렸다. 악순환이다. 높은 급여가 이런 악순환을 끊는 데 도움이 될 수 있다. 또한 돌봄노동도 '인력난'을 겪는다. 특히 남성 인력이 부족하다. 돌봄노동에서도 '높은 급여'가 악순환을 끊을 수 있다. 물론 그것이 유일한 해결책은 아닐지라도, 급여 수준을 높여 돌봄노동 탓에 직업적 · 재정적 불이익을 당하지 않게 한다면 상황을 개선할 수 있다.

이 장은 무엇보다 생각할 거리를 제공하기 위해 썼다. 앞의 두 장과 비교하면, 데이터가 한눈에 조망되고 토론의 여지가 아주 많다. 이 장의 목표는 다른 사람을 설득하여 내 개인적 견해에 동의하게 하는 게 아니다. 그러나 바라건대, 우리는 사회 구성원으로서 잘 작동하는 시스템에 관심을 가져야 한다. 그리고 환자 간호나 보육 같은 공적 영역 직업의 매력도와 급여 수준이 올라가면 결국 모두가 이롭다는 것에 합의할 수 있지 않을까?

거대 제약산업 vs. 대체의학

건강하지 못한 이중 표준

Die kleinste gemeinsame Wirklichkeit

유도질문

'메디톤신(Meditonsin)'은 동종요법 감기 치료약이다. 이 약을 승인하기 위해 당국은 무엇을 요구했을까?

- ☐ 감기 환자 대조군 임상연구를 기반으로 효능을 입증하라.
- ☐ 감기 환자 대조군 임상연구를 기반으로 부작용과 내성을 확인하라.
- ☐ 합당한 과학 표준에 따라 독립된 기관이 효능과 내성을 점검하라.
- ☐ 생화학 과정을 기반으로 작용 메커니즘을 규명하라.

1932년 앨라배마주 메이컨 카운티에서 흥미로운 일이 벌어졌다. 안내판이 세워지고 팸플릿이 배포됐다. "자, 자, 한번 들어보세요. 국가의 아주 특별한 건강 정책입니다!" 대상은 메이컨 카운티에 거주하는 가난한 흑인이었다. 그들 대다수는 전문적 진단 없이 그저 '나쁜 피'가 문제라고 설명되는 여러 만성질환을 앓았다. 그들은 병원 치료를 받을 경제적 여유가 없었다. 그러나 이제 미국 보건국이 반가운 정책을 내놓았다. '나쁜 피' 때문에 만성질환을 앓고 있던 모든 흑인을 공짜로 치료해준다. 아프리카계 흑인 남자 600명이 카운티 청사가 있는 터스키기로 보내졌고, 그곳에서 꼼꼼하게 진료를 받았다. 399명이 매독 진단을 받았지만, 환자들은 진단 결과를 절대 알아서는 안 됐다. 아무것도 모르는 이 흑인 남자들은 독일의 나치 다음으로 가장 끔찍했던 생체실험의 함정에 빠졌다. 국가 정책을 가장한 치료는 사실 은밀한 실험이었고, 이 연구의 제목은 아주 노골적이었다. '흑인 남성의 치료되지 않은 매독에 관한 터스키기 연구.'

매독 환자들은 터스키기 병원에서 수십 년 동안 가짜 치료를 받았다. 그들은 아무것도 모른 채 실험용 쥐 역할을 했다. 매독을 치료하지 않으면 어떤 고통 속에 죽게 되는지 보여주는 것이 그들의 유일한 과제였다. 연구팀은 마지막 데이터를 수집할 수 있을 때까지, 즉 시신을 부검하게 되기까지 잔혹하게 기다렸다. 10년 뒤 페니실린으로 매독을 치료하는 데 성공했을 때도 연구팀은 환자가 페니실린 치료를 받지 못하도록 모든 노력을 기울였다. 보건국 직원이었던 피터 벅스툰(Peter Buxtun)이 1972년에 이 사실을 고발하면서 비로소 이 비인간적이고 잔혹한 실험이 세상에 알려졌다. 벅스툰은 이 충격적 연구를 알게 된 후 연구를 중지시키려 노력했지만 보건국에서도, 감염병 예방청에서도 실패했다. 그는 결국 저널리스트 진 헬러(Jean Heller)를 통해 이 사실을 세상에 폭로했고, 마침내 괴물이 쓰러졌다. 40년 만에 말이다. 399명 중에서 74명이 아직 살아 있었다.[1]

터스키기 매독 실험은 역사에 단순한 경고를 주는 것으로 끝나지 않았다. 1974년 미국 의회는 이런 비인간적인 일이 다시 일어나지 않도록 '국가연구법(National Research Act)'을 통과시켰다. 그리고 의학 연구에 참여하는 피험자들을 보호하기 위한 윤리위원회가 설립됐다. 이 위원회는 격렬한 토론 끝에 벨몬트 보고서(Belmont Report)를 발표했다.[2] 그 후로 이 보고서는 사람을 대상으로 하는 의학 임상연구의 지침으로 통했다. 보고서에 따르면 피험자는 충분한 정보와 설명을 들은 후 실험에 참여해야 하고, 연구자는 위험과 이점을 신중하게 평가해야 하며, 취약 집단을 특히 더 보호해야 한다. 나치의 강제수용소에서 벌어진 끔찍한 인체 실험에 대응하여 생긴 뉘른베르크 강령(The Nuremberg Code) 그리고 세계의사연맹의 헬싱키 선언(Declaration of Helsinki)과 함께[3] 오늘날 이런 윤리지침은 임상연구에서 필수다(자료 4.2 참조). 모든 임상연구는 실험을 진행하기 전에 과학적 점검과 별개로 윤리위원회의 허가를 받아야 한다. 피험자들이 치명적 실험의 덫에 걸리지 않아야 하고, 피험자의 건강 데이터가 제대로 다뤄져야 하고, 피험자는 실험 시작 전에 자신의 권리와 과제를 충분히 설명받고 이해해야 하며, 적절한 보수를 받아야 한다. 그리고 바라건대 이 지침은 계속 준수되어야 한다. 인간이 존재하는 한 비인간적이고 냉혹한 일이 언제든 벌어질 수 있기 때문이다. 사람을 대상으로 하는 의학 연구가 진행되는 한 인류는 인류로부터 보호되어야 한다.

음모와 건강한 의심 사이

터스키기 사건에서 충격적인 것은 연구 자체만이 아니라 그것이 국가적 음모로 수십 년 동안 은밀히 진행됐다는 사실이다. 이런 배경에서 보면 제약산업에 관한 음모론, 즉 제약회사가 국가와 손잡고 효과가 없거나 심지어 위험한 약품을 시장에 내놓았다는 얘기가 어쩌면 완전히 허황된 소문이 아닐지도 모른다. 그러나 제약회사가 왜 이런 잔혹한 일을 벌이는지 한번 따져봐야 한다. 터스키기 사건의 경우, 비인간적 연구에서 드러난 놀랍도록 뿌리 깊은 인종차별이 그 이유였다. 그런데 어째서 제약회사가 모든 인간을 증오하여 우리의 건강을 해치려 한단 말인가?

의심되는 제약회사의 음모는 아주 다양하고 그 밑에 깔린 동기도 다양하지만, 모두가 알고 동의하는 가장 그럴듯한 동기는 역시 돈이다! 이때 필요한 인간에 대한 증오는 목적보다 수단에 더 가깝다. 사람들이 아프면 계속해서 약을 팔 수 있고, 그러면 제약회사는 더 부유해질 수 있다. 예를 들어 이미 오래전에 암 치료제가 개발됐지만, 제약회사들이 계속해서 비싸고 효과 없는 기존 항암제를 팔기 위해 신약이 세상에 나오지 못하게 막고 있다는 음모론도 있다. 그리고 일부 약품은 심지어 멀쩡한 사람을 병들게 한다는 음모론도 있다. 진실이 무엇인지 누가 알겠나!

여기까지는 모든 것이 매우 미심쩍지만, 일단 논리적이다. 그런데 제약회사는 왜 효과 좋은 암 치료제를 판매해 부자가 될 생각은 하지 않을까? 이런 질문과 함께 얘기가 복잡해진다. 제약회사가 일부러 암 치료제의 시판을 막는다는 의심은 타당성이 전혀 없다. 매년 900만 명 이상이 암으로 사망하고[4] 죽은 사람에게는 약을 팔지 못해 돈을 벌 수 없으니, 암 치료제는 분명 좋은 사업일 텐데? 제약회사의 그런 음모가 통하려면 그 규모가 비현실적으로 거대해야 한다. 전 세계 제약회사들만 동맹을 맺어서는 제대로 작동하지 않을 것이다. 약품의 효과와 위험을 검사하는 국가 승인기관들도 음모에 적극 가담해야 한다. 의사와 병원도 가담하거나 세뇌되어야 하고, 의학을 연구하는 모든 대학과 연구기관도 동참해야 한다. 의학 교재도 예방접종, 특정 약품의 효과, 몇몇 불치병에 관한 거짓말로 채워야 한다. 또 저널리스트들 역시 매수되거나 눈을 감아야 한다. 음모를 폭로하는 것이 그들에게 가장 좋은 일인데도! 상황이 이런데, 그런 거대한 음모가 여전히 밝혀지지 않은 채 자행되고 있단 말인가?

물리학자이자 과학 저널리스트인 데이비드 로버트 그라임스

(David Robert Grimes)에 따르면, 전 세계적으로 70만 명 이상이 제약회사에서 일한다. 에드워드 스노든(Edward Snowden)이 폭로한 NSA 스캔들 PRISM(광범위 통신 감청 시스템의 코드네임-옮긴이)과 터스키기 사건처럼 이미 밝혀진 진짜 음모를 기반으로 그라임스가 계산한 바에 따르면, 제약산업의 음모는 아무리 늦어도 약 3년 후면 밝혀질 수밖에 없다.[5] 물론 이런 계산은 약간 모험적이긴 하지만, 수십만 명이 아는 비밀은 언젠가 더는 비밀이 아니게 된다.

음모론의 장점은 실질적 반박이 불가능하다는 것이다. 음모론에 맞는 정보가 발견되면, 음모론의 증거가 된다. 음모론과 모순되는 정보가 발견되면, 음모론에 맞게 조작되거나 거짓으로 꾸며지거나 그냥 세뇌된다. 1486년에 출간되어 중세 시대 마녀사냥의 지침서 역할을 했던 《마녀 잡는 망치(Malleus Maleficarum)》에 설명된 논리와 비슷하다. 마녀로 의심받는 사람이 고문을 받아 자백하면 일이 쉽게 마무리되는데, 당연히 용의자는 자백한 대로 마녀가 된다. 자백하지 않고 끝까지 고문을 견디면, 마녀이기 때문에 그런 고문을 견딜 수 있는 것이다! 모두가 아는 것처럼 마녀는 고통을 느끼지 않으니까. 만약 고통에 괴로워하며 울부짖으면서도 끝까지 자백하지 않으면 그래도 여전히 마녀인데, 고통스러운 척 연기하는 것이기 때문이다. 모두가 아는 것처럼 마녀는 교활하니까. 이처럼 사람들이 믿기만 하면 음모론은 언제나 어떻게든 작동한다.

제약산업의 거대한 음모가 불가능한 것과 마찬가지로, 누군가의 기존 확신을 합리적 주장으로 바꾸는 것도 불가능하다. 그런 굳은 확신이 어느 날 갑자기 생기는 건 아니기 때문이다. ○○제약회사에서 악마의 얼굴을 목격했다면, 그 사람의 마음속에서는 이전부터 서서히 조용한 의심이 싹터온 것이다.

과학과 연구에 대한 의심을 싸잡아서 '의심병'으로 비난하는 것은 옳지 않다. 게다가 의심은 과학과 연구의 DNA다. 사실 우리 과학자들은 기본적으로 의심하고 캐묻는 것을 기꺼이 환영하고, 비판적인 사람을 과학적 사고의 동지로 본다. 그렇다고 모든 창조적 생각이 곧 더 비판적인 생각인 건 아니다. 지구가 평평하다고 여기는 것은 잘못된 창조적 사고다. 그러나 산업의 재정지원을 받는 의약품 연구의 독립성을 의심하는 것은 완전히 정당하다. 제약회사를 지원하여 생명을 구하는 착한 사람만 보고, 경제성과 이윤을 추구하는 거대 기업을 보지 않는 사람은 너무 순진하다. 다른 사람의 건강이나 질병으로 돈을 버는 사람은 정밀 확대경으로 자세히 살펴야 한다.

일반적인 의심이 과도한 것이냐 건강한 것이냐는 논란의 여지가 있다. 다만, 이런 의심은 종종 놀랍도록 한쪽으로 기울어져 있다. 제약회사를 의심하는 사람들은 대개 대체의학에는 명확히 덜 비판적이다. 제약산업에만 정밀 확대경을 대고 대체의학에는 생명을 구하는 착한 사람만 있다면서 완전히 무비판적으로 받아들인다면, 그것은 놀랍도록 편향된 자세 아닌가. 그러므로 나는 외친다. 모두에게 정밀 확대경을 대라!! 동종 치료법의 환약도 공짜가 아닌데 어째서 '대체의학', '정통의학', '제약산업'을 차별한단 말인가? 나는 이해할 수가 없다. 설령 동종 치료법이 수십억이 아니라 겨우 몇백만 유로짜리 사업에 불과하더라도,[6] 이해충돌이 발생하는 건 정확히 똑같다. 따라서 약간의 건강한 의심이 여기에도 필요하다.

공평하게 '제약산업'뿐 아니라 '대체의학'도 정밀하게 살펴보자. 어쩌면 모두 지저분할지 모른다.

자료 4.1 _ 콘테르간 참사

독일 제약회사 그뤼넨탈(Grunenthal)이 1957년에 '콘테르간(Contergan)'이라는 이름으로 탈리도마이드(Thalidomid) 약물을 시장에 내놓았다. 원래는 수면제이자 안정제이지만, 임신부의 입덧을 완화해주는 약으로 홍보됐다. 탈리도마이드에 기형 유발 효과가 있다는 사실, 즉 태아를 기형아로 만들 수 있다는 사실은 안타깝게도 많은 임신부가 복용한 뒤에야 비로소 밝혀졌다. 몇 년 지나지 않아 독일에서만 대략 5,000명(전 세계적으로 약 1만 명)이 기형 팔다리와 내장 기관을 가지고 태어났고, 약 40퍼센트가 출생 직후 또는 신생아 때 사망했다.[7] 1961년 11월에 콘테르간은 시장에서 사라졌다.
미국 식품의약국(FDA)은 우선 승인을 미뤘다가 결국 시판을 불허했다. 1960년에 그뤼넨탈이 콘테르간의 미국 시판 승인을 요청했을 때 FDA가 추가 자료를 요구했고, 그래서 승인 절차가 미뤄진 것이다. FDA 심사관 프랜시스 올덤 켈시(Frances Oldham Kelsey)가 이 일의 주요 공로자이자 영웅으로 통한다. 제약회사가 승인을 강력히 촉구했음에도 켈시는 비판적이고 확고하게 대응했고 그래서 대참사로부터 미국을 보호했다. 켈시는 나중에 존 F. 케네디로부터 연방 공무원 대통령 표창을 받았다.
현재 독일에는 콘테르간 피해자 약 2,400명이 아직 살고 있다.[8] 그들에게는 이 참사가 여전히 현재진행형이다. 이제 노년에 접어든 그들은 더 심각한 피해가 남았을지 몰라 두려워한다. 탈리도마이드가 어쩌면 혈관 발달도 저해하여,[9] 특히 노년기에 여러 질병과 합병증을 유발할 수도 있기 때문이다.

시장에 맡기자고? 어림없는 소리!

왜 그렇게 많은 의약품 임상연구가 제약회사로부터 재정지원을 받을까? 신약을 시장에 내놓으려면 임상연구로 약효와 내성을 입증해야 한다(자료 4.3 참조). 그러니 제약회사는 임상연구를 진행하고 그 비용을 지불하는 것 외에는 방법이 별로 없다. 제약산업의 거대한 음모가 가짜 뉴스라면, 제약회사는 효과가 좋고 안전한 약을 시장에 내놓으려 애쓰는 것이 확실하다. 그렇다면 역시 시장이 조정하게 맡겨두면 되지 않을까?

코웃음이 나오는가? 실제로 얼마 전까지만 해도 이런 식이었다. 1961년 의약품법이 통과되기 전에는 의약품의 생산 및 판매에 관한 포괄적 법 규정이 없었다. 세상에나, 어떻게 그럴 수가 있지? 콘테르간 같은 참사가 자주 일어나지 않은 것에 감사할 따름이다. 그뿐이랴. 1961년에 통과됐으니 나의 부모보다도 나이가 어린 의약품법에 따르면, 해로운 의약품을 유통하면 처벌할 수 있지만 독립된 기관이 약품의 안전성을 미리 검사하거나 생산자가 스스로 의약품의 안전성을 증명할 의무는 법적으로 명시되지 않았다! 그리고 특히 기이한 것은 약효 자체가 크게 중요하지 않았다는 점이다. 의약품법의 주요 목적은 해로운 약품을 막는 것이다. 아마도 콘테르간 사건의 영향일 것이다. 그런데 이런 법이 정말로 효과가 있을까? 그럴 리가 있나!

약품 판매를 승인받으려면 생산자는 약품을 등록해야 한다. 등록이라고 하니 공식적으로 들리겠지만, 그저 형식에 가깝다. 약효와 부작용을 증명하지 않아도 등록할 수 있기 때문이다. 1976년에 비로소 의약품법이 개정됐고, 약효와 내성 그리고 품질의 증명이 법적으로 의무화됐을 뿐 아니라 연방 당국의 독립된 검사도 명시됐다.

우리가 오늘날 알고 있는 것처럼(자료 4.2와 4.3 참조), 단순한 등록이 엄격히 규정된 승인으로 바뀌었다. 임상연구에서 어떤 약물을 사람에게 테스트하기 전에, 세포 및 동물실험이 선행되어야 한다. 그러지 않으면 임상연구는 허가되지 않고, 따라서 등록할 수도 없다. 독일에서는 연방 의약품 및 의료기기 관리처(BfArM)와 파울 에를리히연구소(PEI)가 검사와 통제를 담당한다. 판매 승인 뒤에도 의약품은 계속해서 꼼꼼하게 관찰된다. 아주 희귀한 부작용은 광범위하게 사용된 후에 비로소 드러날 수 있기 때문이다. 그러나 이 모든 조처에도, 승인된 의약품이 문제를 일으키는 일이 때때로 발생한다. 최근 2018년에 발사르탄(Valsartan)이[10] 함유된 여러 혈압약이 발암 가능성 물질에 오염됐음이 밝혀져 유럽 전역에서 리콜되기도 했다.

제약회사가 의도하지 않았고 아주 꼼꼼하게 점검했음에도 그런 일이 벌어질 수 있다. 말하자면 100퍼센트 안전성은 존재하지 않는다. 그러나 그런 위험이 발견되고 해당 약물이 시장에서 제거된다는 것, 그리고 우리 모두를 병들게 하려는 어두운 음모는 없다는 것(있더라도 아무도 성공하지 못한다는 것)을 아는 건 좋은 일이다.

자료 4.2 _ 임상연구의 관리와 점검

피험자의 안전, 연구의 과학적 타당성, 의약품의 효과와 안정성 및 품질을 보장하기 위해 임상연구는 다양한 법률과 지침의 적용을 받고 준수 여부가 관리되고 점검된다.

의약품법(AMG)

"이 법의 목적은 사람과 동물을 위한 의약품의 적절한 공급을 위해 의약품의 안전, 특히 다음의 규정에 따른 의약품의 품질, 효과, 안전성을 보장하는 것이다."

의약품법 제1조의 내용이다. 의약품법은 의약품의 품질 · 효과 · 안전성에 대한 구체적 조건을 규정하고, 승인 · 생산 · 유통을 규제하고, 임상시험 관리기준(GCP-V)을 확정하고, 임상연구 참가자를 위한 보호 정책을 마련한다. 또한 의약품법은 한편으로는 독립된 윤리위원회를 통해, 다른 한편으로는 담당기관(BfArM 또는 파울에를리히연구소)을 통해 독립된 승인과 통제가 이뤄지도록 규정한다.

연방 의약품 및 의료기기 관리처(BfArM)

BfArM은 의약품과 환자의 안전을 책임지고 의약품의 승인을 담당하는 기관이다. 이 기관의 업무는 의약품법을 토대로 의약품의 효과와 안전성 및 품질을 점검하고 확인하는 것이다. 의약품법에 따르면, "효과와 안전성의 증명을 위한 임상시험의 모든 결과 보고서가 상위 연방 당국에 [...] 제공되어야 한다." 임상연구는 먼저 등록되어 허가를 받아야 한다(2장 '사전등록' 참조).

독일에서 백신 승인은 파울에를리히연구소가 담당한다.

유럽의약품에이전시(EMA)

EMA는 암스테르담에 있고, 유럽 경제 지역에 영향을 미치는 이른바 중앙 승인 절차 담당기관이다. 유럽 모든 승인기관(BfArM 포함)의 전문가로 구성된 인체용 의약품 위원회(CHMP)가 과학적 분석과 긍정적/부정적 권고를 담당한다. CHMP의 승인 권고를 바탕으로 유럽위원회(EC)가 최종적으로 승인 여부를 결정한다.

그리고 승인된 모든 의약품에 대해서는 합의된 보고서가 발표된다[유럽 공공 평가 보고서(European Public Assessment Report, EPAR)].

ICH 지침

의약품에 대한 일치된 국제 규정 개발을 목표로 1990년에 ICH가 설립됐다. ICH는 'International Council for Harmonisation of Technical Requirements for Pharmaceuticals for Human Use'의 약자로, 인체용 의약품에 대한 기술적 요구 사항의 일치를 위한 국제위원회라는 뜻이다. 회원은 FDA, EC, 일본 후생노동성(MHLW), 미국 · 유럽 · 일본의 의약품생산자연맹 등이다. ICH는 승인 절차의 표준화도 담당하는데, 예를 들어 유럽 · 일본 · 미국의 관련 승인기관으로 데이터를 전송하는 공통기술문서(CTD)가 여기에 속한다.

윤리 지침

BfArM에 등록된 윤리위원회가 피험자 보호 윤리 지침을 토대로 임상연구와 승인 신청을 평가하고 허가한다. 충분한 정보를 기반으로 한 피험자의 동의, 위험-유용성 비교, 취약계층 보호가 윤리 지침의 핵심이다. 비인간적이고 잔인한 의학 범죄에 대응하여 세 가지 중요한 지침이 생겼다. 뉘른베르크 의사 소송 중에 기소된 나치 강제수용소 생체실험이 뉘른베르크 강령을 탄생시켰다. 이 강령의 보완책으로 1964년에 세계의사연맹의 헬싱키 선언이 생겼고, 그 후로 계속 업데이트되고 확장됐다. 잔인한 터스키기 매독 연구에 대한 대응으로 1979년에 벨몬트 보고서가 생겼다.

임상연구의 발표

유럽연합(EU) 규정 563/2014에 따르면, 유럽에서 진행된 의약품 임상연구의 모든 결과는 공개되어야 한다. 독일과 관련된 연구등록소가 여럿 있다. 독일 임상연구 등록소 DRKS(drks.de), 미국 국립보건원 임상시험 플랫폼(ClinicalTrials.gov), EU 임상시험 등록소(clinicaltrialsregister.eu), 연방 및 주 정부를 위한 의약품 정보 포털(PharmNet.Bund, pharmnet-bund.de) 등이다. WHO는 여러 국가의 연구등록소를 통합한 일종의 집합등록소인 메타 플랫폼을 만들었다(https://www.who.int/ictrp/search/en/).

의약품의 품질을 엄격히 관리하는 것도 중요하지만 특허권 보호도 중요한데, 신약을 다른 회사가 일정 기간은 복제할 수 없게 해야 신약 연구가 보상을 받기 때문이다. 특허권 보호가 없으면 신약 연구는 수익성을 잃게 되고, 결국 의학이 발달하기 어려워질 것이다.

기업은 수익을 창출해야 한다. 이것은 다른 한편으로 모든 것을 시장에 맡겨선 안 되는 이유이기도 하다. 모든 치료제가 제약회사의 상업적 동기로 개발되는 건 아니다. 예를 들어 매우 희귀한 병이라 치료제의 시장성이 작다면, 제약회사는 치료제를 개발할 필요성을 느끼지 않는다. 특허권 역시 때때로 생각보다 훨씬 복잡하다. 예를 들어 이미 다른 누군가가 발견했고 오래전에 알려진 약물이라면, 새롭게 활용한다고 하더라도 특허를 받기가 어렵다. 알츠하이머의 경우, 발병했을 때 치료할 수 있을 뿐 아니라 무엇보다 미리 예방할 수 있는 약을 열심히 찾는다. 더 가까이 추적해야 하고 임상연구에서 점검해야 할 완전히 흥미로운 접근 방식이 여기에 있다. 치료가 아니라 예방에 관심이 있다면, 임상 예방 연구는 중재 연구보다 명확히 더 오래 진행되어야 한다. 예방약의 성공을 확인하기까지 아마도 10년 또는 그 이상을 기다려야 할 것이다. 그래야 확고한 결론을 내릴 수 있다. 그러나 특허권은 일정 기간만 유지되기 때문에 그 안에 기한이 끝나거나 아주 짧은 기간만 유효할 수도 있다.[11] 적어도 일정 기간 독점적으로 약품을 공급할 수 있다는 전망이 없다면, 비용이 아주 많이 들고 시간도 오래 걸리는 알츠하이머 예방 연구는 경제성이 전혀 없다.

그래서 제약회사 말고 다른 연구소들도 있다. 연방교육연구부(BMBF)와 독일연구협회(DFG)의 지원을 받아 대학이나 연구소가 비상업적 임상연구를 진행하여 제약산업의 사각지대를 밝힌다. 독일에서는 아직 자선후원이 덜 일반적이지만, 국제적으로는 상당히 중요하다. 가장 좋은 예가 바로 수익성이 낮은 말라리아 치료제 개발과 알츠하이머 예방 등에 투자하는 빌앤드멀린다게이츠재단이다. 그러나 대부분의 임상연구는 실제로 제약회사가 비용을 대는데, 그것은 그런대로 괜찮다. 환자와 더불어 제약회사가 이익을 얻을 연구에 왜 납세자가 돈을 대야 한단 말인가. 국가가 재정을 지원하는 연구와 제약회사가 비용을 대는 연구가 건강한 균형을 유지하는 것이 중요하다. 어느 쪽도 혼자서는 광범위한 연구 스펙트럼을 모두 커버할 수 없기 때문이다.

자료 4.3: 의약품 개발-실험실에서 시장까지의 먼 길[12]

의약품 개발은 초대형 프로젝트다. 기본적으로 약 7~15년이 걸리고 비용은 대략 6~27억 달러에 달한다.

적합한 후보물질 찾기

특정 목표, 즉 타깃에서 후보물질 찾기가 시작된다. 이때 타깃은 생물학적 구조 또는 분자로, 예를 들어 질병에서 핵심 기능을 하는 특정 수용체 또는 특정 효소다. 질병을 정확히 공격할 수 있으려면, 후보물질이 타깃하고만 정확히 상호작용할 수 있어야 한다. 고효율 스크리닝을 통해 수십만 후보물질과 타깃의 상호작용을 테스트하고, 몇백 개의 히트를 식별해낸다. 이런 히트에서 유망한 특성을 가진, 예를 들어 타깃과 특히 잘 결합하는 후보물질이 리드로 선정된다. 화학구조 조정을 통해 리드의 생체 효력을 계속 최적화하고, 세포실험과 동물실험으로 효과와 부작용을 조사한다.

전임상연구

전임상연구란 후보물질의 효과뿐 아니라 안전성도 점검하기 위해 임상연구 전에 진행하는 연구를 말한다. 전임상 단계는 시험관 내 연구(in vitro)와 생체 내 연구(in vivo)로 구성된다. 시험관 내 연구에서는 단백질, 세포나 조직 배양, 분리된 장기에 미치는 효력을 조사하고, 생체 내 연구는 해당 질병을 앓는 동물을 대상으로 진행한다(8장 참조).

전임상연구의 가장 중요한 목표는 약물동역학(약물이 어떻게 작용하나? 효과는 얼마나 강력한가? 얼마나 특징적인가?), 약물동태학(약물이 신체에 어떻게 퍼지는가? 약물이 신체에서 어떻게 대사되고 분해되는가?), 독성학(유해 용량의 범위는 얼마인가? 어떤 부작용이 있고 얼마나 강한가?)에 대해 아는 것이다.

전임상연구의 후보물질 가운데 90퍼센트는 승인에 실패한다. 전임상 단계까지의 연구 및 개발 작업에 약 2~3억 유로가 들어간다. 후보물질이 아직 인체 내에서 확인되지 않은 단계다.

임상연구

임상연구는 지침, 규정, 의약품법이 규정하는 엄격한 과학적 · 윤리적 · 질적 요구 조건을 만족시켜야 한다(자료 4.2 참조). 모든 임상연구는 먼저 등록되고 허가를 받아야 하며, 그래야 연구를 진행할 수 있다. 승인 절차는 네 단계(승인 포함)로 이루어진다.

● 1단계(1상): 비임상에서 임상으로 진입하는 초입 단계

네 단계에 걸쳐 안전성과 부작용을 꼼꼼하게 점검했더라도, 더 큰 연구를 통해 희귀한 부작용이 발견될 수 있다. 그렇더라도 아무튼 1단계의 초점은 오로지 안전성과 내성에 있다. 효과는 아직 관심의 대상이 아니므로, 1단계의 피험자들은 건강한 성인이다. 용량과 효과 또는 용량과 부작용이 어떻게 연관됐는지 알아내기 위해 10~100명의 피험자에게 조심스럽게 접근한다. 전형적인 연구 설계는 교차 연구다. 일부 피험자가 먼저 검사할 약물을 받고 어느 정도 쉰 다음, 플라세보 약물을 받는다. 반면 다른 집단은 반대 순서로 받는다. 1단계는 최대 1년 반이 걸릴 수 있다. 1단계의 후보물질 가운데 80퍼센트는 결국 시장 진입에 실패한다.

● 2단계(2상): 후보물질과 질병의 만남

비로소 검사할 약물이 처음으로 해당 질병을 앓는 환자에게 전달되어 효과, 부작용, 용량-작용 관계가 조사된다. 10여 명에서 최대 수백 명의 환자를 대상으로 하며, 전형적 연구 설계는 무작위 대조군 연구다. '대조군 연구'란 검사할 약물을 받은 실험집단 이외에 플라세보 약물만 받은 통제집단이 있다는 뜻이다. 가짜 약의 플라세보 효과가 증상을 개선할 수 있기 때문에 효과뿐 아니라 부작용 역시 통제집단과의 비교를 통해서만 확인될 수 있다. '무작위'란 실험집단과 통제집단이 랜덤으로, 예컨대 컴퓨터 프로그램을 통

해 임의로 나뉜다는 뜻이다. 연구자가 집단을 나누면, 의식적으로 또는 무의식적으로 더 건강한 피험자를 실험집단에 넣어 결과를 왜곡할 수 있다. 2단계 후보물질 가운데 3분의 2가 목적지 몇 미터 앞에서 탈락된다.

● 3단계(3상): 최종 연구

승인 전 마지막 임상 단계다. 수백에서 수천 명의 피험자를 대상으로 하는 이 최종 연구에서 효과와 내성이 몇 개월, 최대 몇 년에 걸쳐 꼼꼼하게 조사된다. 작은 규모 탓에 지금까지 드러나지 않았던, 희귀하지만 심각한 부작용이 이때 처음 모습을 드러낼 수 있다.

이때 무작위 대조군 연구뿐 아니라 가능한 경우 이중 블라인드 연구도 같이 진행된다. 진짜 약물을 받았는지 플라세보 약물을 받았는지, 피험자뿐 아니라 치료하는 의사와 과학자들도 모른다. 관찰과 분석이 왜곡될 가능성을 차단하기 위해서다. 분석이 끝난 뒤에 비로소 블라인드가 해제된다.

3단계 후보물질의 65퍼센트가 대개 수년에 걸친 여정과 거액의 투자 뒤에 시장에 진입한다.

● 승인 절차

승인기관(BfArM, 파울에를리히연구소, 유럽의약품에이전시)은 승인 절차 전체를 동행하며 승인뿐 아니라 의약품의 효과, 내성, 품질 검사를 위한 광범위한 증명을 요구한다. 요구 조건은 의약품법이 규정한다(자료 4.2 참조). 제약회사는 안전성 승인 이후 어떻게 체계적으로 의약품을 관리 · 감시할지 기술해야 한다(4단계).

● 4단계(4상): 모의 테스트

매우 희귀한 부작용은 광범위한 사용 후에 비로소 발견될 수 있고, 특정 환자 집단(예를 들어 다른 질환을 추가로 가진 환자들)은 임상연구에서 조사되지 않기 때문에 의약품은 승인 후에도 계속해서 엄격하게 관리 · 감시되어야 한다. 다시 말해, BfArM 또는 파울에를리히연구소에 즉시 보고해야 하는 부작용과 의심 사례가 있는지 주의 깊게 살펴야 한다. 승인 이후의 감시 결과에 따라 승인이 취소되거나 조정될 수 있다.

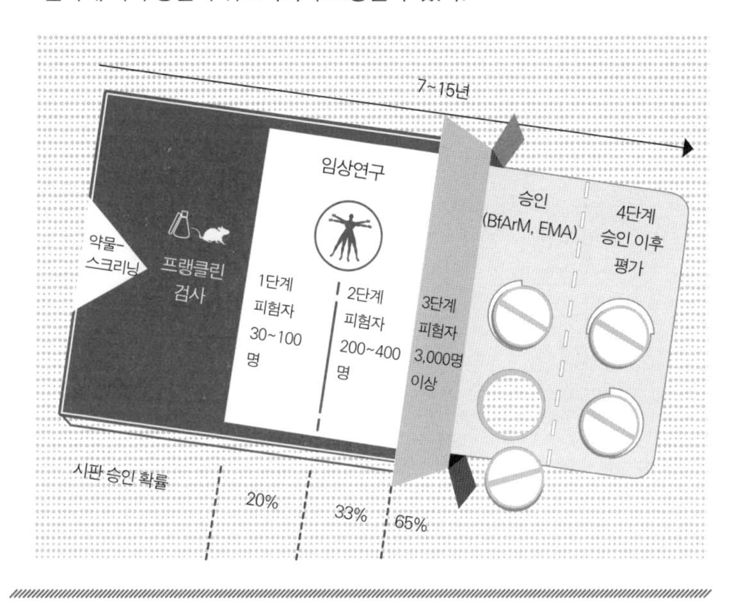

'특별한 치료법'을 위한 특별 대우?

건강에 관한 일이라면 제약회사, 과학자, 의사 등의 양심과 꼼꼼함 및 선의를 믿기보다는 철저한 관리에 의존할 수 있어야 한다. 그러므로 의약품법을 개정하여 약물의 효과, 내성, 품질을 입증하고 모든 것을 독립적으로 점검하게 바꾼 것이 최고의 개혁이었다는 데 모두가 동의할 수 있을 것이다.

하지만 모두가 그렇게 생각하지는 않았다. 동종요법, 인지의학, 약초 치료 같은 이른바 특별한 치료법은 1976년 의약품법 개정에 반하는 로비를 성공적으로 해냈다.[13] 이런 '특별한 치료법'은 의약품법에서 오늘날까지 특별 취급을 받는다. 그들은 정규 승인 절차를 밟지 않아도 되고, 좋았던 옛날처럼 그냥 등록만 하면 된다. 등록할 약물은 안전하고 해롭지 않아야 하지만, 약효를 입증할 필요는 없다.

그러나 허위를 막기 위한 금지 사항이 의약품법 제8조에 나열되어 있다.

> 오해의 소지가 있는 설명이나 안내 및 표시가 있는 의약품이나 약물의 제조와 판매를 금지한다. 특히 다음의 경우 오해의 소지가 있다고 본다.
>
> a) 의약품의 치료 효과나 효능 또는 약물의 활성이 없는데, 있다고 표기했을 때
>
> b) 허위로 약효가 확실하다는 인상을 줄 때 […][14]

즉, 등록만 했을 뿐 승인받지 않은 약은 법적으로 효능 표시를 해선 안 된다. 그러니까 어디에 또는 무엇에 도움이 되는지 설명해서는 안 된다. 그것을 알지 못할 뿐 아니라 증명되지도 않았기 때문이다. 그래서 포장에는 '등록된 동종요법 의약품으로서, 효능 표시를 생략함'과 같은 문구가 있다.

이쯤 되면 의아함에 벌써 머리가 아프다. 그것도 삼중으로! 첫째, 효능 표시가 없는 약이 어떻게 의약품일 수 있지? 둘째, 효능이 입증되지 않았다는 이유로 동종요법의 효능 표시를 불법적 사기로

간주한다고? 그렇다면 의사와 민간요법 치료사가 그 약을 특정 질병에 처방하는 건 괜찮을까? 셋째, 감기약으로 많이 팔리는 '메디톤신'은 어떻게 되는 거지? 이 물약에는 버젓이 '감기약'이라고 적혀 있는데? 맞다. 많은 사람이 전혀 의식하지 않지만, 메디톤신은 놀랍게도 동종요법 약이다.

동종요법도 승인을 요청할 수 있다. 메디톤신이 대표적인 사례다. 그것은 공식 승인됐고 그래서 '감기약'으로 판매되어도 된다. 그렇다면…, 메디톤신은 승인 절차에 따라 감기 치료 효과가 검사되고 입증됐다는 뜻일까? 하하하, 아니다!! 여기서 우리는 두 번째 특별 취급을 만난다. '특별한 치료법'의 경우 효능 입증은 진짜 의약품과는 전혀 다르게 작동한다. 동종요법 의약품 생산자는 특정 약효를 입증하기 위해 이른바 증거를 제출하고, 증거의 강도에 따라 점수를 받는다. 위중한 질병을 치료하는 약물일수록 획득해야 하는 점수가 높다. 예를 들어 무작위 대조군 연구와 이중 블라인드로 효능을 증명하면 8점이 부여된다(표 4.1). 이중 블라인드도 아니고 무작위도 아니지만 대조군 연구로 증명하면 4점이다. 방법이 다른 연구를 다르게 평가하는 것은 일단 의미가 있다. 그러나 전혀 과학적이지 않은 방법으로도 점수를 받을 수 있다는 것은 문제가 있어 보인다.

예를 들어 '장기간 사용'으로 1점을 받을 수 있다. 어떤 약이나 치료가 최소한 1978년부터 시판됐거나 행해졌으면 1점을 받는다. 말하자면 전통이 '증거 자료'로 인정된다.

'전문가의 판단'으로도 점수를 받을 수 있다. 여기서 전문가

	증거 자료 종류	점수
	무작위 플라세보 대조군 이중 블라인드 연구	8
	메타분석	8
	무작위 대조군 연구	6
	사용 관찰, 코호트 연구, 비교역학 연구	4
	대조군 연구	4
의약품의 정규 승인 절차에서는 인정되지 않는 방법	사례 보고	2
	동종요법 의약품 검사	2
	전문가의 판단(합의)	1
	관련 문헌 검토	1
	학술 논문	1
	장기간 사용(최소한 1978년부터)	1

표 4.1 동종요법 증거 자료에 대한 연방 의약품 및 의료기기 관리처(BfArM)의 판단 기준

는…, 물론 동종요법 치료사들이다! 독립된 기관의 비판적 평가는 분명 이런 '전문가의 판단'과는 전혀 다를 것이고, 게다가 이런 판단은 대조군 연구 같은 과학적 연구가 아니라 그저 개인의 견해일 뿐이다. '동종요법 의약품 검사'에 2점이 부여된다. 과학적인 것처럼 들리지만 그렇지 않다. '동종요법 의약품 검사'는 기본적으로 다음과 같이 진행된다. 피험자들이 검사될 동종요법 의약품을 복용한 다음 일주일 동안 눈에 띄는 모든 변화를 가능한 한 상세히 기록한다. 농담이 아니다. 여기에는 비슷한 것을 비슷한 것으로 이겨낸다는 동종요법의 기본 아이디어가 담겨 있다. 건강한 사람이 동종요법 약을 먹으면 치료할 병증과 비슷한 증상이 나타난다. 그러면 이 약은 바로 그 질병에 효능이 있는 것이다! 다시 말해 이런

'연구'를 하는 동안 콧물이 난다면, 이 약은 콧물감기에 효능이 있는 것이다. 플라세보 약을 받는 블라인드 테스트나 대조군은 필요하지 않다. 내가 말하지 않았나, 방법이 중요하다고! 감기약을 위한 동종요법 의약품 검사는 특히 많은 사람이 콧물을 흘리거나 목이 칼칼하다고 느끼는 환절기에 진행하면 된다. 그러면 벌써 감기약 승인을 위한 2점을 딸 수 있다!

지금까지 세 가지 사례를 봤는데, 사실 표 4.1의 아래 절반 전체는 승인 절차에서 제약회사가 절대 쓸 수 없는 왜곡된 방법이다. 그러나 이른바 '특별한 치료법'은 이런 방법으로 최대 8점을 딸 수 있다. 그리고 8점이면 뭔가를 시작할 수 있다. 중증이거나 생명을 위협하는 질환을 직접 치료하는 약을 판매하려면 8점 이상이 필요하다(표 4.2, III-b와 IV-b 참조). 8점 이상을 받으려면 대조군 연구 같은 과학적 방법으로 효능을 입증해야 하는데, 지금까지 독일에서 8점 이상을 받은 동종요법 약은 없다.[15]

'증거 점수'가 8점 이상인 동종요법 약이 없다는 말은, 과학적 방법으로 효능이 입증된 동종요법 약이 없다는 뜻이다. 동종요법이 대략 200년 전부터 있었더라도, 플라세보 효과 이상으로 효력을 낸다는 신뢰할 만한 증거는 현재까지 없다.

그러나 상관없다. 어차피 동종요법 약은 2점만 받아도 가벼운 질병 치료제로 승인되기 때문이다(표 4.2). 그리고 '공식 승인된' 약은 (이제 가장 큰 헛소리가 나온다) 법적으로 '공식 효능'이 있다! 실제로 의약품법에 '모든 승인된 약은 틀림없이 효능이 있다'라고 명시되어 있다. 달리 표현하면, 동종요법 약이 효능의 '과학적 증거'를

적응 증상의 강도	치료 목표	요구되는 점수
I. 가벼운 질병 알아차리기 쉬움, 일반인에게 익숙함, 진단과 치료에 의료적 도움이 시급하지 않음, 스스로 제한할 수 있음, 환자를 거의 괴롭히지 않음	증상(특정 질병/장애/상태가 아님) 또는 가벼운 질병의 개선	2~6
II. 중간 정도의 질병 기능장애, 회복 가능한 내부장기 질환, 일시적 자가 치료 가능, 진행이 단순함, 진단과 치료에 의료적 개입이 거의 필요하지 않음	a) 특정 질병/장애/상태의 치료 지원	4~6
	b) 이따금 나타나는 장애의 빈도 감소 또는 특정 질병/장애/상태의 증상 개선이나 치료	7
III. 무거운 질병 회복 불가의 내부장기 손상, 내부장기 질환, 치료가 늦어질 경우 심한 합병증 위험 있음, 진단과 치료에 의료적 개입이 필요함, 스스로 제한할 수 없음	a) 특정 질병/장애/상태의 치료 지원	4~6
	b) 특정 질병/장애/상태의 증상 개선이나 치료	9
IV. 생명을 위협하는 질병 합병증, 치명률 높음	a) 완화요법, 즉 치료는 아니지만 증상 완화 및 삶의 질 개선	4~6
	b) 동반 질환의 치료, 특정 질병/장애/상태의 증상 개선이나 치료	11

표 4.2 동종요법의 적응 증상과 치료 목표[16]

절대 제출할 수 없더라도 의약품법에서는 효능이 있는 것으로 통한다. 법적으로 효능이 있다!! 이해가 안 되겠지만, 어쩌랴. 그냥 외우는 수밖에.

도대체 누가 이처럼 기이한 점수 체계를 만들었을까? 바로 '동종요법 전문가위원회'다.[17] 이를 위해 전문가들이 특별히 선정됐는데, 대부분 동종요법 치료사들이다. 흠, 자기들끼리 다 하는군.

그렇다 치고, 이제 이런 서커스 속에서 중간 결론을 내려보자. 도저히 믿기 어려운 내용들이니, 다시 한번 간략히 요약해보자.

1. 동종요법 약은 효능을 증명하지 않고도 의약품으로 등록하고 판매할 수 있다. 다만 특정 약효를 명시하는 효능 표시를 하면 안 된다. 그것은 법적으로 금지된 사기이기 때문이다. 그러나 의사와 민간요법 치료사는 특정 질환의 치료를 위해 이 약을 처방해도 된다. 그것은… 사기가 아니다.
2. 효능 표시를 해도 되는 메디톤신 같은 동종요법 약을 위한 특별 승인이 있다. 효능 표시를 하려면 약효를 '증명해야' 한다. 이때 과학적이지 않아도 증명이 인정된다. 독일에서 승인된 동종요법 약은 모두 의약품 정규 승인 절차에서 인정받지 못했다.
3. 약효가 과학적으로 증명되지 않았다는 것은 사실이다. 그러나 법적으로, 그러니까 순전히 법으로만 보면 승인된 동종요법 약은 약효가 증명됐다!

   이러니 미칠 노릇 아닌가!!!

머리가 깨지도록 아무리 궁리해봐도 '특별한 치료법'이 이런 특별 대우를 받을 합리적 이유를 찾을 수가 없다. 둘 중 하나만 해야 한다. 동종요법 약을 의약품으로 볼 거면, 의약품처럼 다뤄야 마땅하다. 의약품으로 보지 않을 거면, 의약품인 것처럼 판매해선 안 된다.

내 말을 오해하지 마시라. 약리학적 효과가 없다고 해서 곧 건강에 아무 도움이 안 된다는 뜻은 아니다. 그에 관해서는 잠시 후에 자세히 설명할 텐데, 그 전에 잠깐 '억제된 치료법'의 거짓말에 관심을 돌려보자.

'법'적으로만 증명된 효능의 그림자

인터넷에서 우리는 자주 자연치료법, 부드럽지만 효과가 아주 좋은 치료법, 효능이 과학적으로 증명되지 않은 치료법을 만난다. 단지 연구가 억제되기 때문에 또는 임상연구에 필요한 재정을 아무도 대지 않기 때문에 과학적 증명이 빠졌다는 설명이 때때로 곁들여진다. 앞에서 언급했듯이, 실제로 임상연구의 재정을 확보하려면 상업적 매력이 있어야 한다. 그러나 임상연구는 긴 여정의 마지막 증명 단계에 불과하다. 대부분 후보물질이 이미 그 전에 제외되는데, 그 이유가 단지 돈 때문만은 아니다. 우선 특정 생물학적 과정에서 특정 질병에 작용하는 생화학적 메커니즘이 밝혀져야 한다. 타당한 작용 메커니즘이 없으면, 동물실험도 힘들다. 윤리 지침이 있기 때문이다(8장 참조). 세포 실험과 동물실험에서 약물의 효능과 내성이 증명돼야 비로소 사람을 대상으로 하는 임상연구 허가를 신청할 수 있다.

이른바 특별한 치료법에는 타당한 작용 메커니즘의 증명이 빠져 있다. 첫 단계인 생화학적 효과 증명에 실패하고는 오로지 돈 때문이라고, 임상연구에 아무도 돈을 대지 않기 때문이라고 주장한다. 내가 보기에 그것은 마치 아직 한 번도 노래를 녹음한 적이 없는 사람이 프로모션할 돈이 부족해서 자기 노래가 라디오에 방송되지 않는다고 불평하는 것과 비슷하다.

상업적 이득이 거의 없는 약물 연구가 시장성이 약하다는 이유로 억제된다는 주장은 쉽게 반박할 수 있다. 대학이나 여러 비상업적 독립 연구소에서 무엇을 연구하고 있는지만 살펴봐도 반박 증거는 많다. 예를 들어 특허를 낼 수 없고 그래서 제약산업이 흥미를 갖지 않는 천연물질에 진지한 의료적 잠재성이 있으면, 그것은 철저히 연구된다. 그 주변까지 모두. 구체적인 사례로 강황 연구를 살펴보자. 너무 적은 연구가 아니라 오히려 너무 많은 연구가 때때로 문제임을 보여준다.

만병통치약 '강황'의 비밀

울금 또는 노란 생강이라고 불리는 강황은 동남아시아에서 전통적으로 쓰여온 연노란색 향신료다. 카레에 맛과 색을 줄 뿐 아니라 건강에도 아주 좋다. 암, 알츠하이머, 우울증, 탈모, 발기부전 등 강황이 도움이 된다는 질병 목록은 끝이 없다. 이 아시아 약제가 언제부턴가 서양 대도시 카페에서 라테와 스무디에 혼합되어 웰빙 제품으로 판매되고 있다. 뭐, 당연히 그렇겠지!

강황의 가장 중요한 성분은 아마 커큐민일 것이다. 강황의 노란 색뿐 아니라 모든 치유력도 커큐민에서 나온다. 커큐민이 정말로 암 · 알츠하이머 · 탈모 등에 도움이 되는지 과학적으로 증명하기 위해, 예를 들어 이 성분이 올바른 타깃과 결합하는지 조사할 수 있다(자료 4.3 참조). 타깃은 대부분 치료하고자 하는 질병에서 핵심적인 역할을 하는 단백질 분자, 즉 프로테인이다. 프로테인 단 하나의 변이로 생기는 암이 있다고 가정하면, 효능물질로 제거해야 할 이 프로테인이 타깃 또는 목표가 된다. 효능물질이 오직 타깃 프로테인에만 작용할수록 이 효능물질이 이 암을 치료할 잠재성은 더 크다.

기본적으로 수많은 물질을(천연물질뿐 아니라 실험실에서 개발된 화학물질도) 타깃에 '발사하는' 대규모 스크리닝을 통해 잠재 효능물질을 찾아낸다. 타깃에 원하는 반응을 보이는 물질을 히트(적중)라고 부르고, 이 물질은 계속 조사되고 최적화된다. 놀랍게도 커큐민은 수많은 연구에서 놀라우리만치 많은 타깃에 적중했다. 그러니까 커큐민이 도움이 된다는 긴 질병 목록은 대충 만들어진 게 아니다!

심지어 커큐민의 히트 퍼레이드가 너무나 광범위해서 경험 많은 의약화학자들이 미간을 찌푸리고 눈썹을 치켜올리며 의구심을 갖기도 한다. 커큐민은 시험관에서 스리썸을 넘어 모두와 관계를 갖는, 확실히 화학적으로 난잡한 분자다. 그렇게 닥치는 대로 다 반응하는 물질이라면 가짜 양성 히트일 위험이 크다. 가짜 양성 히트는 어떻게 생길까? 히트를 식별하기 위한 여러 실험실 테스트 가운데 이른바 순도 분석(assays)이 있다. 형광염료를 이용해 분자와 타깃의 상호작용을 확인하는 테스트다. 상호작용이 있으면, 예를 들어 녹색을 띤다. 히트다! 그러나 아주 난잡하여 모두와 관계를 갖는 물질은 형광염료에도 반응하여 용액을 녹색으로 물들일 수 있다. 그러면 가짜 양성 히트다. 타깃 프로테인은 전혀 활성화되지 않았으니까. 닥치는 대로 모든 상대에 반응하여 수많은 가짜 양성 히트를 만들어내는, 화학적으로 난잡한 물질을 PAINS(Pan-Assay Interference Compounds, 범-분석 간섭 화합물)라고 부른다. 그리고 커큐민은 PAINS 패밀리에서 특히 난잡한 구성원으로 통한다.[18] 여담인데, 널리 회자되는 '적포도주 분자' 레스베라트롤 역시 PAINS 패밀리에 속한다.

'순도 분석(assays)에서 드러나는 PAINS'를 영어권에서는 일종의 말장난으로 '엉덩이 통증(pains in the ass)'이라고 부르는데, 의약화학자에게 PAINS는 정말로 엉덩이 통증이다. PAINS는 실험실 순도 분석 때 실제와 다른 멋진 모습을 보여준다. 그런 다음 임상연구 때는 실험실에서 보여줬던 유망한 결과를 더는 재현하지 않는다. 그렇게 연구자들은 이들의 사기행각에 뒤통수를 맞는다. 그때까지 수많은 시간과 노동을 갈아 넣었는데 말이다. 커큐민 역시 생화학적 작용 메커니즘에 관한 유망한 연구가 아주 많이 있다. 그러나 동물실험과 임상연구 단계의 연구 상태는 매우 뒤죽박죽이다.[19]

PAINS는 비상업적 연구가 제약회사의 상업적 연구보다 늘 더 나은 건 아님을 보여주는 좋은 사례다. 제약회사는 고등사기꾼 분자에 돈을 낭비하기 전에 매우 면밀하게 조사한다. 반면 대학이나 비상업적 연구소의 관심은 전혀 다른 곳에 있다. 논문으로 발표하는 것이 중요하다! 그들의 모토는 'Publish or perish(출간하느냐 버려지느냐)'다.[20] 이런 출간 압박은 과학자뿐 아니라 과학의 질도 해친다. 학계는 연구 업적을 오로지 논문 출간을 토대로 평가하기 때문에 PAINS 분자의 인기가 아주 높다. 생화학 분석에서 히트를 보여줄 만반의 준비가 되어 있으니 탁월한 논문 기계 아닌가! 이 때문에 2장의 브로콜리 연구에서 설명한 것과 유사한 형식의 악순환이 생길 수 있다. 가짜 양성 히트를 기반으로 하는 연구 논문들이 출간되고, 전 세계에서 점점 더 많은 연구자가 가짜 행렬의 뒤를 따르며 자기들이 보기에도 미심쩍은 히트를 논문으로 발표한다.[21] 연구가 광범위해질수록 거기에 뭔가가 있다는 확신이 더 커진다. 뭔가 있으니까 그렇게 많이들 연구하는 거 아니겠어?

적어도 기뻐할 만한 깜짝 소식이 있다. 커큐민은 대단히 많이 섭취했을 때 비로소 인체에 해롭다. 특대 카레를 먹고 강황 라테를 후식으로 마셔도 그 정도 양에 도달할 순 없다. 일반적으로 반응 물질은 무반응 물질보다 더 해로운 경향이 있는데, 커큐민은 생체 이용률이 아주 낮다.[22] 대부분 소화되지 않은 채 그대로 몸을 통과하여 배설된다. 커큐민을 약으로 개발하려면 생체 이용률부터 높여야 할 것이다. 그러나 특정 수정 또는 추가를 통해 생체 이용률을 높일 수 있더라도,[23] 그러면 오랜 경험 법칙이 적용된다. 광범위하게 작용하는 물질에는 기본적으로 광범위한 부작용이 있다.

어떤 물질이 온갖 질병을 고치는 이른바 만병통치약이라고 한다면, 기본적으로 헛소리일 확률이 매우 높다. 현실은 그렇게 단순하지 않다. 암을 예로 들어보겠다. 암은 원래 한 가지 병명이 아니라 수백 가지 질병을 아우르는 통칭이다. 다양한 암 종류가 다양한 생물학적 생화학적 과정을 기반으로 하고, 그래서 치료법도 다양하다. 그중에서 유방암은 완치 확률이 높은 안정된 치료법이 있다.[24] 반면 뇌종양 앞에서는 여전히 상당히 무기력하게 서 있을 수밖에 없다.[25] 물질대사 과정은 인체에서 일어나는 화학적 생물학적 과정의 아주 작은 일부에 불과하다. 과학과 연구 덕분에 지금까지 인체에 관해 얼마나 많이 알게 됐는지 감탄하면서도, 한편으로는 모든 것이 너무나 끔찍하게 복잡해서 충격을 받는다.

플라세보 효과의 함정과 희망

"인체는 너무 복잡해서 과학 연구로 밝혀낼 수 있는 게 많지 않다. 중요한 것은 오로지 효과가 있느냐 없느냐뿐이다."

이런 주장은 강황 치료나 동종요법 같은 이른바 대체의학에서 계속 등장한다. 그리고 결국 인터넷에는 여러 치료법에 대한 긍정적 평가만이 넘쳐난다. 인체가 너무 복잡해서 제대로 연구할 수 없고 질병에 대한 치료법도 체계적으로 개발할 수 없다는 주장은 쉽게 반박할 수 있다. 생명을 구하는 치료법이 이미 얼마나 많이 연구되고 개발됐는지 생각해보라. 그럼에도 '중요한 것은 오로지 효과가 있느냐 없느냐뿐이다'라는 주장은 실용적이고 널리 받아들여진다. 그러나 post hoc ergo propter hoc(이것 이후에, 그러므로 이것 때문에)라는 빈번한 오류에 희생되지 않도록 주의해야 한다. 어떤 약을 복용한 '이후에' 호전됐다고 해서 곧 '그 약 때문에' 좋아졌다는 뜻은 아니다.

이것과 밀접하게 관련된 사고 오류가 하나 더 있다. cum hoc ergo propter hoc(이것과 함께, 그러므로 이것 때문에)다. 두 가지 일이 동시에 나타났다고 해서(새로운 민간요법 치료사를 방문하면서부터 잠을 잘 잔다), 하나가 다른 것의 원인인 것은 아니다.

당신은 이미 플라세보 효과를 알고 있다. 임상연구에서 플라세보 약만 받은 통제집단이 호전을 보인다. 또는 심지어 부작용 때문에(노세보 효과) 연구를 중단한다. 그러나 플라세보 효과는 놀랍도록 자주 오해된다. 대부분 사람이 플라세보 효과를 '착각'으로 이해한다. 실제로 플라세보 효과는 매우 주관적일 수 있다. 예를 들어 플라세보 천식 스프레이를[26] 사용한 뒤에 호전됐다고 느끼지만, 호흡 기능을 측정해보면 그렇지 않다. "호전되기를 기대했고 그래서 호전됐다고 느낀다"라는 설명에는 플라세보 효과에 대한 과대평가와 과소평가가 모두 담겨 있다!

과대평가부터 살펴보자.

플라세보 효과의 과대평가

플라세보 효과에 특히 취약한 질병이 있다. 두통이나 감기 같은 일시적인 질병뿐 아니라 정확한 원인 없이 계속해서 재발하는 피부 발진처럼 일정 기간만 발생하는 만성질환의 경우, 갑자기 심해지면 그제야 치료제를(생강을 첨가한 강황 라테, 약초, 약) 찾는다. 그러나 일반적으로 이런 짧은 악화는 어느 정도 시간이 지나면 저절로 가라앉는다. 두통, 감기, 피부발진이 다시 사라지거나 적어도 완화된다. 우리는 그것을 약이나 약초 또는 강황 라테 덕분이라고 여기지만 어쩌면 그저 시간 덕분이고, 유난히 심한 뒤에는 언젠가 다시 좋아질 확률이 높기 때문이다.

주사위로 다음의 실험을 해보면 명확해진다. 1 또는 2가 나올 때마다 치즈 강판을 머리 위에 대고 파마산치즈를 갈아라. 그러면 치즈의 마법으로 주사위 숫자가 비록 항상은 아니지만 확실히 눈에 띄게 자주 더 높은 수가 나온다! 파마산치즈 대신에 자기 또는 다른 사람의 따귀를 세게 때려도 효과가 있는데, 1 또는 2 이후에 더 높은 수가 나올 확률이 그냥 매우 높기 때문이다. 마찬가지로 감기가 특히 심한 날 약초를 끓여 먹거나 파마산치즈를 두피에 뿌리면, 증상이 완화될 수 있다. 말하자면 플라세보에도 'post hoc ergo propter hoc(이것 이후에, 그러므로 이것 때문에)'가 적용된다. 파마산치즈를 뿌린 뒤에 또는 가짜 약을 삼킨 뒤에 호전됐다고 해서, 그것이 곧 플라세보 효과 때문인 건 아니다. 그냥 저절로 회복된 것일 수도 있기 때문이다.

플라세보 효과를 증명하려면 통제집단을 위한 통제집단이 필요하다. 플라세보 치료를 받은 집단과 받지 않은 집단을 비교해야 한다. 플라세보 치료를 받은 집단이 그렇지 않은 집단보다 더 호전됐을 때만, 플라세보 효과가 있다고 말할 수 있기 때문이다. 노르딕코크런센터(Nordic Cochrane Centre)가 200개 이상의 임상연구를 메타 분석했는데, 놀라운 결과가 나왔다. 증명 가능한 플라세보 효과가 단지 극소수 환자에게만 있었고, 통증과 구토에서만 그 효과가 명확했다.[27] 플라세보 효과가 대부분의 느낌을 유발할 수 있다는 생각은 틀린 것이다.

플라세보 효과의 과소평가

플라세보 효과는 통증과 구토에서 명확히 나타난다. 그리고 플라세보 효과는 단순한 착각 이상이다.[28] 여기에 들어맞는 이야기가 하나 있다. 헤로인의 탄생 이야기로, 사실 1장의 주제와 관련이 깊지만 여기서 소개하려고 일부러 따로 빼놓았다. 헤로인은 독일 제약회사 바이엘(Bayer) 덕분에 탄생했다. 바이엘은 19세기 말에 진통제 및 기침약(!)으로 헤로인을 시장에 내놓았다. 진짜 하이라이트는 당시 이런 아편유사제를 시장에 내놓으면서 헤로인이 모르핀이나 아편과 달리 중독성이 없는 진통제라고 발표했다는 사실이다. 하하하. 뭐, 아직 의약품법이 없었으니 불법도 아니었다.

아편유사제가 최고의 진통제라는 사실은 논란의 여지가 없다. 아편유사제는 일반적으로 엔도르핀 같은 신체의 자체 진통제를 위한 수용체를 활성화하여 효과를 낸다. 1장에서 봤듯이, 적정 용량의 깨끗한 헤로인은 놀라우리만치 무해하지만 과용량이면 즉사할 수 있다. 급성 헤로인 중독일 경우[29] 날록손(Naloxon)이라는 약물이 투여된다. 이것이 마지막 순간에 환자를 구할 수 있다. 날록손은 아편유사제 대항제로, 헤로인 같은 아편유사제를 수용체에서 떼어내 활성화를 차단한다.

이 모든 것이 플라세보 효과와 무슨 상관이란 말인가? 자, 이제 엄청난 놈이 오니 꽉 잡아라. 1978년에 플라세보 진통제, 즉 효능물질이 없는 가짜 진통제와 날록손을 비교하는 연구가 있었다.[30] 사랑니를 뽑은 환자 중 일부에게는 효능물질이 없는 가짜 진통제를 주고, 일부에게는 날록손이 함유된 가짜 진통제를 줬다. 효능물질이 없는 가짜 진통제만 받은 환자들 대부분이 통증 완화를 보고했다. 그 정도는 보통이다. 진통제라고 여기는 약을 먹으면, 신체가 자체적으로 아편유사제를 생산하기 때문이다! 그러나 날록손이 함유된 가짜 진통제를 받은 환자들에게서 놀라운 일이 일어났다. 그들은 명확히 더 강한 통증을 느꼈다. 왜 그럴까? 날록손이 아편유사제 수용체를 차단해 자체 생산된 아편유사제가 통증 완화 기능을 발휘할 수 없기 때문이다. 다른 연구에서도[31] 플라세보의 이런 생리학적 통증 완화가 척수에서 관찰됐다. 팔에 열통을 가하면 MRI를 통해 척수의 통증 반응을 관찰할 수 있다. 플라세보 진통 연고를 바르면, 척수의 통증 반응이 눈에 띄게 억제된다.[32] 플라세보를 통한 통증 완화는 단순히 착각이나 주관적 느낌이 아니라, 진짜 생리학적 효과일 수 있다.

진짜 흥미진진한 과소평가 사례는 이제부터다. 무조건 환자가 '속임을 당해야' 플라세보 치료 효과가 있는 건 아니다. 플라세보 약임을 알고 복용해도 효과가 나타날 수 있다. 더 정확히 말하면, 플라세보 효과는 훈련될 수 있다! 우리 몸은 효능물질을 수동적으로 받아들일 뿐 아니라 생물학적 특정 과정을 학습할 수도 있다. 이때 학습 메커니즘은 고전적 조건반사다. '명령에 따라' 침을 흘리도록 훈련됐던 파블로프의 개 이야기를 알고 있지 않은가. 바로 그 조건반사 얘기다. 파블로프는 자신의 유명한 실험에서 먹이를 주기 전에 항상 종을 울렸고, 언젠가부터 개는 종만 울려도 침을 흘렸다. 그런 조건반사가 우리 인간에게도 아주 비슷하게 작동한다. 적어도 나는 레몬만 생각해도 입에 침이 고인다. 그러나 침이 고이는 반응보다 더 많이 조건화할 수 있다. 1975년에 이미 연구자들이 쥐 실험에서 인상 깊은 현상을 발견했다. 쥐에게 면역억제제를 먹이고 그때마다 설탕물을 줬다. 그러다가 나중에는 설탕물만, 그러니까 플라세보 약만 먹였다. 그럼에도 면역체계가 억제됐다. 플라세보 약을 통한 면역 억제다![33]

이것을 치료 목적으로도 이용할 수 있지 않을까? 예를 들어 장기이식을 받은 환자라면 면역체계가 반드시 억제돼야 한다. 면역체계가 새로운 장기를 거부하지 않게 하려면 환자는 면역억제제를 평생 먹어야 한다. 이것을 플라세보 약으로 대체할 수 있을까? 면역학자 율리아 키르히호프(Julia Kirchhof)는 이를 알아내기 위해 에센대학병원에서 신장이식을 받은 환자 20명을 조사했다. 연구팀은 환자들에게 매일 아침저녁에 필수 면역억제제를 줬다. 단, 쥐 실험과 비슷하게 특별한 맛을 혼합해서 줬다. 이 경우 쥐에게 줬던 설탕물보다 약간 더 창조성을 발휘해야 했다. 환자들이 뭔가 달콤한 것을 먹을 때마다 플라세보 효과가 나타나서는 안 되니까. 또한 그런 조건화는 진짜 약과 아주 특별하게 연결되는 특이하고 독특한 자극일 때 가장 잘 작동한다. 그래서 연구팀은 딸기우유, 라벤더 오일, 녹색 식용색소를 혼합하여 오줌 맛이 나는 기이한 용액을 면역억제제와 함께 제공했다. 3일의 조건화 뒤에 테스트를 했다. 환자들은 아침저녁 2회 정규 복용 외에 추가로 딸기-라벤더 녹색 우유를 한 번 더 복용했다. 그러나 이번에는 플라세보 약을 줬다. 이때 환자들은 모든 설명을 들었다. 그러니까 그들은 효능물질이 없는 가짜 약을 복용한다는 사실을 알았다. 그럼에도 세 번째 복용 때 면역체계가 반응했다. 마치 정말로 면역억제제를 평소보다 더 많이 복용한 것처럼, 면역체계가 확실히 더 많이 무뎌졌다![34]

이런 방식으로 특정 약의 필수 용량을 줄이면서 최적의 효과를 유지할 수 있을 것이다. 이런 연구들 때문에 일부 사람들이 이른바 오픈 라벨 플라세보(Open Label Placebo)를 주장한다.[35] 이는 가짜라고 명확히 표기됐음에도 치료 목적으로 쓰일 수 있는 플라세보를 말한다. 그게 아주 간단하지는 않은데, 이른바 소멸(Extinktion) 때문이다. 시간이 지남에 따라 신체는 조건화를 '망각한다.' 환자가 약 없이 딸기-라벤더 녹색 우유만 자주 마시면, 약과 면역체계의 연결이 점점 약해진다. 플라세보는 장기적으로 약을 대체하지 못하지만, 보완할 수는 있다.

심각한 질병이라 약물 치료가 불가피하더라도 약리학적 효과에 갇히기보다 더 넓게 생각해볼 필요가 있다. 플라세보가 몇몇 분야에서는 약의 효능을 개선하고, 어쩌면 부작용을 낮추는 데에도 유용할 수 있다. 이제 플라세보 효과의 특히 중요한 측면을 살펴보자.

말로 하는 치료가 때로는 더 강력하다

2002년 스물네 살의 의대생이 지방도로를 주행하고 있는데, 갑자기 자동차 한 대가 역주행으로 빠르게 다가왔다. 의대생은 급히 방향을 틀었고, 그 바람에 자동차가 중심을 잃고 전복됐다. 다행히 큰 부상은 없었고, 과속에 대한 가벼운 트라우마와 약간의 찰과상만 남았다. 대단한 행운이었다. 처음에는 적어도 그렇게 생각했다. 그런데 몇 주 뒤에도 여전히 현기증이 나고 심지어 종종 의식을 잃게 되자, 의대생은 이 문제를 근본적으로 해결하기 위해 여러 의사를 만나 심장 · 신장 · 뇌 등 모든 것을 검사했다. 모두 정상이었다. 뭐가 문제인지 알 수 없었다. 의대생은 한 친구의 조언에 따라 매우 회의적으로 민간요법 치료사를 찾아갔고, 마침내 도움을 받았다. 이 치료사는 자동차 사고에 의한 외상후스트레스장애임을 재빨리 알아차렸다. 지금까지 만난 의사들은 누구도 그런 생각을 하지 않았다. 이 치료사는 시간을 내서 그의 얘기에 귀를 기울였고, 현기증이 날 때 먹으면 도움이 될 거라면서 환약을 줬다. 정말로 몇 주 이내에 문제가 사라졌다.

이 의대생의 이름은 나탈리 그람스(Natalie Grams)이고, 얼마 후 의사가 됐으며, 현재 동종요법과 민간요법을 비판하는 가장 유명한 비평가다. 말하자면 사고 후의 치료 경험은 두 번의 중요한 각성 중에서 단지 첫 번째에 불과했다. 당시 그람스는 정통의학이 제공하지 못하는 뭔가를 발견했다는 생각에 완전히 매료됐다. 그람스는 내가 운영하는 유튜브 채널 〈마이랩(MaiLab)〉 인터뷰에서 이렇게 말했다.

"그것은 일종의 각성이었어요. 그때 생각했죠. 와, 이건 무조건 배워야 해!"

그람스는 정말로 그것을 배웠다. 중국 전통 한약재의 안전성에 대해 박사 논문을 썼고, 동종요법 강좌를 들었고, 자연요법 클리닉에서 실습했다. 동종요법 병원을 인수하라는 제안을 받았을 때, 그는 심지어 가정의학과 전문의 과정까지 중단하고 기쁘게 수락했다. 환자들을 도울 수 있다는 생각에 하늘을 나는 것 같았고, 모든 것에 감사했다. (갑자기 의식을 잃곤 했던 그와 비슷하게) 당시 의사의 진료에 실망한 사람이 많았다. 그런데 정통의학의 공격을 받자 그람스는 화가 났다. 의사들의 편협성에 맞서 동종요법을 더 확고히 방어하기 위해 조사를 시작했다. 신뢰할 만한 사실을 찾던 중에 동종요법에 관한 '두 번째 각성'을 경험했다. 에피소드 형식의 수많은 간증 이외에 믿을 만한 과학적 증명이 하나도 없었다! 생화학적으로 타당한 작용 메커니즘조차 없었다. 뼈아픈 각성이었다.

그람스는 무엇이 효과가 없는지 알게 됐을 뿐 아니라 무엇이 실제로 치료보다 더 나은지도 알게 됐다. 그는《정말 효과가 있는 것: 부드러운 치료 세계의 나침반(Was wirklich wirkt - Kompass durch die Welt der sanften Medizin)》이라는 책을 출간하면서 이렇게 썼다.

> 나는 동종요법 치료사로서 첫 번째 진료 상담에 최대 3시간을 쓸 수 있다. 이 시간에 (그리고 그 후의 모든 진료 시간도) 우리는 전혀 방해받지 않는다. 비어 있는 것이 가장 좋은 대기실부터 잘 정돈된 진료실까지, 병원 전체를 스트레스 없는 장소로 만들고자 애쓴다. 나는 환자에 대해 가능한 한 폭넓게 알기 위해 환자들이 설명하는 당장의 질병과 일반적 상태 이외에도 개인적인 상황에 대해 조사

한다. 7.6분 안에 그렇게 하기는 거의 불가능하다.

7.6분은 일반적인 의사가 환자 1명에게 할애하는 평균 진료 시간이다.[36]

의사와 환자의 좋은 관계가 치료 효과를 높일 수 있고, 그것이 플라세보 효과의 중대한 일부임을 과학 연구들이 입증한다. 스탠퍼드대학교의 한 연구에 따르면,[37] 치료사의 긍정적 몸짓언어(눈맞춤, 친절한 표정, 미소, 다정한 끄덕임)와 치료 능력을 인식하는 것만으로도 벌써 통증에 도움이 될 수 있다. 개인병원 그리고 특히 종합병원에서는 환자를 위한 시간, 경청할 시간, 설명할 시간, 이른바 말로 하는 치료 시간이 너무 짧아서 좌절하는 의사가 많다.[38] 이런 측면에서 '대체의학 치료사'가 확실히 더 강력하다는 사실은 거의 지적되지 않는데, 사실 이것이야말로 동종요법 같은 대체의학이 치료에 성공하는 가장 중요한 요인이다. 의사의 급여 체계가 바뀌지 않는 한, 말로 하는 치료라는 측면에서는 민간요법 치료사와 대체의학 병원이 계속해서 우위를 차지할 것이다.

"결국 그 사람이 한 것은 전혀 배운 적이 없는 좋은 상담 치료였던 거죠." 그람스는 자신의 첫 번째 민간요법 치료사에 대해 이렇게 말했다. "인간적으로는 아주 좋은 사람이었지만, 과학적으로 잘 입증된 치료법이나 방책은 갖고 있지 않았어요. 정말 유감스러운 일이죠."

효과가 없어서 효과가 없다고 했을 뿐인데

나탈리 그람스는 이른바 '탈퇴자'로서 대체의학 치료법에 대해 계몽하는 것을 소명으로 삼았다. 책을 내고 글을 기고하고 팟캐스트를 제작하고 방송에 출연했다. 항상 좋은 반응을 얻는 건 아니지만(오히려 종종 욕을 먹는다), 그것이 삶의 일부가 됐다. 그러다가 2019년에 우편함에서 진짜 경고를 발견했을 때, 그람스는 적잖이 놀랐다. 거대 동종요법 제약회사인 헤베르트(Hevert)가 활동 중단 선언을 요구한 것이다. 정확히 무슨 활동을 중단하라는 것일까? 동종요법약이 플라세보 효과에 그친다고 주장하는 것! 활동을 중단하지 않으면 5,100유로의 벌금이 부과될 예정이었다.

헤베르트가 법을 이용해 입에 재갈을 물리려 했던 첫 번째 비평가는 그람스가 아니었다. 보건학자 게르트 글래스케(Gerd Glaeske)가 독일 국영방송 ARD의 〈식료품 체크(Lebensmittel Check)〉에 출연해 동종요법 약은 효능이 증명되지 않았다고 설명했을 때, 그 역시 헤베르트로부터 경고장을 받았다. 글래스케는 소송에 휘말리고 싶지 않아 활동 중단을 약속했다. 앞에서 살펴봤듯이, 승인된 동종요법 약은 공식적으로 '효능 증명'을 기반으로 한다. 알다시피, 동종요법의 효능 증명은 법적으로만 유효하고 과학적으로는 아니다. 하지만 이것을 어떻게 설명해야 한단 말인가?

그람스는 활동 중단을 약속하는 대신에 〈네오 마가친 로열(Neo Magazin Royale)〉에 출연하여, 사회자 얀 뵈머만(Jan Böhmermann)과 함께 음악과 온갖 풍자를 곁들여 20분 동안 아무 효능이 없는 동종요법을 조롱했다. 이 방송의 유튜브 조회 수는[39] 300만이 넘었다. 사회자가 마지막에 헤베르트를 향해 외친다. "이 돌팔이들아, 날 고소해." 그러나 헤베르트는 아무것도 하지 않았다. 그람스에 대해서도 다른 전략을 세웠는지, 그 후론 아무 연락도 하지 않았다.

과학적으로 올바른 발언에 소송을 제기하려 한 회사가 있다니, 흥미로운 일이다. 그런데 더욱 흥미롭게도 바로 그 회사가 동종요법 제품을 판매한다. 동종요법에는 다른 법 규정이 적용된다. 동종요법 제품은 특정 질병 치료제로 판매될 수 있지만, 그 제품을 만든 회사는 효능 증명이 결여됐음을 명시해야 한다. 헤베르트의 미국 홈페이지에는 제품 소개와 함께 다음과 같이 적혀 있다. "전통적 동종요법에 기반한 제품으로, 치료 효과를 증명할 필요가 없었습니다. FDA 승인을 받지 않았습니다."[40] '통증 완화' 또는 '수면장애 해소' 등 약이 무엇을 약속하든, 그것은 전통적 동종요법 관행에 기반한 것일 뿐 치료 효과가 증명되지 않았고 당국의 검사도 받지 않았다는 말이다. 흠, 글래스케가 방송에서 설명한 내용과 아주 비슷한 것 같군. 미국에서는 회사가 직접 제품에 버젓이 인쇄하는데, 독일에서는 그 내용을 입에 올리면 소송 협박을 받는다. 정말 환장할 노릇 아닌가.

헤베르트 사례는 대체의학의 문제점을 잘 보여준다. 나는 지금까지 자세한 설명과 사례를 곁들여 플라세보의 약리학적 효과뿐 아니라 정통의학에서 아직 충분히 활용하지 못하는 다양한 플라세보 효과를 소개했다. 말하자면 나는 대체의학의 환약에 약리학적 효능이 없다는 데 아무 문제를 느끼지 않는다. 약리학적 효능이 없다는 사실을 부정한다면, 그것이야말로 진짜 문제라고 생각한다.

그래도 해롭진 않잖아?

모든 약에는 부작용이 있고, 의료 사고가 있을 수 있고, 의사들이 환자를 위해 낼 시간이 턱없이 부족하고, 힘겨운 치료에 고통받고, 고칠 수 없는 질병도 있고…. 굳이 얘기하지 않아도 우리는 이런 그림자를 잘 안다. 심하든 아니든 이런 나쁜 경험도 했을 것이다. 반면 대체의학은 때때로 다소 미신처럼 보이긴 해도, 해롭진 않을 것 같다. 효과가 없을 수는 있지만, 해를 끼치진 않는다. 그렇지 않은가? 글쎄…, 그렇게 전체를 하나로 묶어 무해하다고 말할 수는 없을 것 같다. 이것은 매우 다층적이다. 몇 가지 다른 생각들을 전달하는 다섯 가지 실화를 소개하겠다.

이야기 1: 꺼내 먹는 에너지

우리는 셰어하우스 공용 주방에 앉아 전날 먹고 남은 음식을 먹었다. 하우스메이트 암레이의 어머니가 방문했고, 환약 얘기를 꺼냈다. 암레이는 약간 당황한 미소를 지으며 간청하는 어조로 말했다.

"엄마…, 마이는 화학자야."

그러나 암레이의 엄마가 환약의 약효를 설명하지 못하게 막기에는 명확성이 너무 떨어지는 표현이었다. 나는 암레이에게 '괜찮다'는 눈짓을 보냈고, 눈을 반짝이며 관심을 보였다.

"기운이 빠질 때마다 조금씩 먹는데, 진짜로 그걸 먹고 나면 기운이 나고 뭐든지 다 해낸다니까!!"

나는 곰곰이 생각하고 감탄하며 고개를 끄덕였다. 반박하고 싶은 마음도 없었고 그럴 이유도 마땅히 없었다. 오히려 매우 기발하다는 생각이 들었고, 암레이의 엄마가 거의 부러울 지경이었다. 나도 에너지를 꺼내 먹을 수 있다면 좋을 것 같다.

이야기 2: 오해

진통이 본격적으로 시작되자, 출산 준비 강좌에서 배운 호흡법도 별 도움이 되지 않았다. 나는 정말로 분만 과정을 매우 낙관했고, 내가 뭐든지 잘 이겨내는 용감한 여자라고 생각해왔다. 그러나 지금 나는 분만대 위로 허리를 숙이고 서서 매트리스를 부여잡고 있다. 온몸이 땀에 젖었고 눈에 눈물이 고였다.

"통증을 없앨 뭔가를 해야겠어요." 조산사가 말했다. 나는 격하게 고개를 끄덕이며 천천히 숨을 뱉으려 애썼다. "동종요법으로 시작할게요."

"안 돼요!"

나는 거의 패닉에 빠져서 크게 소리쳤다. 조산사는 아랑곳하지 않고 차분하면서도 태연하게 말했다.

"아주 부드러운 방법이에요. 나를 믿어요. 산모님은 지금 뭔가 필요해요."

"안 돼요! 나한테는 그런 거 안 통해요!"

나는 숨을 헐떡였다. 조산사는 내 팔을 움켜쥐고 내 눈을 깊이 바라보며 엄마처럼 엄하게 말했다.

"이걸 먹지 않겠다면, 진짜 진통제를 먹을 수밖에 없어요!"

나는 2초간 멍해졌다. 왜 이 말을 협박처럼 하는지 이해할 수 없었기 때문이다. 나는 즉시 소리쳤다.

"네, 제발요!!"

이번에는 조산사가 잠깐 멍해지더니 내게 급히 진통제와 물을 줬다. 우리는 확실히 서로 동문서답을 한 것이다.

이야기 3: 심신상관 암

"튀링겐의 아름다운 전원마을 그라이츠에서는 암 환자들이 대체의학 암 클리닉에서 '생물학적 치료'를 받을 수 있습니다!"

대략 이런 식으로 치료법이 선전됐다. 안야 바이스(Anja Weiß)는 이곳에서 치료를 받은 환자였고, 그녀가 죽은 뒤에 가족이 이 사실을 세상에 알렸다. 안야 바이스는 유방암 진단을 받고 항암 치료를 권고받았지만 의심과 두려움으로 치료를 거부했다. 그 후 대체의학 암 클리닉에서 자신의 유방암이 심신상관 암이라는 얘기를 들었고, 유년기의 트라우마나 어머니와의 나쁜 관계 때문에 암이 생겼다고 확신하게 됐다. 클리닉은 이런 깨달음을 준 대가로 수천 유로를 챙겼다.

안야 바이스는 의학적으로 효과가 있는 치료를 받지 않았고, 2019년에 마흔여섯 살의 나이로 사망했다.[41] 유방암은 기존 방식으로 치료할 경우 5년 생존율이 87퍼센트이고, 10년 생존율이 82퍼센트다.[42]

이야기 4: 10만 유로를 건 내기

의사 다비트 바르덴스(David Bardens)는 경호원과 함께 인터뷰에 왔다. 경호원 없이는 아무도 만나지 않는다. 그는 아동 살해자라는 욕을 먹고 가족들까지 협박을 받는다. 카메라를 설치하는 동안 그가 지인의 딸 얘기를 들려줬다. 아이는 아기 때 홍역을 앓았는데 잘 이겨냈다. 그러나 다섯 살 때, 뭔가 잘못됐음을 부모와 의사들이 알아차렸다. 뇌염이었다. 아이는 열네 살에 죽었다.

아이가 걸린 뇌염은 아급성 경화성 범뇌염(SSPE)이라고 불리는 병인데, 홍역 후유증으로 몇 달 심지어 몇 년 뒤에 드러나고 언제나 치명적으로 진행된다. 게다가 홍역은 면역체계를 영구적으로 약화시킨다. 면역체계는 일종의 기억력으로 병원체를 적발하는데, 홍역이 이 기억력을 해쳐 수많은 감염병에 더 취약해진다. 홍역이 면역체계를 강화할 거라는 상상은 완전히 틀린 것이다.

바르덴스는 바로 이 점을 알리고 있으며, 그것 때문에 예컨대 독일 신의학 추종자들에게 협박을 받는다. 그들은 홍역바이러스가 존재하지 않고, 홍역 예방접종이 제약회사의 음모라고 믿는다. 그들이 가장 잘 아는 적이 바로 바르덴스인데, 그가 그들의 유명한 지도자와 싸웠기 때문이다. 바로 슈테판 랑카(Stefan Lanka)라는 유명한 생물학자이자《백신과 에이즈: 새로운 홀로코스트(Impfen und AIDS: Der neue Holocaust)》같은 책들의 저자다. 몇 년 전에 랑카는 자신의 홈페이지에 '홍역바이러스의 존재를 증명하는 과학 논문 하나를 내게 보내면 10만 유로를 주겠다'라는 글을 올렸다. "내가 보내주지!" 바르덴스가 과학 논문 6개를 랑카에게 보냈다. 그러나 홍역 부정자 랑카는 이 논문들을 증거로 인정하지 않았다.

바르덴스는 전투 의지를 불태우며, 라벤스부르크 지방법원에 소송을 냈다. 그는 10만 유로를 기어코 받아내서 홍역백신에 기부하고자 했다고 내게 설명했다. 여기서 명심할 것은(그리고 특히 강조해야 할 정도로 중요한 사실은), 소송에서 다툴 내용이 홍역바이러스의 존재 여부가 아니라는 점이다. 홍역바이러스의 존재는 법적으로 의문을 제기할 수 없는 팩트다. 재판의 핵심 쟁점은 바르덴스가 6개 논문으로 홍역바이러스의 존재를 완벽하게 증명했고, 그래서 10만 유로를 요구할 자격이 되느냐 하는 것이다. 독립된 과학자 평가단이 결론을 내렸다. 바르덴스는 완벽하게 증명했다!

그러나 이 이야기의 진짜 황당한 부분은 지금부터다. 10만 유로를 내기 싫었던 랑카는 항소했다. 2심은 슈투트가르트 고등법원에서 이뤄졌다. 그곳에서는 다른 판결이 내려졌다. 2심에서 랑카의 손을 들어준 근거는 이랬다. 홍역 부정자는 과학 논문 '하나'를 요구했지만 바르덴스는 6개를 보냈고, 6개의 논문이 합쳐져야 홍역바이러스의 존재가 증명된다. 이런 형식적 구실로 랑카는 6개 논문을 증거로 인정하지 않을 수 있었다. 순전히 법적으로만 보면, 랑카는 10만 유로를 줄 의무가 없다. 그렇게 그는 소송에서 이겼고 10만 유로도 주지 않았다.

이 소송에서 다툰 내용이 홍역바이러스의 존재 여부가 아님을 법원이 명확히 했음에도, 랑카와 그의 추종자들은 '홍역바이러스가 존재하지 않음이 법적으로 확인됐다'라고 깃발에 적었다. 조금만 검색해도 이런 어처구니없는 주장을 쉽게 만날 수 있다.

이야기 5: 저울

2016년 브뤼겐-브라흐트에 있는 대체의학 암센터에서 암 환자 3명이 사망했다. 실험 단계의 효능물질, 즉 실험실에서 좋은 전망을 보여줬지만 아직 의약품으로 승인되지 않은 '브롬피루베이트(Brompyruvate)'를 치료에 이용한 결과였다. 세 환자는 치료를 받기 전에 이 치료를 단행할 민간요법 치료사를 신뢰한다는 동의서에 서명했다. 그러나 세 사람은 모두 죽었다. 충분히 테스트되지 않은 약물의 부작용이 아니라 민간요법 치료사의 충격적으로 중대한 과실이 원인이었다. 그는 이 약물의 용량을 잴 수 있는 정밀한 저울이 없었고, 그래서 직접 손으로 용량을 가늠했다. 그렇게 그는 세 환자에게 치사량을 건넸다.

자료 4.4 _ 민간요법 치료사

민간요법 치료사는 정확히 무엇을 할까? 그들은 '의료 행위'를 한다. 그것이 전부일 것이다. 민간요법 치료사에 관한 법률에 따르면, 의료 행위는 질병이나 통증 또는 신체 상해의 진단이나 치료 및 완화를 위한 모든 전문적 또는 상업적 활동이다. 내가 말하지 않았나, 그것이 전부일 거라고.

민간요법 치료는 '자연치료'와 '심리치료', 크게 두 분야로 나뉜다. 민간요법 치료사는 외부에서 종종 거의 의사나 심리치료사처럼 인식된다. 하지만 의사와 심리치료사는 의료 행위를 위해 승인, 그러니까 국가면허를 받아야 한다. 반면 민간요법 치료사는 국가면허가 필요하지 않다. 특히 심리치료 분야의 경우, 심리학을 전공하고 치료사 교육을 받아 정식으로 승인받은 심리치료사와 전문교육을 전혀 받지 않은 민간요법 치료사의 차이를 일반인이 식별하기는 매우 어렵다. 예를 들어 병원 간판에 다음과 같이 적혀 있다고 해보자.

마이 티 응우옌 킴
민간요법 치료사 및 심리치료사

이런 간판은 불법이다! 심리치료사 국가면허가 없으면, 그렇게 불려선 안 된다. 그러나 다음과 같이 적혀 있으면 어떨까?

마이 티 응우옌 킴
심리치료 분야 민간요법 치료사

이런 간판은 괜찮다![43] 심리치료사라고 주장하지 않았으니까. 모든 것이 아주 투명하고 명료하지 않은가?

많은 사람이 간과하는 사실이 하나 있다. 민간요법 치료사는 의료 전문교육이 전제조건으로 규정되지 않은 유일한 직업이다. 민간요법 치료사로 활동하려면 보건 당국 담당 부서에서 개최하는 민간요법 치료사 자격시험만 통과하면 된다. 시험은 객관식 문제 60개(45문제만 맞히면 된다)와 구두시험으로 구성된다. 시험 난이도는 어떨까? 민간요법 치료사는 "매우 높다!"라고 주장하고, 의사들은 이 주장에 콧방귀를 뀐다. 객관식 문제 60개와 구두시험으로는 전문지식을 충분히 평가할 수 없음이 분명하지만, 그렇다고 그게 곧 난도가 낮다는 뜻은 아니다. 더 흥미로운 사실이 있다. 이 시험을 치를 자격을 '얻으려면' 무엇을 해야 할까? 긴장감을 돋우는 드럼 소리를 부탁한다. 두구두구두구두구두구. 정답은 바로…, 실업계 고등학교 졸업장을 제출하는 것이다![44]

하지만! 하지만! 민간요법 치료사는 항변하고 싶을 것이다. 그들은 대부분 시험을 치르기 전에 평균 3년 정도 교육을 받는다.[45] 민간요법 치료사 학교가 몇 군데 있다. 교육 커리큘럼에 관해 물으면, 대부분이 이런 학교를 거론하며 그곳에서 미래의 민간요법 치료사들이 매우 성실하게 교육을 받는다고 대답한다. 그러나 실제로 교육 커리큘럼에 대한 명확한 기준이 없고, 전문교육을 보장하는 커리큘럼도 없다. 교육과 직업 자체를 위한 지침만 있을 뿐이다. 그나마 이 지침이라도 잘 지켜질까? 글쎄, 환자들로선 그냥 잘 지켜지리라고 믿는 수밖에 없다. 그리고 지침을 위반하더라도 별일 없다. 지침을 위반한 민간요법 치료사는 예를 들어 민간요법 치료사 협회에서 퇴출될 수 있는데, 그래도 상관없다. 민간요법 치료사로 계속 활동할 수 있으니까. 반면 의사들은 지침을 위반하면 국가면허가 취소돼 의료 활동을 하지 못한다.
그러나 (많은 사람이 모르고 있는) 가장 큰 문제는, 민간요법 치료사 시험이 단지 안전성 테스트일 뿐 그 이상이 아니라는 데 있다. 엄밀히 말해 시험이 아니라 그냥 '점검'이라고 해야 맞는데, 진짜 시험과 달리 전문 자격을 평가하지 않기 때문이다. 민간요법 치료사 시험은 민간요법 치료사가 국민 건강에 해를 끼치는지 아닌지만 점검한다.[46] 자, 이 문장을 다시 한번 차분히 읽어보라. 이런 이런! 부디 내 말을 잘못 이해하지 마시라. 민간요법 치료사의 의료 행위가 국민 건강에 해를 끼치지 말아야 한다는 것은 매우 중요하다. 하지만 민간요법 치료사를 찾는 사람은 해를 끼치지 않는 것보다 더 많은 걸 기대하고, '질병이나 통증 또는 신체 상해의 진단이나 치료 및 완화'를 바란다. 다시 한번 팩트를 말하자면, 민간요법 치료사는 그것을 위한 교육을 받지 않았다.
물론 전문교육을 받았고 추가로 민간요법 치료사 자격을 취득한 사람도 있다(예를 들어 병원 간판에 '심리치료사'라고 써놓은 사람들). 그러나 환자들이 이런 차이를 식별하기는 매우 어렵다. 민간요법 치료사는 인간의 건강을 다루고 그래서 큰 책임이 있는데도, 왜 그들에게 요구하는 조건은 그렇게 낮을까? 민간요법 치료사가 받는 교육(전문교육이 아니라 그냥 안전성을 점검하는 시험만 쳤다)과 민간요법 치료사가 할 수 있는 의료 행위(질병이나 통증 또는 신체 상해의 진단이나 치료 및 완화) 사이에는 거대한 법적 불일치가 있다. 의료계의 다른 직업에서는 존재하지 않는 불일치다.

보완하지만 대체하진 않는다

앞에서 읽은 다섯 가지 이야기의 공통된 핵심은 '자유'인 것 같다. 자기 몸에 무엇이 최선인지를 스스로 결정하는 자유 그리고 치료법을 선택하는 자유. 그것은 사소한 일에서 시작된다. 암레이의 어머니는 에너지를 얻어 모든 일을 잘 끝내기 위해 환약을 먹을 수 있고, 나는 커피를 마실 수 있다. 어떤 산모는 분만실에서 동종요법 약을 먹거나 진통제를 완전히 거부할 수 있고, 나는 부스코판을 복용하거나 경막외 주사를 맞을 수 있다. 암처럼 중병일 경우라도 반드시 항암 치료를 받아야 하는 건 아니다. 당연히 그 반대를 결정할 수도 있다(말기 환자라면 심지어 이런 결정을 권유받기도 한다). 우리는 이런 자유를 가져야 한다. 내가 동의하지 않은 일이 내 몸에 생겨선 안 된다.

그러나 동의만으로는 아직 부족하다. 임상연구에 적용되는 윤리지침이 모든 의료 형식에 적용되어야 마땅하다. 모든 의료 행위는 환자에게 충분한 정보를 제공하고 동의를 받은 뒤에 이뤄져야 한다. 효과가 있다는 두 가지 치료 중에서, 예를 들어 항암 치료와 환약 중에서 하나를 선택해야 하는데 만약 둘 중 하나는 실제로 효과가 전혀 없다면, 나는 선택의 자유를 가진 것이 아니라 그냥 사기를 당한 것이다. 정밀한 저울이 없었던 민간요법 치료사의 황당한 과실을 떠올려보자. 나는 묻고 싶다. 승인받지 않은 브롬피루베이트에 대한 정보가 사망한 3명의 암 환자에게 얼마나 잘 제공됐을까? 그들은 적어도 치료사가 약물의 용량 정도는 정확히 측정할 줄 안다고 믿었을 것이다. 자신이 치료사의 전문 능력에 대해 '안다고' 믿었을 것이다.

이 지점에서는 제약산업이 대체의학보다 전반적으로 더 나은 것처럼 보인다. 무엇보다 정밀 확대경 역할을 하는 의약품법 덕분이다. 엄격한 법과 의약품의 국가적 통제가 환자들에게 안전을 제공한다. 반면, 그사이 의약품법에도 안착한 '특별한 치료법'에 대한 기이한 법적 특별대우 때문에 대체의학에서는 광기에 가까운 헛소리가 점점 많아졌다. 이렇게 말하면, 수많은 항의가 쏟아진다. 이른바 민간요법 치료사들이 부당하게 공격받는다고 여기고, 몇몇 동료(소수의 검은 양)의 부족함 때문에 싸잡아 비난받는다고 느끼기 때문이다. 진짜 중요한 일은 능력 있고 책임 의식 있는 사람들과 검은 양을 식별할 수 있도록 법적 기준을 마련하고 통제하는 것이다. 빈틈이 있는 곳에는 그 빈틈을 이기적으로 이용하려 드는 사기꾼이 있기 마련이니까.

사악한 제약회사가 오로지 돈만 본다고 비난하면서 똑같이 사악하게 질병 · 책 · 세미나 · 대체의학으로 돈을 버는, 사기꾼(자칭 건강 전문가)들의 대담함에 나는 깜짝깜짝 놀란다. 그들이 제약회사와 다른 점은 훨씬 더 느슨한 통제를 받는다는 것이다. 법망을 교묘히 빠져나갈 줄 알고, 박사 학위나 교수 직함을 이용하여 특히 좌절 속에 도움을 찾는 취약한 사람들을 치유 약속으로 꾀어내고, 10만 유로를 걸고 선전하는 법을 아주 정확히 아는 자연과학자 또는 의학자들이 가장 사악하다. 그들은 기꺼이 의사 가운을 입고 무대에 오르거나 인터넷 플랫폼을 이용해 얼굴 하나 붉히지 않고 제약회사의 비양심과 냉혹함을 비판한다. 그러나 사실은 그들이 비양심적인 사람이자 냉혈인간이다. 과학적으로 입증되지 않은 치료법을 보완 치료로 제공하기 때문이 아니라 진짜 효능이 있는 치료를 받지 못하게 적극적으로 막고, 그래서 겪게 될 피해를 냉정하게 모른 척하기 때문이다. 나는 의약품과 치료법에 관한 한 '대체'라는 단어를 싫어한다. 그래서 대체의학 앞에는 상황에 따라 '이른바'를 붙인다. 내가 이해하기로 의학에 대체란 없다. '대체의학'을 동행하는 보완제가 아니라 '대체제'로 이해하는 한 사람들이 피해를 볼 것이다. (정보를 잘못 제공받아) 효과가 없는 치료를 선택할 수 있기 때문이다.

이 장에서 봤듯이, 비록 약리학적 효과는 없지만 과소평가할 수 없는 다양한 플라세보 효과를 가진 대안적 치료법이 정통의학을 보완하고 개선할 수 있다. 어차피 치료에는 항상 주관적 편안함이 중요하고, 그래서 비약리학적 개입에 대한 주관적 인식이 절대적으로 효과를 낸다. 대체의학을 치료의 질을 높이는 '동행하는 보완제'로 이해하는 '치유사' 또는 민간요법 치료사가 있는데, 그들과 의사들의 협업이 많지 않은 것은 애석한 일이다. 환자와 보내는 시간만 보더라도, 의사들은 민간요법 치료사만큼 시간을 낼 수 없으니 말이다. 그리고 치료가 종종 강한 부작용을 동반할 수 있는 특히 위중한 질병의 경우, 어떻게든 부작용을 견딜 수 있게 돕거나 완화하는 모든 방법이 치료 성공에 아주 결정적일 수 있다. 하지만 '대체의학'이 과도하게 개입하여 자가치유를 주장한다면 더 큰 비극을 맞이하게 된다.

잘못된 계량으로 세 암 환자가 비극적 죽음을 맞은 이후, 독일 민간요법 치료사 협회는 다음과 같이 명확히 선언했다.

> 우리 민간요법 치료사는 언제나 우리의 노력을 보완으로 이해해야 하고, 암 치료 또는 '대체 암 치료'로 이해하거나 환자에게 그렇게 전달해서는 절대 안 된다.[47]

모두가 적어도 한 가지에는 동의할 것이다. 의약품법 개혁이 필요하다는 것!

예방접종은 얼마나 안전한가?

불투명한 위험을 감수한다는 것

당신의 예방접종 수첩은 어디에 있는가?

아기들, 특히 아직 말을 못 하는 갓난아기를 보면 종종 사람이라기보다는 조그마한 동물처럼 느껴진다. 아기는 새끼 동물처럼 순수하고 연약하다.

아이가 첫 예방접종을 받을 때, 남편과 내가 힘껏 아기를 안았음에도 주사를 거부하는 어린 동물의 분노를 제어하기가 쉽지 않았다. 차로 돌아와서까지 계속되는 울음소리와 화난 작은 얼굴을 향해 미안한 마음에 미소를 지었다. 집에 도착했을 때 아기는 완전히 지쳐서 잠들었다. 밤이 되자 아기는 열이 났고, 더 가련하고 연약한 작은 동물이 되어 기운 없이 누워 있었다. 몸이 아주 뜨거웠다. 우리는 아기에게 파라세타몰 좌약을 넣고, 아기의 작은 손을 꼭 쥐었다. "괜찮아, 너의 면역체계가 제대로 반응하는 거야. 아가야, 아주 잘하고 있어." 우리는 아기에게 속삭였다(그렇다, 나의 남편도 화학자다). 나는 아기의 몸에서 T세포와 B세포가 열심히 돌아다니며 수많은 나쁜 병원체의 맹공격에 대비하는 모습을 상상했고, 기분이 좋아졌다.

그러나 예방접종 후의 열과 피로감이 면역체계의 정상 반응임을 모른다면, 어떻게 될까? 백신이 어떻게 검사되고 승인되는지 모른다면? 예방접종의 안전성을 100퍼센트 확신하지 못한 상태에서 그렇게 열이 나고 기운 없이 축 처진 아기를 봤다면, 나는 과연 어떤 반응을 보였을까?

기억하라! 영광스러운 예방은 없다

의학 연구의 최대 발명은 종종 자연을 잘 모방한 것에 불과하다. 예방접종의 경우, 인간은 병원체를 모방하여 백신을 만든다. 나머지는 우리 몸이 혼자 알아서 처리한다. 계획대로 잘 진행되면, 면역체계가 병원체를 성공적으로 퇴치한다. 그러나 정말로 중요한 것은 면역체계의 기억력이다. 승리한 전투 이후에 기억세포와 항체가 몸에 생겨나 다음에 있을 새로운 공격에 대비한다. 나중에 똑같은 병원체가 다시 침입하면, 신속하게 반격이 시작되고 침입자는 초반에 제압된다. 몸이 면역력을 갖춘 것이다.

예방접종이 이 원리를 이용한다. 죽은 병원체 또는 병원체의 일부를 백신 형태로 몸에 주입한다. 백신은 진짜 질병을 일으킬 능력이 없다. 그러나 면역체계를 훈련하기엔(면역반응) 충분하다. 질병을 실제 앓지 않고도 면역체계의 기억력 덕분에 진짜 병원체의 공격에 면역이 된다. 예방접종은 이처럼 기본 원리가 기발할 뿐 아니라 인류 역사의 최고 게임체인저가 됐다.

예방접종이 없다면 우리 삶은 정말로 죽을 맛일 것이다. 이런 거친 단어를 써서 미안하긴 한데, 사실에 가깝게 표현하려면 어쩔 수가 없다. 예방접종이 없었더라면 우리는 천연두, 디프테리아, 파상풍, 황열병, 백일해, B형 헤모필루스인플루엔자, 소아마비, 홍역, 볼거리, 풍진, 장티푸스, 광견병, 로타바이러스, B형 간염을 통제할 수 없었을 것이다.[1] 우리는 다양한 전염병을 겪으며 생존을 위해 싸워왔다. 그때마다 대략 2020년 같았으리라. 다만 80세 이상 노인들을 걱정하는 일은 지금보다 적었을 터인데, 당시에는 그렇게까지 오래 사는 사람이 드물었다. 깨끗한 물을 제외하면 어떤 의학 발전도, 항생제조차도 예방접종보다 더 많은 생명을 구하고 더 긴 수명을 선사하지 못했다.[2]

수도꼭지에서 깨끗한 물이 나오는 것이 당연해진 것처럼, 정기적으로 반복되는 전염병이 없는 것 역시 아주 당연해져서 우리는 예방접종의 가치를 과소평가하곤 한다. 이것이 바로 고전적 예방 역설이다.

뭔가 끔찍한 일이 생긴다. → 끔찍한 일이 성공적으로 저지되고 충격이 사라진다. → 그렇게 끔찍한 일이 아닌데 쓸데없이 패닉에 빠졌다고 생각한다!

이런 인식 오류를 없애려면, 힘들게 과거를 지적하며 예방접종의 가치를 살려야 한다. 기억하라! 천연두는 20세기에만 총 3~4억 명을 죽음에 이르게 했다![3] 홍역 역시 전 세계적으로 매년 200~300만 명의 목숨을 앗아갔다![4] 1952년에는 독일에서만 약 1만 명의 어린이가 소아마비를 앓았고, 얼마 전까지만 해도 매년 수천 명이 그랬다![5]

2020년 이후로 우리는 예방접종의 고마움을 느끼기 위해 굳이 과거를 회상할 필요가 없어졌다. 2020년 봄에 1년 안에 코로나 백신을 기대하기 어렵다는 얘길 들었을 때, 우리는 다 같이 두려움을 삼켜야 했다. 백신은 예상보다 일찍 개발됐는데(이 원고를 쓰고 있는 동안, 독일에서 첫 번째 예방접종이 막 시작됐다), 어쩌면 밀접 접촉과 밀폐된 공간에 모여 노래 부르는 것이 목숨을 위협할 수 있어 당분간 신나는 파티를 포기한 덕인지도 모른다. 이 책이 출판될 때쯤이면 아마 전 세계적으로 수백만 명이 예방접종을 마치게 될 것이다.

자료 5.1 _ 집단면역

예방접종은 위험하고 치명적인 감염병으로부터 자신을 보호할 뿐 아니라, 건강상의 이유로 예방접종을 받을 수 없거나 만성질환자 또는 아기처럼 항체를 넉넉히 형성할 수 없는 다른 사람들도 보호한다. 이런 사람들이 감염되면 특히 위험한데, 면역체계가 약하고 그래서 위중증으로 발전할 위험이 높기 때문이다. 그러나 충분히 많은 사람이 면역되면 병원체는 공격할 희생자를 넉넉히 찾지 못하고, 그래서 연쇄 감염이 사라지고 심지어 발병조차 하지 않는다. 이런 상태를 이른바 집단면역이라고 부른다.[6] 면역된 사람은 예방접종을 받을 수 없거나 받기를 거부한 사람들, 예방접종을 했음에도 항체를 넉넉히 형성할 수 없는 사람들을 일종의 방어벽처럼 보호한다.

그뿐만이 아니다. 집단면역은 장기적으로 연쇄 감염의 사슬을 끊고 심지어 질병을 근절한다(퇴치). 예를 들어 천연두는 1960년대에 전 세계적으로 200만 명 이상이 걸렸고,[7] 그중 약 3분의 1일이 사망한 뒤 집단면역에 성공했다. 강력한 예방접종 정책을 통해 전 세계적으로 천연두가 근절될 수 있었다. 세계 여러 지역(미국, 서태평양 지역, 유럽)이[8] 소아마비와도 작별할 수 있었다. 현재 유럽의 근절 대상은 풍진과 홍역이다.[9] 집단면역에 필요한 면역된 사람의 수는 병원체의 전염성 강도에 따라 달라진다. 특히 전염성이 높은 홍역은 집단면역에 최소한 95퍼센트가 필요하다. 홍역이 계속해서 유행한다는 것은 홍역에 면역된 사람의 수가 아직 95퍼센트가 안 된다는 뜻이다. 예를 들어 2014~2015년 베를린에서 1,200명 이상이 홍역에 걸렸고, 그중 절반이 성인이었다.[10] 비록 지금은 홍역 감염자가 적더라도 집단면역에 성공하지 못하는 한 계속해서 더 큰 유행이 올 수 있다.

홍역은 예방접종에서 특별한 사례다. 이 질병은 여전히 가벼운 '소아 질환'으로 취급되는데, 완전히 잘못된 평판이다. 홍역은 소아뿐 아니라 성인들의 면역체계도 약화시켜 다른 모든 감염병에 더 취약하게 한다.[11] 또한 1,000건 중 1건꼴로 뇌염을 일으킬 수 있고, 드물게 아급성 경화성 범뇌염(SSPE)을 유발하는데 이 뇌염은 언제나 치명적이다.[12] 전염성이 매우 높고 독일이 아직 넘지 못한 집단면역의 벽 또한 아주 높아서 홍역은 특별히 주의를 기울여야 하는 골칫거리다.

1959년 전 세계의 천연두 예방접종 의무를 제외하면, 2020년 3월 홍역 예방법에 따라 (준)예방접종 의무가 처음으로 시행됐다. STIKO(로버트코흐연구소의 상임예방접종위원회)가 권고하는 홍역 예방접종은 어린이집이나 학교에 가려는 모든 어린이의 필수 전제조건이다. 어린이집과 학교에서 일하는 1970년생 이후 직원들도 예방접종 증서를 제출해야 한다. 이를 지키지 않는 사람에게는 최대 2,500유로의 벌금을 부과할 수 있다. 홍역 예방접종은 홍역 근절로 가는 수단일 뿐 아니라 의학적 이유로 항체를 형성할 수 없는 어린이, 학생, 교사, 보육교사를 보호하는 조치이기도 하다. 운이 나쁘면 그들에게는 어린이집과 학교생활이 생명을 위협하는 일일 수도 있다.

그럼에도 예방접종 의무는 논란의 여지가 있는 주제다. 독일 윤리위원회는 예방접종 의무를 비판적으로 보고, 예방접종에 찬성하는 대다수 사람도 의무화에는 반대한다. 홍역 예방접종 의무의 불투명성도 비판을 받는다.[13] 사실은 홍역이 아니라 홍역-볼거리-풍진 예방접종 의무로, 독일에서는 홍역 백신 하나가 아니라 홍역-볼거리-풍진에 대한 MMR 삼중백신이 접종되기 때문이다. 명심하라. 삼중백신에서는 아무것도 버릴 것이 없다. 다만 더 투명한 설명이 있으면 좋겠다. 각각의 백신은 오로지 처방전에 따라 스위스에서 수입될 수 있는데, 2020년 8월에 공급 병목현상이 발생했다.[14]

예방접종 거부자는 그냥 내버려 둬라!

2019년 가을에 다비트 바르덴스를 만났을 때(4장 참조), 나는 이 젊은 의사가 경호원 없이는 인터뷰든 강의든 아무것도 할 수 없다는 얘기가 이해되지 않았다. 그런데 1년 뒤에 강의 일정이 잡혔을 때 나 역시 안전이 보장되지 않는 한 강의를 안 하는 것이 좋겠다고 생각하게 됐다. 그 강의는 결국 코로나 때문에 취소할 수밖에 없었지만, 강의 계약서에는 이미 신변 보호 조항이 명시되어 있었다. 내가 이른바 백신 마피아와 한통속이라는 소문을 백신 반대자들이 사실로 믿는다면, 그들은 분명 나도 증오했을 것이기 때문이다. 나는 종종 헛웃음을 터뜨리게 되는데, 예를 들어 인터넷에 돌아다니는 다음과 같은 도표를 발견했을 때다. 도표에서 나는 거대한 음모 네트워크의 일원이다.

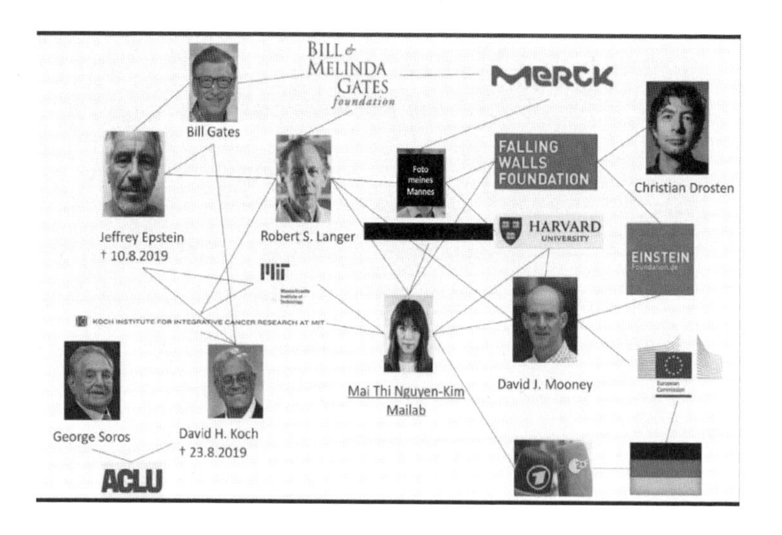

이 도표에 따르면, 나는 빌 게이츠 같은 어둠의 현혹자나 제약회사와 가깝게 지내면서 예방접종에 현혹됐단다. 이것은 아마 나에 대한 가장 애교스러운 음모일 것이다. 코로나 이전에는 예방접종 거부자들이 대개 나를 멍청하고 세뇌당한 유튜버쯤으로 취급했는데, 지금은 더 영향력이 많은 세뇌자로 본다. 음모론에서 나의 서열이 확실히 높아졌다. 이런 도표를 누가 만들었는지 모르지만, 아무튼 그 사람이 모든 것을 지어내진 않았다. 여기에 정확히 밝히지는 않겠지만, 나와 연결된 사람들 대부분이 실제와 일치한다. 나는 실제로 '하버드'에서 데이비드 무니(David Mooney) 그리고 'MIT'에서 로버트 랭어(Robert Langer)와 함께 연구했다. 로버트 랭어가 아직 나를 기억할지 확실친 않지만, 아무튼 나는 그를 아주 친한 사람처럼 '밥(Bob)'이라고 불렀다. 랭어 실험실, 그러니까 밥을 중심으로 하는 연구팀은 실제로 데이비드 H. 코흐(David H. Koch)의 상당한 자금으로 지어졌다고 알려진 'MIT 코흐통합암연구소' 소속이다. 그것을 제외하면 다른 두 억만장자 자선가, 즉 소로스와 게이츠는 나와 아무런 관련이 없다. 다만 빌 게이츠를 거의(!) 만날 뻔한 적은 있다. 내가 랭어 실험실을 떠난 지 몇 주 뒤에 빌 게이츠가 밥을 방문한 것이다(그러니까 도표에는 사실 둘 사이의 선 하나가 빠져 있다). 나는 그 소식을 실험실 옛 동료의 페이스북으로 접했다.

이제 진짜 황당한 얘기가 나온다. 나와 남편 사이에 가장 중요한 연결이 있다. 앞서 밝힌 것처럼, 남편도 화학자여서 여느 화학자처럼 일한다. 그러니까 화학 및 제약회사 연구실에서 새로운 약물을 찾는다. 그런데 내가 올린 유튜브 동영상이나 SNS의 댓글 창에서는 종종 '연구 책임자' 또는 더 나아가 제약회사 소유자로 승격되기도 한다. 즉, 남편과 내가 그냥 신나게 백신 머니만 챙기려 한다는 것이다. 그러려고 2020년 4월에 벌써 코로나 팬데믹을 끝내는 방법이 백신접종이라고 선전했다면서 말이다. 가능한 한 많은 사람이 예방접종을 하게 하려는 탐욕스러운 사심으로!

배우자가 제약회사 직원이 아닌데도 백신에 찬성하는 모든 과학자와 의사들은 도대체 어떤 사심을 가졌을까? 이것 말고도 따져 묻고 싶은 게 수없이 많다. 일단 이 얘기는 접어두자. 제약회사 음모론은 4장에서 이미 다뤘으니까. 다만 오해를 막기 위해 한마디만 하자면, 남편이 정말로 구원의 코로나 백신 연구에 참여했더라면 나는 분명 굉장히 자랑스러워했으리라는 것이다. 그러나 애석하게도 남편은 코로나 백신 개발과 전혀 무관한 회사에서 일한다. 더 정확히 말하면, 남편은 2020년에 육아휴직을 내서 회사에 거의 나가지 않았다.

이런 얘기를 왜 하냐고? 많은 사람이 틀림없이 나와 비슷한 일을 겪을 것이기 때문이다. 놀라우리만치 많은 사람이 과학적이고 합리적인 얘기는 들으려 하지 않고 단체톡방에 올라온 상상력 넘치는 가짜 뉴스에 심취하는 것 같다. 2020년에는 특히 심했다. 역사적으로 볼 때 위기 때마다 음모론과 거짓말이 전성기를 누렸기 때문만이 아니라,[15] 언론매체가 자칭 '남다른 시선을 가진 사람'과 '음모론 전파자'를 유난히 사랑하기 때문이기도 하다. 그들에 대한 분노 기사를 쓰고, 중요하되 다소 지루한 정보보다는 공유가 훨씬 잘되는 강렬한 내용을 보도한다. 사람들은 팬데믹으로 지칠 대로 지친 의료진의 힘겨운 노동 조건 대신, '남다른 시선을 가진 사람'들의 시위 현장에서 전단을 배포하는 카셀 출신의 야나(Jana) 같은 사람을 마치 소피 숄(Sophie Scholl, 나치에 저항한 지하 조직 백장미단 활동가-옮긴이)인 양 여기며 훨씬 열성적으로 몰두한다.

코로나 이전에도 예방접종 거부자와 제약 음모론에 맞서는 영원한 전투가 벌어졌고, 백신의 안전성과 필요성을 알리는 계몽 작업이 있었다. 당시 홍역-볼거리-풍진 백신이 자폐증을 유발한다고 발표한 연구가 사실은 조작된 것이고 그래서 철회됐다는 사실, 연구를 조작한 장본인이자 지금도 여전히 자폐증 공포를 퍼트리는 앤드루 웨이크필드(Andrew Wakefield)의 의사면허가 취소됐다는 사실을 100번이라도 계속 설명해야 할 것만 같다.[16]

그러나 백신 반대자에 초점을 맞추는 것은 실수라고 생각한다. 그들에게 관심을 주면 안 된다. 백신 반대자는 그냥 내버려 두자! 농담이 아니다. 그냥 내버려 두자. 백신 반대자 없이도 홍역을 근절하는 데 필요한 95퍼센트 집단면역(자료 5.1 참조)에 성공할 수 있기 때문이다. 연방보건센터(BZgA)의 설문조사에 따르면, 2018년에 예방접종을 명확히 거부한 독일인은 2퍼센트에 불과했다.[17] '사회적 바람직성 편향'(2장 참조)을 고려하여 이 수치를 2배로 올리더라도 여전히 아무 문제 없다.

예방접종 비율이 충분히 높지 않은 데는 여러 가지 이유가 있는데, 대부분이 정말로 사소한 이유다. 1970년 이후에 출생한 사람들은 답해보라. 홍역 예방접종을 받았는가? 그렇다면 지금까지 주사를 두 번 맞았는가, 아니면 한 번만 맞았는가? 바로 답할 수 있는가, 아니면 예방접종 수첩을 확인해봐야 하는가? 예방접종 수첩이 아직 있긴 한가? 1970년 이후에 태어난 사람은 가슴에 손을 얹고 홍역 예방접종 상태를 점검해보라. 아직 홍역을 앓지 않았거나 지금까지 한 번만 접종했다면, 홍역-볼거리-풍진 백신을(앞서 언급했듯이 이것은 삼중 MMR 형식으로만 있다. 자료 5.1 참조) 반드시 추가 접종해야 한다. 비용은 당연히 보험 처리가 된다. 홍역-볼거리-풍진 백신은 두 번을 접종해야 비로소 항체 형성이 완성된다. 1970년 이전에 출생한 사람들은 언젠가 홍역을 앓았고 그래서 면역이 됐다고 봐도 된다. 이렇듯, 백신이 없으면 모두가 언젠가 한 번은 앓는다고 확신할 정도로 홍역의 전염성은 아주 높다. 그러나 BZgA 설문조사에 따르면, 1970년 이후 출생자의 72퍼센트가 이 사실을 전혀 몰랐다. 그럼에도 응답자의 약 60퍼센트가 백신에 대해 충분히 알고 있다고 느꼈다.

과학 커뮤니케이터로서 나는 이 사실에 놀랐고 눈이 번쩍 떠졌다. 나는 그동안 홍역 유행이, 내 동영상 댓글 창에 수도 없이 등장하는 고집스러운 백신 반대자 때문이라고 생각해왔다. 그러나 종종 그렇듯이, 인터넷에서 목소리가 크다고 해서 그들이 대표자는 아니다. 언론매체가 극소수만 믿을 법한 극단적 아이디어를 폭로하는 데 너무 집중하면 결국 훨씬 더 큰 대다수, 즉 정당하고 진지하게 숙고하고 의심하는 사람들 또는 그냥 상세한 정보를 알고자 하는 사람들을 소홀히 하게 된다. 최신 코로나 백신의 경우도 소규모 백신 반대자 커뮤니티를 훨씬 뛰어넘어 많은 사람이 걱정하고 의심한다. 기존의 대다수 백신은 수십 년의 성공 스토리를 가졌고, 해당 질병을 통제하거나 심지어 근절하여 효과를 증명했을 뿐 아니라 수년 또는 수십 년에 걸쳐 안전성을 입증했다. 그러나 코로나 백신은 완전히 새로울 뿐 아니라 놀랍도록 신속하게, 마치 마법처럼 등장했다. 한편으로 우리는 과학의 성과에 고마워하며 환호하지만, 다른 한편으론 의구심이 들기도 한다. 어떻게 이 모든 일이 전 세계에서 이렇게 빨리 진행됐을까? 정말로 안전할까? 새로운 백신이 예상치 못한 부작용을 일으킨 사례도 분명 있지 않을까?

자료 5.2 _ 코로나 백신은 어떻게 그렇게 빨리 나왔을까?

다음의 도표들은 백신 개발의 타임 테이블을 보여준다(그림 5.1). 일반 백신과 비교할 때 이번 코로나 백신은 연구 시작에서 공급까지의 시간이 얼마나 짧았는지를 확인할 수 있다. 안전성 점검 단계나 구간을 생략한 것이 아니라, 매우 효율적으로 진행한 결과다. 그렇게 할 수 있었던 이유는 다음과 같다.

1. SARS-CoV-2 병원체는 이름에서 알 수 있듯이, 2002년부터 2003년까지 특히 아시아 지역에 퍼졌던 사스(SARS)와 메르스(MERS) 바이러스를 닮았다. 유전자 친화성이 각각 약 79퍼센트와 50퍼센트다. 백신 개발자들은 사스와 메르스 연구를 참고할 수 있었으므로,[18] 코로나 백신 개발을 위해 맨 처음부터 새로 시작하지 않아도 됐다.
2. 개발자를 위한 재정지원이 이렇게 막대했던 적이 없었다. 독일연방 정부는 제약회사에 수백만 유로를 약속했다.[19] 미국에서는 비슷한 계획에 180억 달러가 쉽게 마련됐다.[20] 넉넉한 재정지원 덕분에 제약회사는 진

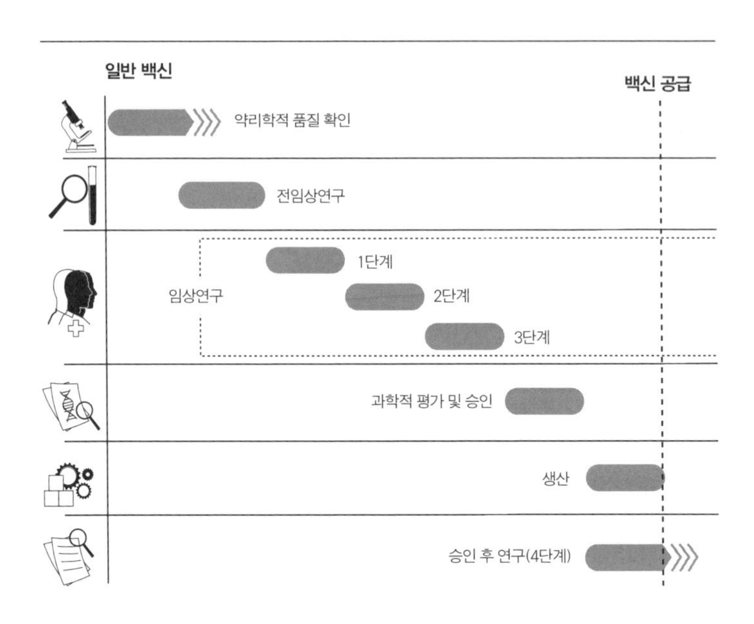

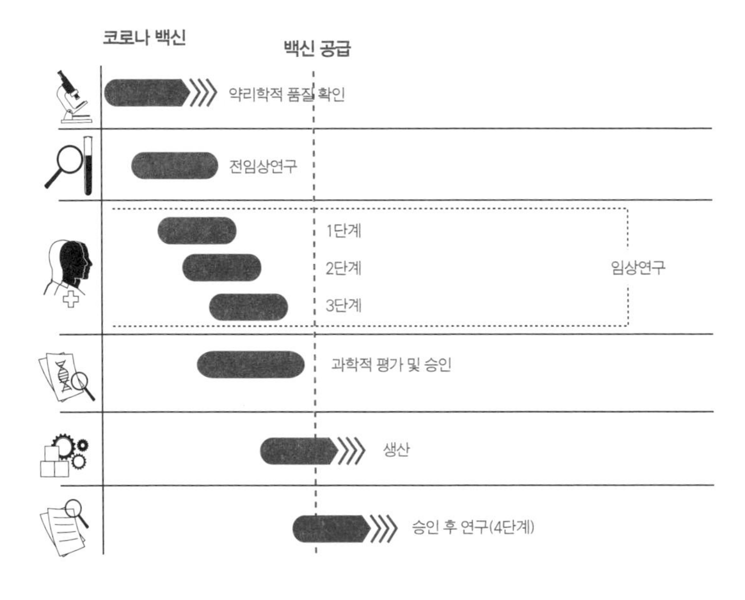

그림 5.1 일반 백신(위)과 코로나19 백신(아래)의 개발 과정 및 기간 비교

행 속도를 높이고 전문가를 더 많이 채용하고 더 높은 위험을 감수했다 (예를 들어 승인 직전의 백신을 대량으로 생산했다).

3. EC는 안전성이 입증되는 즉시 수천만 명에게 접종할 분량의 백신을 구매할 것을 미리 의무화했다.[21]
4. 개발자와 관계 당국은 임상연구 단계에서 코로나 백신을 모든 프로젝트보다 우선순위에 두었다. 그래서 이른바 롤링 리뷰(Rolling Review)가 진행될 수 있었다.[22] 롤링 리뷰는 모든 데이터를 수집하여 최종 보고서를 제출하는 것이 아니라, 새로 발견한 데이터가 있을 때마다 제출하고 당국은 그 즉시 점검하는 효율적 절차다. 에볼라 백신 개발 때도 이와 비슷하게 진행됐다.
5. 코로나 팬데믹은 임상연구 기간에 이미 맹위를 떨치고 있었다. 좋은 일은 아니지만, 백신 개발에는 좋은 상황이었다. 전염병 또는 감염병의 대유행이 없으면 백신의 효과를 대규모로 연구하기 어렵거나 심지어 불가능한데, 예방접종이 병을 막아주는지 확인하려면 자연감염이 충분히 있어야 하기 때문이다.[23] 그래서 코로나 백신은 임상연구 3단계가 일반 백신보다 훨씬 더 일찍 마무리될 수 있었다.

결론: 코로나 백신은 개발과 임상연구 및 승인 절차가 기록적으로 일찍 마무리됐지만, 안전성이 일반 백신보다 덜 꼼꼼하게 점검된 게 아니라 오히려 시험 대상이 많았고 감염률이 높았던 덕에 더 믿을 만하다.

돼지독감과 기면증

다음 팬데믹은 어떤 바이러스 때문에 생길까? 만약 2020년 이전에 이런 내기를 했다면, 나는 분명 인플루엔자에 걸었을 것이다. 그러나 내 생애에 다음 팬데믹은 없었으면 좋겠다. 코로나19와 독감을 아무렇지 않게 비교하는 것은 부적절하다고 생각한다. 코로나 팬데믹 기간에도 계속 등장했던 독감바이러스는 비록 코로나바이러스보다 더 심각하진 않지만 진짜 고약한 놈이기 때문이다. 변이 능력이 놀랍도록 뛰어나서 독감 백신을 매년 새롭게 생산해야 하는 것만 보더라도 그렇다(내가 이 원고를 쓰는 동안 전염성이 아주 높은 SARS-CoV-2 변종에 관한 불길한 뉴스가 퍼졌다. 영국에서 처음 발견됐고, 벌써 독일에도 도착했다).

1년 내내 독감 백신에만 몰두하는 백신 개발자가 있다. 현재 어떤 독감바이러스가 퍼졌는지 알아내기 위해 모든 국가에서 환자 샘플을 수집한다. WHO는 데이터를 분석하여 독감 시즌마다 새 백신의 특성을 결정한다. 그러나 백신이 생산되기까지 시간이 걸리므로, 독감바이러스는 언제나 약 반년 정도 우리보다 앞선다. 그리고 이 짧은 시간 동안 바이러스가 또다시 변이하기 때문에 독감 예방접종은 다른 예방접종만큼 정확히 효과를 내지 못하거나 해마다 효과가 다르다. 게다가 우리는 해당 시기 독감 유행에 책임이 있는 수많은 독감바이러스 중에서 단 네 그룹만 다룬다.[24] 인플루엔자 가족은 코로나 가족과 비슷하게 거대하다. 우리 인간은 그들에게 감염되는 수많은 숙주 중 하나일 뿐이다.

한 동물종 내에서 활발히 변이한 인플루엔자바이러스가 아주 강력해져서 느닷없이 인간에게도 전염되는 일이 계속 발생한다. 코로나 역시 아마도 박쥐에서 시작됐을 것이다. 안타깝게도 우리의 면역체계가 그런 예기치 못한 침입에 대비가 안 되어 있어 곤욕을 치르는 것이다.

이런 종류의 인플루엔자 침입 사건은 그리 오래되지 않은 과거에 이미 있었다. 2005년에는 조류독감이 유행했다. 충격적으로 치명적인 바이러스로 감염자 절반(!)이 죽었다. 그나마 다행인 것은 전 세계에서 감염자가 900명에 불과했다는 점이다. 2009년에는 멕시코에서 돼지독감이 시작되어 전 세계로 퍼졌다. 다행히 처음 걱정했던 것보다 확실히 적은 사망자를 냈는데, 전 세계적으로 약 2만 명이 사망했다(비교를 위해 말하자면, 이 내용을 쓰고 있는 2021년 초 현재 독일에서만 벌써 코로나19 누적 사망자가 4만 명이 넘었다). 돼지독감이 퍼지던 초기에는 두려움이 매우 컸다. 이제는 돼지독감이 어떤 건지 모두가 알지만, 당시는 이 일이 앞으로 얼마나 심각해질지 가늠하기 어려웠기 때문이다.

모든 팬데믹에서 우리는 아주 새로운 바이러스와 싸워야 한다. 우리의 면역체계가 대비할 수 없을 만큼 완전히 새로운 바이러스가 아니라면, 전 세계적 유행 또한 없을 것이다. 그러나 금세 드러났듯이, 돼지독감은 조류독감보다 훨씬 전염성이 높았다. 전 세계적으로 약 2억 명이 감염됐다. 최대한 빨리 백신이 나와야 했다! 다행히도 전 세계 수많은 제약회사가 이미 독감 백신 생산에 몰두하고 있었고, 여러 회사가 단기간에 기존 백신을 돼지독감 백신으로 변형할 수 있었다. 같은 해에 곧장 여러 나라에서 예방접종이 시작됐다.

그런데 예방접종 몇 달 뒤에 불길한 현상이 확인됐다. 몇몇 국가에서 눈에 띄게 자주 기면증이 진단됐다. 기면증은 근육의 긴장이 갑자기 소실되는 만성질환으로, 종종 격한 감정 변화에서 비롯된다(탈력발작).[25] 탈력발작은 얼핏 기절한 것처럼 보이지만, 환자 자신은 의식이 있고 단지 몇 초 또는 몇 분간 몸을 움직일 수 없을 뿐이다. 또한 기면증은 심한 수면장애 형태로 나타나는데, 낮에 극도로 피로한 대신 밤에는 잠들지 못한다. 이런 증상은 당사자의 일상에 막대한 장애가 된다. 예를 들어 운전은 극도의 피로감 때문에 벌써 위험한 일인데, 어떤 멍청이가 갑자기 끼어드는 바람에 격분한 나머지 그대로 기절한다면 어떻게 되겠는가!

기면증은 비교적 드문 질병이다. 기면증에는 두 종류가 있는데 1형에서만 탈력발작이 있고 2형에서는 아니다.[26] 돼지독감과 돼지독감 예방접종은 1형 기면증과 관련이 있다. 돼지독감 예방접종 후 핀란드에서 14회, 스웨덴에서 최소한 6회가 관찰됐을 때[27] 관련성 여부를 점검하기 위해 연구가 시작됐다. 전 세계 국가들이 기면증 사례를 조사했는데, 대부분의 기면증 사례는 예방접종 후에 발생한 것이 아니었다.

왜? 어째서 단지 몇 나라에서만 이런 후유증이 있었을까? 코로나 팬데믹과 비슷하게 당시에도 다양한 백신이 있었다. 그리고 스웨덴, 핀란드, 아일랜드 같은 기면증이 더 자주 발생한 나라들에서는 특정 백신을 접종했다. 제약회사 글락소 스미스클라인(Glaxo SmithKline)이 개발한 팬덤릭스(Pandemrix)라는 백신이다. 아마도 사람들은 이렇게 생각할 것이다. '아하! 그렇다면 이 백신이 원인이겠군!' 그러나 잠깐! 이제 베이징과[28] 타이완의[29] 데이터가 중요한 역할을 한다. 베이징에서는 돼지독감 예방접종을 거의 아무도 하

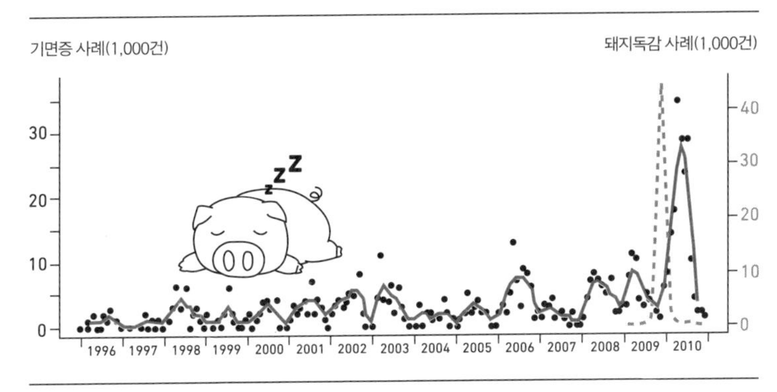

그림 5.2 베이징에서는 매년 감기 시즌 직후에 새로운 기면증 사례(검정 점)가 증가했다(붉은 선). 돼지독감 이후(회색 피크) 새로운 기면증 진단이 특히 증가했다(붉은 선의 마지막 피크).

지 않았고, 바이러스도 그냥 지나쳐 갔다. 그런데 그곳에서도 기면증 사례가 명확히 증가했다. 타이완에서는 백신접종을 했지만, 팬덤릭스가 아니었다. 그리고 백신접종 '이전에' 이미 기면증 사례가 증가했다. 팬덤릭스 백신뿐 아니라 돼지독감 자체가 기면증을 유발할 수 있음이 밝혀진 것이다.

일단 기면증의 유발 원인이 밝혀지자, 돼지독감에 대해 더 많은 것이 발견됐다. 베이징 수면센터의 자료에 따르면,[30] 감기 시즌 이후 항상 기면증 진단이 약간씩 상승했다! 돼지독감 이후만큼 아주 명확한 증가세는 아니었지만, 감기 시즌 이후 봄여름에[31] 기면증을 앓을 확률이 6~7배 높았다. 이 모든 것을 어떻게 설명할 수 있을까?

먼저 기면증이 어떻게 생기는지 이해해야 한다. 기면증은 자가면역 질환이다. 그러니까 면역체계가 실수로 자기 몸을 공격한다.[32] 면역체계는 몸을 보호하기 위해서 필요하다면 아주 잔혹해질 수 있다. 이때 세포를 죽이는 일이 기본 프로그램에 속한다. 그런데 공격 대상이 자신의 건강한 세포라면 정말 한심한 일 아닌가. 면역체계가 히포크레틴(Huypocretin)이라는 전달물질을 생산하는 뇌세포를 죽이면, 히포크레틴 결핍이 기면증으로 이어진다.[33] 몇몇 독감 바이러스가 몇몇 드문 사례에서(누가 걸리느냐를 결정하는 위험 요인은 여럿인데, 유전적 요인이 그중 하나다) 히포크레틴을 생산하는 뇌세포를 죽인다. 그리고 돼지독감의 경우 그 위험성이 특히 높은 것으로 보인다.

돼지독감이 정확히 어떻게 기면증을 유발하는지 아직 자세히 해명되지 않았다. 내 생각에 분자 모방이 가장 그럴듯한 가설인 것 같다.[34] 우리는 동물의 세계에서 모방을 본다. 예컨대 무해한 꽃등에는 무시무시한 말벌처럼 보이기 위해 검정-노랑 줄무늬를 모방한다. 분자 모방 가설에 따르면, 병원체는 면역체계를 속이기 위해 숙주의 세포를 모방한다. 바이러스는 숙주가 가진 것과 비슷한 프로테인 배열을 표면에 갖는다. 그러면 면역체계는 바이러스의 표면을 살피고 '우리 편이군'이라고 생각하고는 그냥 살려둔다. 그러나 이런 모방 전략이 발각되고 나면, 면역체계는 이 바이러스뿐 아니라 바이러스가 흉내 낸 원래 세포도 방어한다. 예를 들어 바이러스가 히포크레틴을 모방했으면, 면역체계는 바이러스뿐 아니라 진짜 히포크레틴도 방어한다. 즉, 바이러스에 감염된 세포뿐 아니라 히포크레틴을 생산하는 세포도 죽인다. 그러면 기면증이 생길 수 있다.

그렇다면 왜 돼지독감 백신에서도 같은 일이 일어나는 걸까? 백신에는 종종 바이러스 성분, 예를 들어 특정 프로테인이 들어 있다.

모방 가설이 맞는다면, 약간의 불운(또는 큰 불운)으로 우연히 하필이면 표면에 히포크레틴-모방-프로테인이 있고, 방금 얘기한 것처럼 면역체계의 공격으로 자가면역 질환과 기면증이 생길 수 있다. 적어도 가설이 그렇다.[35]

다른 연구를 통해 모방 가설이 입증되든 아니든, 돼지독감뿐 아니라 돼지독감 백신도 기면증을 유발할 수 있다는 사실은 논란의 여지가 없다. 팬덤릭스 접종 1만 6,000건 중 약 1건꼴로 자가면역 후유증으로 기면증이 생겼다.[36] 기면증 이야기는 세월이 흐르면서 잊혔다가, 코로나 백신에 관한 반가운 첫 소식이 보도됐을 때 새롭게 관심을 받았다. 백신 소식에 안도하고 기뻐하면서도, '그런 일이 또 생기면 어쩌지?' 하는 약간의 걱정도 생겨났다.

위험 없는 승인은 없다

코로나 예방접종에 관한 모든 내용을 여기에 담을 수는 없다. 이 원고를 쓰고 있는 지금, 이제 막 접종이 시작됐기 때문이다. 코로나19 백신에 자가면역 후유증 같은 예기치 못한 드문 부작용이 있을 위험을 원칙적으로 배제할 수는 없다. 무엇보다 최근 연구에 따르면 SARS-CoV-2가 자가면역 질환의 강한 유발자처럼 보이기 때문이다. 이론적으로 바이러스 성분이 분자 모방으로 자가면역을 일으키고, 운이 아주 나빠서 백신이 하필이면 그 성분일 수 있다. 그럼에도 나는 한 가지만은 장담할 수 있다. 코로나 백신이 임상연구 세 단계를 모두 성공적으로 통과했으니 심각한 부작용 위험은 비교적 낮다는 것이다. 그 이유를 살펴보자.

백신에 대해서는 부작용에 관한 한 특히 엄격한 잣대가 적용된다. 공격적이고 치명적인 암 치료 같은 경우 부작용 위험을 감수할 만큼 질병이 위중하다면, 심각한 부작용이 있음에도 승인될 수 있다. 그러나 건강한 사람이 접종할 백신의 경우 심각한 부작용은 윤리적으로 허용할 수 없다. 백신에서는 안전성이 최우선이다.

기본적으로 백신은 의약품과 똑같은 승인 절차를 밟는다(4장 참조). BfArM이 신약 승인을 담당하는 것과 유사하게 파울에를리히 연구소(PEI) 또는 유럽의약품에이전시(EMA)가 백신을 담당한다. 자료 4.2에서 설명했듯이, 먼저 폭넓은 전임상연구가 진행되어야 한다. 그래야 사람을 대상으로 하는 임상연구를 등록할 수 있고, 의약품 연구와 마찬가지로 임상연구 역시 윤리위원회와 승인기관의 허가를 받아야 한다. 임상연구는 세 단계에 걸쳐 점점 더 많은 피험자를 대상으로 진행되는데, 이때 당국은 연구 데이터뿐 아니라 백신의 효과 · 안전성 · 약리학적 품질도 검사한다(자료 5.2 참조). 극소수의 후보물질만이 이 모든 절차를 통과하여 마침내 승인을 받는다. 승인 절차를 성공적으로 마친 백신은 시장에 공급되고, 4단계 '시판 후 조사'가 시작되어 꼼꼼하게 감시된다. 임산부나 신생아 같은 특정 환자군을 위한 승인은 종종 지연되는데, 흡족한 안전성 데이터가 제출될 때까지 기다리기 때문이다.

일반적으로 백신 부작용의 빈도는 얼마나 될까? 지금까지 알려진 부작용과 발생빈도를 총괄해보자.

빈번한 부작용: 0.01퍼센트 이상

접종 부위가 붉어지거나 부어오름, 접종 부위의 근육통, 피로, 미열. 이런 빈번한 부작용은 정상적인 면역반응으로, 예상된 증상이다. 바이오엔테크(BioNTech)와 화이자(Pfizer)의 mRNA 코로나 백신이 다른 백신보다 이런 증상이 더 강하다. 특정 백신에서는 메스꺼움, 설사, 구토 증상도 나타날 수 있다. 그러나 이 모든 부작용은 며칠 뒤 저절로 없어지고 아무런 상해도 남기지 않는다.

드문 부작용: 0.01~0.00001퍼센트

고열이나 열성경련은 백신의 드문 부작용에 속한다. MMR(홍역-볼거리-풍진) 삼중백신은 3,000건에 1건 정도가 열성경련을 일으킬 수 있다.[37] MMRV(홍역-볼거리-풍진-수두) 사중백신은 아기에게 열성경련을 일으킬 위험이 MMR 삼중백신보다 더 높다. 2,300건 중 1건꼴로 열성경련 부작용을 예상해야 한다.[38] 팬덤릭스 백신은 9~14세 접종자에서 1만 6,000명 중 1명이 기면증을 일으킬 수 있다.[39] 로타바이러스 백신은 10만 건 중 최대 6건에서 장이 겹치거나 뒤집히는 부작용이 생길 수 있다.[40] (예방접종과 상관없이, 그런 장겹침은 10만 건당 33~100건 비율로 발생한다.[41])

매우 드문 부작용: 0.00001~0.000001퍼센트

극소수의 아주 드문 부작용은 잘 알려지지 않았다. 1970년대 인플루엔자 예방접종의 경우 10만 건 중 1건에서 길랭-바레 증후군이 나타났다.[42] 강한 알레르기 반응 역시 매우 드문 부작용으로 간주

한다.[43] 2020년 12월에 영국에서 예방접종이 시작된 mRNA 코로나 백신은 첫 접종 이후에 개별적으로 알레르기 쇼크가 있었다.[44] 관계 당국은 이 사실을 공개하고, 신중을 기하기 위해 신뢰할 만한 데이터가 나올 때까지 중증 알레르기 환자는 백신 접종을 하지 말라고 권고했다. 그러나 우려했던 일이 지금까지 확인되거나 악화되진 않았다.

이런 수치를 보면, 드문 부작용이 승인 뒤에 비로소 확인되는 이유가 금세 명확해진다. 원칙적으로 백신 임상연구 3단계에는 보통 몇천 명의 피험자가 참여하기 때문에 팬덤릭스의 기면증 후유증이 승인 전에 발견되지 못했다. 그러나 코로나 백신은 자원자가 아주 많아서 3~4만 피험자를 대상으로 정말 강력한 3상 연구를 할 수 있었다. 이런 예외적 규모라고 해도, 팬덤릭스에서 1만 6,000건에 1건 정도 나타나는 기면증 후유증을 통계적으로 유의미하게 알아낼 수 없었을 것이다. 피험자 4만 명 가운데 당연히 절반만 백신을 접종했고, 나머지 절반은 플라세보를 접종했기 때문이다.

그렇다면 이 연구를 더 큰 규모로 하면 되지 않을까?

물론 임상연구 피험자를 10만 명으로 늘릴 수도 있다. 하지만 그렇게 많은 사람이 시험 삼아 백신을 접종할 거라면, 그냥 바로 승인하는 게 낫지 않을까? 또한 백신이 아니라 플라세보를 접종한 통제 집단에 대한 윤리 문제도 제기될 수 있다. 백신이 잘 작동하고 (드문 부작용 또는 매우 드문 부작용을 제외하면) 안전하다는 사실을 이미 안다면, 가짜 백신을 접종하는 것이 과연 윤리적으로 정당할 수 있을까?

나는 함부르크-에펜도르프 대학병원 수석의사이자 감염학자인 마릴린 아도(Marylyn Addo)와 이 문제에 대해 흥미로운 대화를 나눴다. 아도는 현재 코로나 벡터 백신 개발에 참여하고 있으며, 임상연구 3단계의 피험자이기도 하다. 당연히 다른 제약회사 백신의 피험자다. 자신의 임상연구에 스스로 피험자가 돼서는 안 된다. 아도가 의사로서 자신과 환자를 보호하기 위해 기꺼이 백신을 접종한다고 확신할 수 있으려면, 임상연구에서 미리 빠지거나 적어도 블라인드 상태여야만 할 것이다.

그런데 아주 한참 뒤에야 비로소 발견되는 부작용이 있으면 어떻게 한단 말인가? 돼지독감 예방접종에 의한 기면증 발병을 장기적 결과라고 부르긴 하지만, 기면증은 만성질환이기 때문에 예방접종 후 몇 주면 벌써 증상이 나타난다.[45] 다른 백신에서도 알 수 있듯이, 예방접종 후 두세 달 이내에 증상이 나타나지 않으면 한참 뒤에 그런 증상이 나타날 확률은 매우 낮다. 그러니 혹시 모를 위험 때문에 구원의 예방접종을 보류하는 것은 정당화될 수 없다.[46] 코로나 사례에서 그 점이 금세 명확해졌다. 물론 1년 뒤에 어떤 예기치 못한 일이 갑자기 발생하는지 살피기 위해 1년을 더 테스트할 수도 있을 것이다. 보통은 안 그렇더라도…, 만에 하나 그런 일이 생긴다면 어쩐단 말인가? 글쎄, 수만 명을 대상으로 한 임상연구가 이미 몇 달째 백신의 효과와 안전성을 보여줬는데, 혹시 모를 아주 드문 부작용 또는 나중에 나타날 확률이 아주 낮은 합병증 때문에 코로나바이러스를 계속 날뛰게 두는 것은 무책임한 행동 아니겠는가.

4단계 '시판 후 조사' 기간에는 무엇보다 꼼꼼한 관찰이 중요하다. 아마 알고 있는 사람이 많지 않을 터인데, 사실 새로운 백신뿐 아니라 기존 백신 역시 부작용이 꼼꼼하게 관찰된다. 예방접종 뒤에 나타나는 모든 부작용이 보고되고 수집되어야 한다고, 2001년부터 감염보호법에 규정돼 있다.[47] 말했듯이, 예방접종에서는 안전성이 최우선이다. 당연하게도, 새로운 백신은 특히 더 면밀하게 살핀다.

그러나 예방접종 '이후'에 생긴 어떤 일이 반드시 예방접종 '때문에' 생겼다고 확신할 수는 없다. 4장에서 이미 보지 않았던가. post hoc ergo propter hoc(이것 이후에, 그러므로 이것 때문에). 승인 이후에는 플라세보 통제집단이 없기 때문에 확인할 수가 없다. 그렇더라도 모든 증상이 보건 당국에 철저히 보고되고 파울에를리히 연구소에 전달되어 수집된다. 예방접종 부작용으로 의심되는 사항은 의사뿐 아니라 환자도 직접 보고할 수 있다.[48]

이제 의사뿐 아니라 당국도 새로운 백신을 더욱 철저히 살펴야 하고, (코로나 백신과 알레르기 반응에서처럼) 의심스러울 경우 사후에 대처하는 것보다는 차라리 신중한 편이 낫다고 본다. 국민들도 눈과 귀를 열어두고, 예방접종 후 특히 주의를 기울여 자신의 몸 상태를 살피고 예방접종을 한 이웃을 세심히 관찰할 것이다. 치료에서 플라세보 효과를 예상해야 하는 것과 똑같이, 예방접종에서도 플라세보 효과를 예상해야 한다. 플라세보 효과가 아니더라도 주의 깊게 살피기 때문에 많은 것을 발견하게 될 것이다. 코로나 증상을 잘 알고 있고, 혹시 감염이 되지 않았을까 계속 의심할 때 어떤 일이 생기는지 우리는 잘 안다. 나 역시 팬데믹 초기부터 어쩐지 평소보다 더 자주 목이 칼칼한 기분이 들었다. 그것은 거의 확실히 내가 너무 많이 목에 주의를 기울였기 때문이다. 평소 같았으면 인식조차 못 했을 잔기침마저도 곧바로 의심을 불러일으켰다. 예방접종 뒤에도 같은 현상이 발생한다. 평소 같았으면 거의 주의를 기울이지 않았을 불편감이 예방접종 이후에는 크게 느껴진다.

코로나 예방접종 뒤에 사망하는 일이 아마 조만간 발생할 것이다. 2019년 독일에서는 일평균 900명이 심혈관계 질환으로 사망했다. 그중 대다수가 노인인데, 코로나 예방접종 때 그런 노인들이 위험군으로 분류되어 먼저 예방접종을 받았다. 당연히 예방접종 이후에 발생한 모든 사망 사례가 우리를 불안하게 할 것이다.

예방접종 이후에 발생하는 모든 일, 모든 작은 불편감, 모든 위중한 질병, 모든 사망 사례가 보고되고 수집된다고 믿어도 된다. 당국이 철저히 관리할 뿐 아니라, 무엇보다 우리가 더 주의 깊게 경계할 것이기 때문이다. 그리고 이는 좋은 일이다. 접종 부위 붉어짐, 피로감, 발열, 근육통 같은 일반적인 예방접종 반응을 넘어서는 어떤 증상이 평소보다 더 자주 나타나면 백신을 재빨리 수거해 더 자세히 조사할 수 있기 때문이다.

지금 우리가 할 수 있는 일은 코로나 백신의 큰 성과를 기원하는 것뿐이다. 그래도 큰 규모로 임상연구 3단계를 마쳤기 때문에 승인 뒤에 예기치 못한 합병증이 나타날 확률은 다른 백신보다 낮다.

이 모든 것을 명확히 요약하면 이렇다. 백신은 언제나 혹시 모를 드문 부작용의 위험을 안고 승인된다. 위험을 완전히 없애거나 더 축소하려면, 수천 명을(코로나의 경우 수만 명을) 대상으로 한 임상 대조군 연구에서 이미 효과와 안전성이 입증된 백신의 승인을 취소할 수밖에 없다. 코로나19가 끼친 피해를 생각하면, 확률 계산조차 필요치 않다. 감염자 수와 사망자 수 그리고 감염 후에 혹시 남을 수 있는 장기 후유증은 애석하게도 만만치가 않다. 현재 위험-효용을 계산하는 사람은 영어권에서 멋지게 표현했듯이 'Nobrainer(뇌가 없는 사람)'다. 실제로 어떤 사람들은 코로나 예방접종을 고대하며 기뻐하지만, '속으로는' 백신접종을 위해 용감하게 어깨를 내놓을 '모험가'들을 몇 달 정도 먼저 살펴보고 싶어 한다. 그러나 합리적으로 생각하고 통계적으로 위험과 효용을 냉철하게 계산하자면, '모험가'로 나서지 않는 것이야말로 모험이다. 그것도 불투명한 모험이다. 실제로 모험을 단행하는 사람은 4단계에서 예방접종을 하는 사람이 아니라 예방접종을 거부하는 사람들이다.

예방접종보다 차라리 감염을 선택하겠다?

코로나 백신도 기존 백신과 다르지 않다. 공식적으로 권고되는 모든 예방접종에서 혹여 안전성이 보장되지 않으면 예방접종위원회, 궁극적으로 국가가 책임져야 한다. 백신의 부작용은 질병의 피해와 비례하지 않는다. 자동차의 안전벨트와 비슷하다. 교통사고가 났을 때 오히려 안전벨트 때문에 다칠 수도 있다. 운이 나쁘면 심지어 쇄골이 부러질 수도 있다. 그러니 차라리 안전벨트를 하지 않는 게 나을까? 통계적으로 볼 때 예방접종을 포기하는 것은 안전벨트를 포기하는 것과 다르지 않다. 또한 예방접종보다 차라리 병을 앓는 것이 장기적으로 더 낫다는 생각은 신뢰할 만한 연구를 기반으로 한 게 아니다. 심지어 홍역은 정반대다. 홍역은 영구적으로 면역체계를 약하게 한다.[49] (앞서 몇 가지 사례를 봤듯이) 간단하고 단순한 답이 없는 여러 과학 주제와 반대로, 공식적으로 권고된 모든 예방접종의 위험-효용 계산 결과는 명백하다. 예방접종보다 차라리 감염을 선택할 합리적 이유는 없다.

그러나 이것이 예방접종 의무화의 충분한 이유가 될까? 인간에게 분별력을 강요할 수 있을까? 분별력은 시민의 의무가 아니다. 분별력 없는 결정을 하는 것 역시 개인의 자유에 속한다. 순전히 법적으로 보면, 예방접종은 수술이나 다른 치료와 마찬가지로 '신체적 훼손'(바늘이 내 피부를 찌르고 약물이 주입된다)이고, 따라서 헌법 제2조(누구든지 생명권과 신체적 훼손을 받지 않을 권리를 가진다)에 위배된다. 물론 헌법은 최고법이지만, 무제한으로 모든 개인에게 적용되지 않고 무엇보다 공공의 이익에 봉사한다. 만약 내가 예방접종을 거부하여 예방접종을 할 수 없는 다른 사람을 감염 위험에 노출시키고 심지어 생명을 위협한다면, 신체적 훼손을 받지 않을 나의 권리와 그들의 생명권 간에 경중을 가려야 한다. "네 주먹이 내 코에 닿는 순간, 주먹을 휘두를 너의 자유는 끝난다." 이것이 모토다.

그러므로 예방접종 의무의 바탕이 되는 윤리적 · 법적 기본 질문은 이렇다. '예방접종을 받을 수 없는 사람의 생명권과 건강권을

보호하기 위해 예방접종을 받을 수 있는 사람들의 신체 및 건강 관리 권한을 박탈해도 되는가?'

특히 흥미로운 측면이 있다. 위험-효용 계산이 과학적으로 논란의 여지가 없기 '때문에' 윤리적 물음이 더욱 복잡해진다는 것이다! 왜냐고? 어떤 사람은 이것을 근거로 예방접종 의무를 쉽게 정당화한다. 예방접종의 피해가 질병의 피해와 비례하지 않고 백신이 자신뿐 아니라 다른 사람도 보호한다면(자료 5.1 참조), 예방접종 의무는 당연하다. 반면 어떤 사람은 위험-효용 계산이 명확하다고 해서 그것을 근거로 예방접종 의무를 필수라고 여기지 않는다. 그래서 예방접종 찬성자 중에는 예방접종 의무화 반대자가 있다. 그들은 더 나은 계몽으로 집단면역에 도달할 뿐 아니라 설득하기 어려운 사람들과의 연대도 강화할 수 있다고 믿는다. 예방접종을 방해하는 장애물을 없애는 것 역시 접종률을 높이는 데 기여할 수 있다. 예방접종 수첩이 없어도 접종 기록을 전자 방식으로(합당한 개인정보 보호 아래에서) 불러낼 수 있다면, 진료 예약을 하지 않고 병원이나 심지어 약국에서도 주사를 맞을 수 있어 단기간에 접종이 가능하다면, 아마도 몇몇은 기꺼이 예방접종을 원할 것이고 그럼으로써 예방접종의 빈틈이 메워질 것이다.

코로나 백신의 경우 팬데믹이라는 예외적 상황이 감염보호법에 따른 의무화의 충분한 명분이 되더라도, 독일 정부는 예방접종을 의무화하지 않았다. 댓글과 음모론 도표가 난무하지만, 사실 나는 여전히 인간의 분별력을 믿는다. 그리고 행운은 강요하는 게 아니라고 생각한다. 그렇다, 이런 지구적 규모의 팬데믹을 맞아 그냥 생사의 갈림길에 놓이지 않고 인류 역사상 처음으로 바이러스에 맞서 우리를 보호할 수 있다는 것은 엄청난 행운이다. 대다수 사람은 (비록 초기에는 주저했을지 모르나) 결국 이런 특권을 저버리지 않을 것이다. 그리고 이 팬데믹을 극복한 뒤에 우리가 무엇을 더 해낼지 누가 알겠는가! 어쩌면 고약한 홍역도 곧 근절할 수 있을지 모른다.

손가락 개수의 유전성이 IQ의 유전성보다 낮은 이유

과학에서 가장 정확한 대답? '모른다'

유도질문

언어 또는 수학?

□ 나는 언어에 더 재능이 있다.

□ 나는 수학/자연과학에 더 재능이 있다.

유전이 지능에 미치는 영향은 얼마나 될까?

□ 지능은 오로지 유전이다.

□ 지능은 유전에 좌우되는 편이다.

□ 지능은 유전과 환경의 영향이 거의 비슷하다.

□ 지능은 환경에 좌우되는 편이다.

□ 지능은 오로지 환경에 좌우된다.

유도 질문 말고 진짜 질문은 이것이다. '당신의 IQ가 몇인지 아는가?'

대다수는 IQ 테스트를 제대로 받아본 적이 없다. 그리고 그것을 두려워하는 사람도 있다. 검사 결과가 나쁘면 어쩐단 말인가? 내가 바보라면, 그것이 숫자로 표현되어 내 눈앞에 놓이는 걸 원치 않을 것이다. 그러나 좋은 결과라고 해서 이로울 것도 없다. 유튜브 채널 〈마이랩〉에 올릴 동영상을 위해 우리의 작가 데니스가 멘사 IQ 테스트를 했고, 130점을 받았다. 천재에 해당하는 점수다. 데니스는 부담스럽다면서 아무에게도 이 결과를 말하지 말라고 신신당부했다. 그런 데니스에게 독일 멘사 회원 가입 양식이 날아왔다.

낮은 IQ는 기꺼이 감춰지고, 높은 IQ는 부담스럽고, 평균 IQ는 얘기할 가치가 없다면 도대체 왜 그런 테스트를 하는 걸까? 이 장의 끝에서 다시 이 질문으로 돌아올 테지만, 우선 느낄 수 있듯이 IQ는 일차적으로 두뇌와 관련이 있는 듯하고 일상생활과는 부차적으로만 관련이 있는 것 같다.

자료 6.1 _ IQ 분포

지능지수, 이른바 IQ는 정규분포 또는 가우스분포를 따른다(모양이 종을 닮아서 종곡선이라고 부르기도 한다). '정규분포'가 아마 가장 정확한 표현일 텐데, 통계에서 실제로 이런 분포가 매우 일반적이고 흔하기 때문이다. 키, 강수량, 1인당 치즈 소비량 등 자연과 일상의 대다수 수치가 정규분포를 따른다.

거칠게 말해서 정규분포란 중간 수치가 많고 극단적 수치는 매우 드물다는 뜻이다. 더 정확히 말하면, 정규분포에서는 곡선의 폭이 표준편차에 의해 결정되고 모든 측정값의 3분의 2 이상이(68.27퍼센트) 평균값에서 기껏해야 표준편차 1만큼 떨어져 있다. 일반적으로 '평균값 ± 1 표준편차' 범위 내의 모든 항목을 '평균'이라고 부를 수 있다. 어떤 값이 평균에서 표준편차 1보다 더 멀리 떨어져 있으면 평균 이상 또는 평균 이하가 된다. 대부분의 값(95.42퍼센트)은 평균에서 표준편차 2를 넘지 않게 떨어져 있다(평균값 ± 2 표준편차). 표준편차 2 이상은 소수의 극단적 값이다.

키, 치즈 소비량, IQ 등 우리가 무엇을 보느냐에 따라 평균값과 표준편차가 다르다. IQ의 평균값은 100점이고 표준편차는 15점이다. IQ는 상댓값이지 절댓값이 아니다. 그러므로 IQ는 어떤 사람이 나머지와 비교했을 때 어

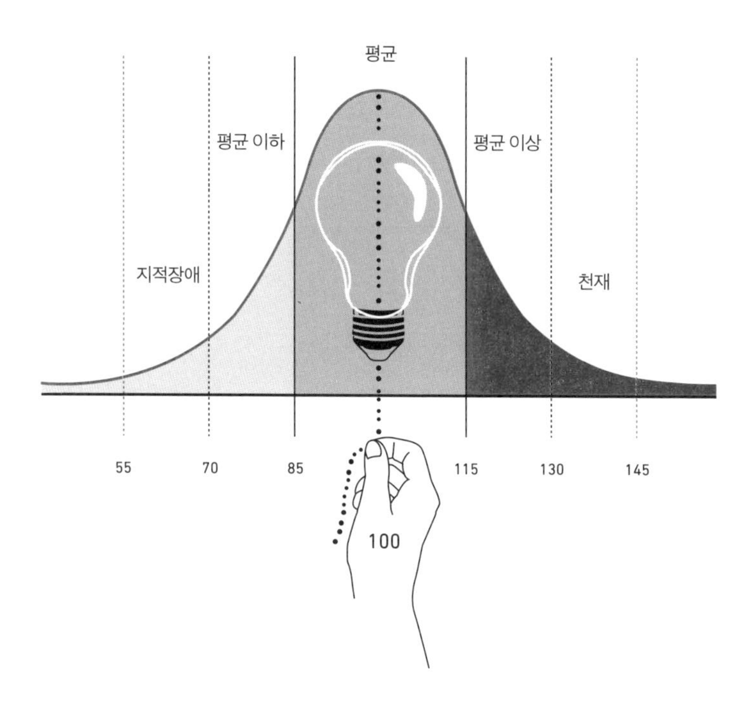

느 위치에 있는지를 알려주고, (정규분포답게) 대부분 평균 지점에 있다. 즉 68.27퍼센트가 IQ 테스트에서 85~115(100 ± 15)점을 받고, 95.42퍼센트가 70~130(100 ± 30)점 구역에 있다. 그리고 5퍼센트 이하가 70점 이하 또는 130점 이상이다. 70점 이하는 지적장애 진단을 받고, 130점 이상은 천재로 통한다.

'지능'에 대한 큰 오해와 '유전'에 대한 엄청나게 큰 오해

프랜시스 골턴(Francis Galton)은 아마도 사람들이 자기를 소개할 때 찰스 다윈의 사촌이라는 사실을 가장 먼저 언급하면 화가 날 것이다(어머나, 나 역시 그렇게 하고 말았네!). 굳이 찰스 다윈을 들먹이지 않아도 중요한 과학자임을 충분히 드러낼 수 있는데도 말이다. 골턴은 다양한 분야의 지식을 후세에 남긴 박식한 과학자로, 예를 들어 2장에서 비디오게임과 폭력성을 이해하는 데 도움을 줬던 상관계수 개념을 처음 사용한 사람이다. 골턴은 또한 우생학의 아버지로도 통한다. 1869년에 《유전적 천재(Hereditary Genius)》를 출간했는데, 이 책은 1910년에 독일에서 《천재와 유전(Genie und Vererbung)》이라는 제목으로 번역됐다. 골턴은 이 책 도입부에 다음과 같이 썼다.

> 그러므로 만약 […] 신중히 선별해서 특별히 빠르거나 그 비슷한 능력을 갖춘 개나 말을 탄생시킬 수 있다면, 몇 세대에 걸친 잘 선

별한 결혼으로도 재능이 뛰어난 인종을 틀림없이 탄생시킬 수 있을 것이다.[1]

'인종의 개선' 그리고 여기에 동반되는 '원치 않는 유전물질의 삭제'라는 우생학의 기본 아이디어는 나치의 정책들과 아주 잘 맞았다. 나치는 이를 '인종위생'을 위한 과학적 근거로 이용했으며, 병자와 어린이를 포함한 대량학살과 잔혹하고 비인간적인 생체실험을 정당화했다. 최근에도 멸종 위기에 처한 생물의 유전자 풀 아이디어가 계속해서 제기된다. 2010년에 틸로 자라친(Thilo Sarrazin)은 《독일이 사라지고 있다(Deutschland schafft sich ab)》에서 독일의 평균 지능이 이민자들 때문에 낮아진다고 썼다.

우생학의 벼랑 끝에 아슬아슬하게 서 있으면, 특히 지능의 유전에서 아찔한 현기증이 날 것이다. 지능은 우리 사회에서 매우 중요한 특성이라 비인간적인 일도 정당화할 수 있는 잠재력을 가졌기 때문이다. '인종위생'을 하얀 피부 · 금발 · 파란 눈과 연결한다면, 오늘날에는 아무리 뛰어난 인종주의자라도 이런 외모의 우월성을 설득력 있게 설명하기 힘들 것이다. 그러나 지능 같은 특성이라면, 모든 인간을 경멸하면서 '더 나은 유전자 풀'을 찾으려는 노력이 어떤 사람에게는 약간 잔인하면서도 한편으로는 이해할 수 있는 일이 된다.

그러므로 인간을 사랑하는 사람이라면 지능의 유전을 차라리 모르는 게 낫다고 여길 것이다. 지능이 유전된다는 생각은 너무 쉽게 정치적 도구로 전락할 수 있다.

굳이 우생학까지 갈 필요도 없다. 이런 어려운 연관성 없이도, 많은 사람이 지능의 유전을 불편해한다. 지능을 타고난다는 것은 (많은 사람이 그렇게 생각한다) 자신의 IQ가 평균 이하임을 알더라도 전혀 개선할 수 없다는 뜻이다. 이런 암울한 전망 때문에 사람들은 차라리 IQ를 모르는 게 낫다고 생각하게 된다. 하지만 학습 · 교육 · 경험을 통해 지능을 훈련할 수 있다면, 기꺼이 나의 행복과 IQ를 갈고닦을 것이다. 이것이 일반적인 생각이고, 어떤 사람에게는 더 멋진 생각이다.

그러나 이것은 두 가지 오해를 기반으로 한다. '지능'에 대한 큰 오해 그리고 '유전'에 대한 훨씬 극적인 오해. 아주 많은 지면을 할애해야 할 정도로 이 두 개념을 설명하기가 쉽지 않음에도, 사람들은 일단 두 개념을 이해했다고 여기고 놀라우리만치 순순히 지능의 유전을 받아들인다.

지능이란 무엇인가

IQ 테스트로 측정하는 바로 그것이 지능일까?
간단히 말하면, 아니다. IQ 테스트는 지능을 측정하지 않고 그냥 IQ, 즉 지능지수를 테스트하는 건데 꽤 신뢰할 만하다. 도대체 이게 무슨 말이지? 일단, 지능은 IQ 이상이다. 지능은 IQ 테스트 하나로 측정하기에는 너무 복잡하다.

일반적으로 지능은 복잡한 문제를 해결하고, 논리적이고 추상적으로 사고하고, 빠르게 학습하는 능력을 뜻한다. 그러나 지능 연구자들은 지능의 세부적인 개념 정의를 두고 미묘한 차이까지 따지며 밤샘 토론도 할 수 있다.[2] 우리는 매우 실용적으로, '지능의 유전 이해하기'라는 목적을 위해 IQ에만 초점을 맞추기로 하자. 연구를 하려면 지능이 어떤 식으로든 비교할 수 있게 측정되어야 하는데, 첫 번째로 쓸 수 있는 도구가 IQ 테스트다. 지능 논쟁에서 지능 연구와 관련해 주장을 펼치려는 사람은, 지능지수는 측정할 수 있지만 아주 복잡한 지능은 측정할 수 없다는 점을 먼저 알아야 한다.

그런데 IQ 테스트는 얼마나 유의미할까? 이 질문에 답하기 위해 두 가지 전문용어를 활용하자. 신뢰성과 타당성. 일상 언어에서는 '유의미하다'로 뭉뚱그려지지만 구별할 필요가 있는 용어다. 먼저 신뢰성은 '정확도'를 의미한다. 같은 테스트를 같은 조건에서 반복하면 결과가 얼마나 일관되게 재현되는가? 그리고 타당성은 '적합도'를 나타낸다. 내가 측정하고자 하는 것을 실제로 측정하는가? 이 테스트가 과연 그것에 적합한가?

신뢰성과 타당성은 서로 독립적일 수 있다. 예를 들어 자는 무게를 측정하는 데는 전혀 적합하지 않지만(자료 2.1에서 봤듯이 몸무게와 키가 매우 강한 상관관계에 있으므로, 저울보다 덜 적합하다고 말하는 게 맞겠다), 길이를 잴 때는 신뢰할 수 있는 도구다.

지능이 IQ 테스트가 측정하는 것 이상이라는 데 대다수 지능 연구자가 동의하지만, IQ 테스트는 지능 연구에서 큰 역할을 한다. 신뢰성과 타당성을 토대로 그 이유를 해명할 수 있다. IQ 테스트는 상당히 또는 매우 신뢰할 만하다. '상당히 또는 매우'를 어떻게 이해해야 할까?

신뢰성을 정량화하는 비교적 단순한 방법이 '재검사'(테스트의 반복)다. 한 집단의 IQ를 테스트하고 얼마 후에(몇 달에서 몇 년 후에) 다시 검사하면, 두 결과는 어느 정도 비슷할 것이다. 재검사 신뢰도를 0과 1 사이의 값으로 정한다. 모든 참가자의 재검사 결과가 이전 검사와 완전히 똑같은 극단적 사례라면, 재검사 신뢰도(r)는 1이다. 두 검사 결과가 완전히 다른 극단적 사례의 재검사 신뢰도는 0이다. 여기서 우리는 다시 상관계수(자료 2.1 참조)를 만나는데, 이 경우는 두 검사 결과의 상관관계다.

재검사 신뢰도(r)가 0.8 이상이면 신뢰성이 좋거나 매우 좋다고 말할 수 있다. IQ 테스트의 r은 0.7부터 0.9까지, 견고한 또는 강한 영역에 있다.[3]

흥미롭게도, 두 검사의 간격이 짧을수록 재검사 신뢰도가 높다. IQ 테스트를 몇 주 또는 몇 달 뒤에 반복하는 경우, 두 번째 결과는 보통 첫 번째 결과에 가깝다(r=0.8~0.9).[4] 그러나 두 검사의 간격이 여러 달 또는 여러 해로 멀어지면, 테스트 결과도 멀어진다(r=0.7~0.8인데, 어떤 연구에서는 최대 0.5까지 낮아진다).[5] 이는 대체로 IQ 테스트의 신뢰성이 상당히 높다는 것을 보여준다. 동시에 IQ 테스트 결과의 안정성이 시간이 흐르면서 감소하고, IQ가 세월과 함께 변한다는 것도 보여준다. 그러니까 우리의 IQ는 문패처럼 벽에 고정된 것이 아니다.

여기서 말하는 안정성 또는 항상성의 의미를 오해하지 않도록 다시 말하면, IQ는 평생 똑같지 않고 나이에 따라 달라진다. 유아

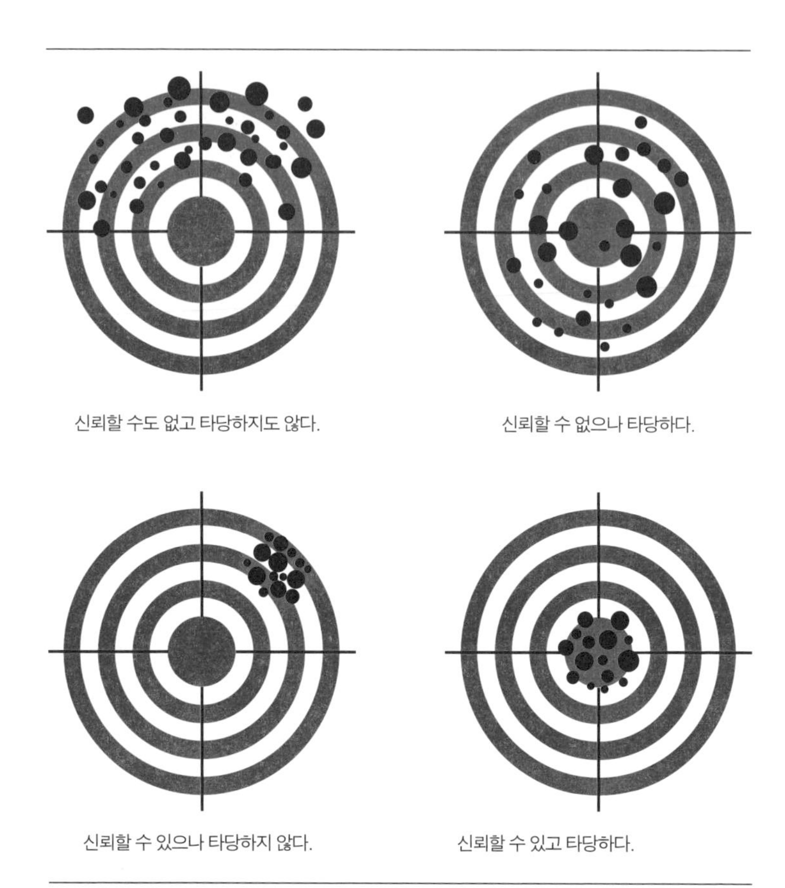

그림 6.1 과녁의 중앙을 맞히는 것이 목표라면, 신뢰성(재현할 수 있다)과 타당성(중앙을 맞힌다)은 서로 독립적일 수 있다.

와 아동은 인지적으로 아직 완전히 발달하지 않았고, 노년에는 기억력과 그 밖의 정신 능력이 점점 쇠퇴한다는 것은 잘 알려진 사실이다. 그래서 나이별로 IQ 테스트를 다르게 한다. 그러나 내가 여기서 말하는 안정성 또는 항상성은 그런 얘기가 아니다. 예를 들어 내가 어렸을 때 IQ 분포에서 하위 3분의 1에 속했다면, 어른 또는 할머니가 되어서도 계속 하위 3분의 1에 머물 확률은 얼마나 될까? 이것이 재검사 신뢰도가 보여주는 평생에 걸친 개인의 안정성이다.

구체적인 사례를 보자. 한 집단을 정해 유년기 IQ와 성인기 IQ를 비교해보자. 이해하기 쉽게 산점도를 만들어보자(그림 6.2). y축에 성인기의 IQ를 기입하고, x축에는 유년기의 IQ를 기입한다. 각각의 점이 피험자를 나타낸다.

여기서 상관계수는 0.7이다(유년기에서 성인기까지 추적하는 코호트 연구에서 일반적으로 0.5와 0.7 사이의 상관계수가 관찰된다).[6] 이것은 일반적으로 안정적 또는 강한 상관관계로 통하고, 산점도에서도 비례관계가 매우 명확히 나타난다. 붉은 선은 극단적 사례를 나타낸다. 모든 피험자가 유년기와 성인기에 정확히 똑같은 IQ를 갖는다는 뜻이다(이때 상관계수는 1이다).

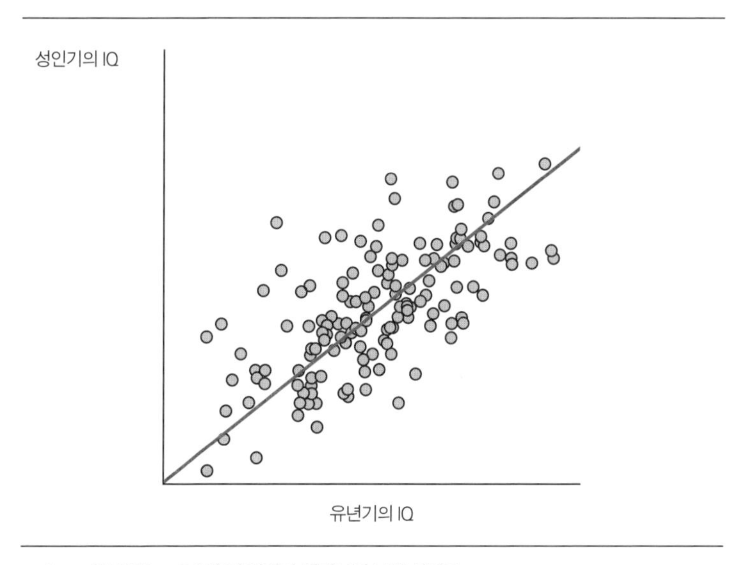

그림 6.2 상관계수 r=0.7일 때 재검사 신뢰도의 표본 산점도

연구자로서 나는 이 그래프를 '유년기 IQ는 성인기 IQ의 훌륭한 예언자다' 또는 '유년기 IQ는 성인기 IQ에 대해 강한 예언력을 갖는다'라고 해석할 것이다. 2장에서 언급했듯이, 통계에서 강한 '예언력'은 결국 강한 상관관계임을 뜻한다(인과관계에 대해서는 뒤에서 자세히 다룬다). 그리고 자신과 나머지 집단을 비교하는 IQ 테스트에서 유년기와 성인기에 비슷한 결과를 받을 확률이 매우 높다는 뜻이다.

그러나 '매우 높은 확률'의 실제 모습은 대다수 일반인에게 분명 실망스러울 것이다(어쩌면 몇몇은 안도감을 느낄 테지만). 'r=0.7'일 경우, 나는 '유년기 IQ ± 10점' 범위를 68퍼센트 확실하게 예언할 수 있다. 이 정도 범위면 매우 훌륭하다. 그러나 95퍼센트 확실하기를 바라면 완전히 형편없어지는데, '유년기 IQ ± 20점' 범위를 예언하기 때문이다. ± 20점은 표준편차(15점)를 넘어선다! 내 아이가 어른이 되면 IQ가 20점 높아지거나 낮아질 거라고 예언하는 점쟁이에게 과연 복채를 줘야 할까?

키와 몸무게의 상관관계와 비교하면 더욱 명확해진다. 자료 2.1에서 우리는 상관계수 0.77, 그러니까 0.7보다 단 10퍼센트 더 강한 상관관계 사례를 봤다. 키와 몸무게의 상관관계와 분포를 아주 잘 가늠할 수 있다. 연구자로서 나는 여기서도 키가 몸무게의 훌륭한 예언자라고 말할 것이다. 그러나 짐작하다시피, 어떤 사람의 키만 알아서는 그 사람의 몸무게를 예측하기가 쉽지 않다.

여기서 우리는 무엇을 배워야 할까? 과학에서 강한 상관관계가 있고 대규모 집단 또는 코호트 연구에서 매우 타당하더라도, 그것이 반드시 개인에게 똑같이 타당한 것은 아니라는 사실이다.

'r=0.7' 이상이면 강한 상관관계 또는 강한 신뢰성이 있다고 말할 수 있는데, 이것은 한편으로 완벽한 테스트는 없다는 뜻이기도 하다. 단어시험이나 대입시험과 마찬가지로, IQ 테스트 역시 운 좋은 날도 있고 운 나쁜 날도 있다. 잠을 잘 잤느냐 설쳤느냐만으로도 인지 능력에 막대한 영향이 미친다.[7] 또한 개인의 동기 부여 상태도 결과와 관련이 있다. 예를 들어 IQ 테스트에 전혀 흥미가 없는 사람은 기본적으로 결과가 좋지 않은데, 약간의 상금이 걸리면 결과도 좋아진다.[8]

IQ 테스트는 늘 한결같은 마법의 측정기가 아니다. 그러나 (스마트폰 앱이 아니라 전문적 테스트라면) IQ 테스트는 상당히 믿을 만한 신뢰성 있는 검사다.

IQ 테스트의 타당성은 이보다 더 복잡하고, 동시에 더 흥미롭다. 첫 번째 유도 질문으로 돌아가 보자. 언어와 수학 중 무엇에 더 재능이 있는가? (암기력, 논리적 사고력, 언어 이해력, 공간 지각력 등) 다양한 인지 능력을 측정하는 여러 테스트를 해보면, 한 테스트에서 좋은 점수를 받은 사람이 다른 테스트에서도 좋은 점수를 받는 경향이 있다.[9] 다시 말해, 언어에 재능이 있는 사람이 수학에도 재능이 있을 확률이 매우 높다. '쳇, 그럼 나는 완전히 예외란 말이군!' 혹시 방금 이렇게 생각했는가? 친구들에게 물어보라. 그러면 당신처럼 이 원칙에서 완전히 예외라고 생각하는 사람이 얼마나 많은지 알 수 있을 것이다. 그러나 잘못 생각했다. 다양한 인지 능력은 'g-요인(general factor)'이라고도[10] 불리는 일반 요인에 기반한다. 1904년 찰스 스피어먼(Charles Spearman)이 주장한 일반 요인설은[11] 그레고어 멘델(Gregor Mendel)의 '유전법칙'을 낳은 유명한 완두콩 실험과 시기적으로 크게 차이가 없다.

일반 요인설은 오래전에 전문가들 사이에서 과학적으로 탄탄히 정립됐지만, 매우 흥미롭다. 지능을 결정하는 일반 요인이 있다는 말은 IQ가 학교 성적이나 시험 결과와 마찬가지로 개인의 특성이 아니라 그저 하나의 테스트 결과일 뿐이라는 뜻이다. 그렇더라도 IQ 테스트 결과는 지능과 관련이 있으며, 따라서 IQ 테스트를 통해 간접적으로 지능을 예측할 수 있다. 그것만이 아니다. IQ(또는 g-요인)는 다음과 같은 것들을 예언해주는 예측인자다.

- 학교 성적
- 학력
- 직업적 성공
- 소득
- 부
- 주관적 평안
- 일반 건강
- 장수

이럴 수가! 인생에서 생각할 수 있는 온갖 좋은 것들은 모두 IQ와 비례하는 것처럼 보인다. 당신이 만약 자신의 IQ를 모르는 게 낫다고 여기는 부류라면, 이 목록에 마음이 편치는 않을 것이다. 게

다가 이 목록은 수십 년 연구의 메타분석과 수많은 연구로 재확인됐다.[12]

그러나 패닉에 빠질 필요 없다. 상관관계의 강도가 재검사 신뢰도 때보다 명확히 더 낮다. 예를 들어 IQ는 학력과 중간 정도(10만 명이 넘는 피험자의 메타분석에서 r=0.4~0.5) 관련이 있고, 소득과는 아주 약하게만(r=0.1~0.25) 관련이 있다.[13]

나는 이 자리에서 우리 일반인의 일상을 위해 두 가지 중간 결론을 내리고자 한다.

1. 지능의 예언력이 종종 과대평가된다.
   지능이 교육 및 직업적 성공의 훌륭한 예측인자라는(과학자들의 관점) 이유만으로, 퍼즐 조각 그 이상인 것은 아니다. 심리학자 소피 폰 슈툼(Sophie von Stumm)은 학문적 성공을 위한 세 기둥으로 지능, 성실성, '헝그리 정신'을 꼽았다. 성실성과 호기심은 지능 못지않게 교육 및 직업적 성공을 훌륭하게 예언할 수 있다.
2. 지능의 관련성이 종종 과대평가된다.
   IQ가 모든 인지 능력을 대표하진 않는다. 첫째, IQ 테스트로 지능의 모든 복합성을 측정할 수 없다. 둘째, 전문가들이 지능으로 보진 않지만 실제로 지능과 관련이 높은 인지 능력이 매우 많다. 예를 들어 창의성 또는 '감성지능'(종종 차별화를 위해 '감성 능력'이라는 개념이 선호된다)은 중요성에서 지능 못지않지만, IQ 테스트로 측정할 수 없다.

지능에 관한 오해는 이 정도만 다루기로 하자. 훨씬 더 크게 오해받는 유전성을 곧 다룰 예정인데, 그 전에 유전학의 기본지식에 관한 오해부터 풀고자 한다.

자료 6.2 _ 게놈

DNA, 유전자, 게놈. 도대체 차이가 뭘까? 겉에서 시작하여 점점 안으로 들어가면서 우리의 유전자 정보, 즉 우리 몸의 건축 및 기능 설계도를 살펴보자.

우리 몸의 모든 세포에는 세포핵이 각각 하나씩 들어 있다. 모든 세포핵에는 우리의 모든 유전자 정보, 즉 게놈이 들어 있다. 게놈은 다음과 같이 생긴 염색체 스물세 쌍으로 구성된다.

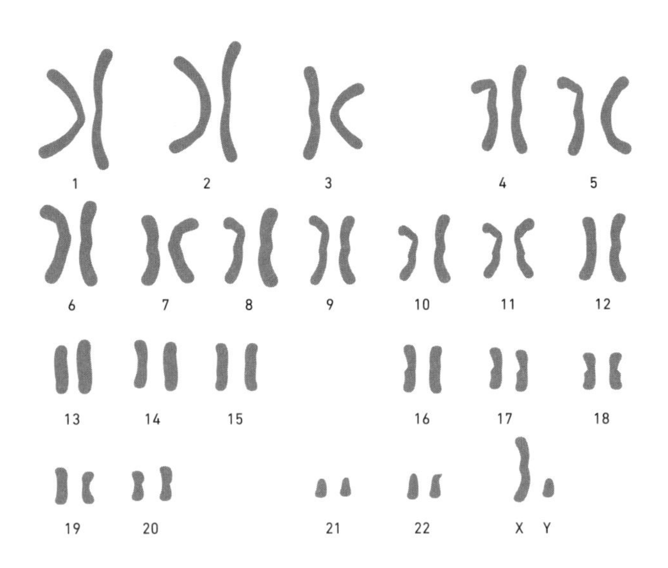

모든 사람은 염색체를 어머니로부터 한 세트, 아버지로부터 한 세트 물려받는다. 다만 스물세 번째 쌍은 일반적으로 남자는 X염색체 하나와 Y염색체 하나가 쌍을 이루고, 여자는 X염색체 2개가 쌍을 이룬다.

각각의 모든 염색체는 DNA 분자가 실처럼 감겨 있는 실패와 같다. DNA는 데옥시리보핵산, 영어로 'DeoxyriboNucleic Acid'의 약자다.

유명한 이중나선의 화학구조를 자세히 보면, DNA는 놀라울 정도로 단순한 구조임을 알 수 있다. 네 가지 뉴클레오타이드 성분으로만 이루어졌기 때문이다. 뉴클레오타이드는 설탕 · 인산염 · 염기로 구성되는데, 이 중에서 염기의 도움으로 뉴클레오타이드를 네 가지로 구분할 수 있다. 바로 아데닌(A), 티민(T), 구아닌(G), 시토신(C)이며 우리의 전체 게놈을 이 네 가지 성분으로 기록할 수 있다.

각각 두 염기가 수소결합을 통해 서로 끌어당기기 때문에 두 염기는 마치 지퍼처럼 DNA 두 가닥을 하나로 합쳐준다. DNA 이중나선에서는 염기로 인

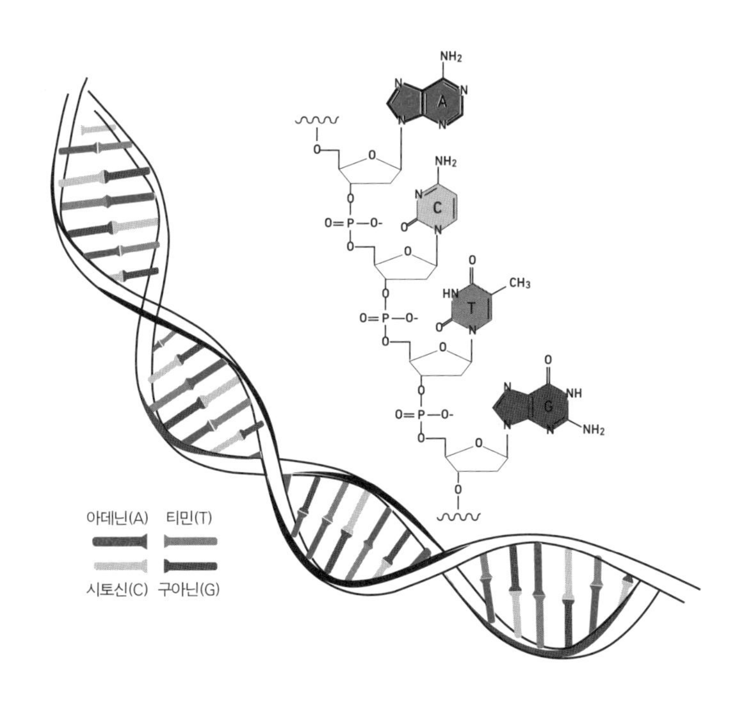

해 형성된 가로막대를 두 가닥 사이에서 볼 수 있다. 두 가닥은 상호 보완적이다. 한 가닥의 A는 상대 가닥의 T와 쌍을 이루고 그 반대도 마찬가지다. 그리고 한 가닥의 G는 상대 가닥의 C와 쌍을 이루고 그 반대도 마찬가지다. 그래서 이것을 염기쌍이라고 부른다. 우리의 게놈은 염기쌍 약 30억 개로 구성되며, 이 염기쌍이 어떤 순서로 DNA를 형성하느냐에 따라 게놈의 개별 코드가 생성된다.

그렇다면 유전자란 무엇일까? 종종 유전자와 DNA가 바뀌어 사용되고, 주로 일상에서 이런 혼동이 일어난다. DNA 전체가 정보를 전달하는 게 아니라 특정 부분만 관련 정보를 전달하는데, 그 특정 부분이 바로 유전자다. 유전자 하나에 일테면 특정 효소나 수용체를 위한 구체적 설계도가 담긴다. 그러므로 유전자는 DNA에서 가장 흥미롭고 가장 실질적인 부분이라고 말할 수 있다. 인간 게놈에는 유전자가 대략 2만 500개 들어 있다.

모든 사람의 게놈은 99.9퍼센트가 똑같다.[14] 다시 말해, 30억 염기쌍의 99.9퍼센트가 똑같다. 같은 염색체의 같은 자리에서 같은 순서로 유전자가 있다. 나머지 0.1퍼센트가 우리를 개인으로 만든다. 특정 유전자가 다양한 버전으로 있다. 즉, 같은 염색체의 같은 자리에 다른 코딩이 있다. 이런 유전자를 대립유전자(Allele)라고 부른다. 그러니까 개인의 개별 게놈은 그 사람의 대립유전자로 결정된다.

성격 특성의 유전법칙 세 가지

유전적 특성 대부분은 다원발생(polygen)이다. 즉 동시에 여러 유전자에서 기인한다. 정반대 사례가 바로 '헌팅턴병'이라는 뇌 질환인데, 이 병은 운동 능력과 여러 정신 능력을 파괴한다. 헌팅턴병은

단 하나의 변이유전자 때문에 생기며, 이 변이유전자의 이름이 '헌팅턴 유전자'다. 헌팅턴 유전자는 4번 염색체에 있고, 이 유전자 안에는 헌팅턴 단백질 설계도가 있다. 헌팅턴 단백질이 뇌를 파괴하는데, 이 병은 불치병이다. 과학의 관점에서 보면 질병의 원인이 하나이고 그것이 유전적 원인임을 명확히 알더라도, 고칠 수는 없다.

유전적 원인은 확실히 복잡하다. 평범한 특성처럼 보이는 키를 예로 들어보겠다. 부모의 키가 크면 자식도 키가 큰 경향이 있고, 부모의 키가 작으면 자식도 키가 작은 경향이 있다. 키가 유전임을 우리는 직관적으로 안다. 그것이 아직 유전학적으로 해명되지 않았다는 사실이 오히려 놀랍다.

현재까지 키와 관련된 유전자가 700개 이상 발견됐다.[15] 일부는 예를 들어 연골이나 뼈 성장에 영향을 미친다는 사실을 알아냈는데, 일부의 기능은 아직 밝혀내지 못했다. 그래서 게놈을 보더라도, 이 게놈 주인의 키가 얼마나 크거나 작은지 읽어낼 수 없다.

'유전 vs. 환경' 논쟁에서 쌍둥이는 매우 환상적인 연구 대상이다. 이른바 같은 DNA, 즉 같은 게놈을 가진 일란성 쌍둥이를 보자. 똑같은 게놈을 가진 일란성 쌍둥이는 과학 연구의 꿈이다. 타고난 차이가 없다면, 발견되는 모든 차이는 곧 환경 요인에서 생긴 거라고 말할 수 있기 때문이다. 유명한 일란성 쌍둥이 한니와 난니의 성격 차이는(한니는 활동적이며 거칠고, 난니는 조용하며 침착하다) 그러므로 오로지 환경 때문이다.

그렇다면 지능은 어떨까? 한니와 난니의 IQ 테스트 결과가 다르다는 건 전혀 놀랍지 않다. 과학 연구에서 일란성 쌍둥이의 IQ를 비교하면 정확히 그런 결과가 나오기 때문이다. 일란성 쌍둥이는 DNA가 같은데도 IQ 테스트에서 다른 점수를 받는다. 이것은 지능이 환경의 영향을 받는다는 증거다.

쌍둥이만 그 사실을 증명하는 게 아니다. 여러 나라의 평균 IQ가 한 세대 만에 약 5점에서 최대 25점(!)이 개선된,[16] 이른바 플린 효과 역시 지능에 미치는 환경의 영향을 보여준다. 진화가 그렇게 빨리 진행됐을 리는 없으니까.

그러나 IQ 테스트에서 쌍둥이는 보통 형제보다 더 비슷한 점수를 받는다. 그 이유는 명확해 보인다. 유전적으로 더 닮았으니까! '그것 때문일 수 있지만' 반드시 그런 건 아니다. 어쩌면 쌍둥이는 나이가 다른 형제보다 더 비슷한 환경을 경험하기 때문일지도 모른다. 자궁에서 함께 자라며 생물학적 환경 영향을 똑같이 받는 것에서 이미 시작된다. 또한 나이가 같으므로 같은 양육을 받고(부모는 보통 터울이 있는 첫째와 둘째는 매우 다르게 대하지 않는가), 기본적으로 같은 학년으로 같은 학교에 다니고, 같은 교사로부터 같은 학습 계획에 따라 같은 수업을 듣고, 다른 형제들보다 더 많은 시간을 같이 보내고, 그렇게 더 자주 같은 경험을 한다. 이것만으로도 IQ 테스트에서 쌍둥이가 보통 형제들보다 더 비슷한 점수를 받는 이유가 해명될 수 있다.

그러나 일란성 쌍둥이와 이란성 쌍둥이를 비교하면, 이 주장은 유효하지 않다. 이란성 쌍둥이는 유전적으로 일반 형제만큼 비슷하지만(50퍼센트만 공유한다), 일란성 쌍둥이처럼 같은 환경에서 자란다. 그래서 둘은 비교할 만하다. 모든 연구에서 드러났듯이, 일란성 쌍둥이는 IQ 테스트에서 이란성 쌍둥이보다 더 비슷한 점수를 받는다. 일란성 쌍둥이가 유전적으로 더 비슷하기 때문이라고 해명할 수 있을 것이다. 그러므로 지능은 유전의 영향도 받는다.

일란성 쌍둥이는 서로 다르지만(환경!), 이란성 쌍둥이보다는 더 비슷하다(유전자!). 이것을 우리는 지능뿐 아니라 성실성, 외향성, 공감 능력 같은 모든 성격 특성에서도 확인할 수 있다. 심리학자 로버트 플로민(Robert Plomin)과 이안 디어리(Ian Deary)가 2014년에 (지능을 포함한) 성격 특성의 '유전법칙' 세 가지를 정리했다.[17]

1. 모든 성격 특성은 유전의 영향이다.
2. 유전의 영향만 받는 성격 특성은 없다.
3. 아주 작은 영향력만 가진 각각의 유전자가 무수히 합해져서 유전적 영향력을 만든다.

이 세 가지 '법칙'의 세 번째 지점은 나중에 자세히 다루겠다. 우선 이 장의 두 번째 유도 질문으로 가보자.

지능에 유전이 미치는 영향은 얼마나 될까?

☐ 지능은 오로지 유전이다.

☐ 지능은 유전에 좌우되는 편이다.

☐ 지능은 유전과 환경의 영향이 거의 비슷하다.

☐ 지능은 환경에 좌우되는 편이다.

☐ 지능은 오로지 환경에 좌우된다.

자, 이제 우리는 첫 번째와 마지막 선택지를 지울 수 있다. 그러면 중간에 있는 선택지 중 하나가 정답일까? 아니다. 이 질문이 왜 유도 질문이겠는가! 모두 마음의 준비 단단히 하고 소매를 걷어 올려라. 아주 복잡한 유전성을 다룰 차례다.

손가락 개수는 거의 유전되지 않는다

단어에 감정이 있다면, '유전성'은 틀림없이 몹시 절망하거나 더 나아가 좌절할지도 모른다. 아무도 그를 제대로 이해해주지 않으니 말이다. 어디 그뿐이랴. 그를 오해해서 생기는 불필요한 논쟁은 또 얼마나 많은가! 그러나 사랑하는 유전성이여, 화내지 마시라. 그대는 그냥 오해받기 쉬운 단어다. '지능의 유전성은 50퍼센트다'라는 말을 들으면, 사람들은 그냥 지능이 50퍼센트까지 유전자의 영향이라고 믿는다. 그러나 유전성은 그런 게 아니다. 유전성의 진짜 정의는 다음과 같다.

유전성이란 특정 특성의 발현에서 차이를 만드는 유전적 영향의 비율이다.

아마도 이게 뭔 말인가 싶을 것이다. 맞다, 이해하기가 쉽지 않다. 하지만 걱정할 것 없다. 이해하기 쉽게 이제부터 차근차근 다듬어보자.

우선, 특정 특성은 어떻게 발현될까? 우리는 이미 답을 안다. 유전자와 환경의 영향으로! 공식으로 간단히 표현하면 이렇다.

발현 유형 = 유전자 유형 + 환경

- 발현 유형: 특성이 드러난 형태(예: 사슴의 뿔 크기, 인간의 지능)
- 유전자 유형: 모든 유전자 정보의 총합 또는 (단순하게 말해) 모든 유전자의 총합
- 환경: 식습관, 교육, 경험 등의 환경 요인

유전성에서 모든 것의 중심에는 '차이', 통계학 용어로 더 정확히 말하면 분산이 있다. 분산은 중간값에서 얼마나 멀리 흩어져 있는지를 측정하는 척도로, 지능의 분산을 정규분포 형태(자료 6.1 참조)로 시각화하여 볼 수 있다. 발현 유형 분산과 마찬가지로 유전자 유형 분산과 환경 분산도 있다. 인간의 DNA 안에는 다양한 대립 유전자가 있다(자료 6.2 참조). 그리고 인간은 다르게 먹고, 다르게 양육되고, 다르게 교육되고, 수많은 다른 경험을 쌓는다. 그렇게 해서 다음의 공식이 생긴다.

$$분산_{총합} = 분산_{유전적\ 영향} + 분산_{환경적\ 영향}$$

분산이라는 개념을 이용해 이제 유전성의 개념을 짧게 줄일 수 있다. 유전성이란 분산에 미치는 유전적 영향의 비율이다.

$$유전성 = \frac{분산_{유전적\ 영향}}{분산_{총합}}$$

분수로 표현된 공식뿐 아니라 '비율'이라는 단어에서 드러나듯이, 유전성은 절댓값이 아니라 상댓값이다!!! 갑자기 크게 외쳐서 미안하다. 그러나 이것을 모르기 때문에 생기는 빈번한 오해가 세 가지나 되기 때문에 꼭 강조하고 싶었다. 이런 오해가 없었더라면 지능의 유전성에 관한 대다수 논쟁이 애초에 생기지도 않았을 것이다.

오해 1: 지능의 유전성이 50퍼센트라는 말은 지능이 50퍼센트까지 유전자의 영향이라는 뜻이다

아니다. 그것은 그저 지능 차이의 분산이 50퍼센트까지 유전자의 영향이라는 뜻이다. 달리 표현하면, 지능의 '발현 차이'에 미치는 유전적 영향의 비율이 50퍼센트라는 얘기다.

이해를 돕기 위해 손을 예로 들어보겠다. 대부분 사람이 손가락을 10개 갖고 있다. 인간 게놈에 손가락 개수가 적혀 있고, 손가락 개수는 의심의 여지 없이 유전이다. 반면 손가락 개수의 '차이'는 아주 드물게만 유전자의 영향이고, 대다수는 날카로운 사물 같은 환경의 영향으로 손가락 개수가 달라진다. 그래서 손가락 개수 분산에 미치는 유전적 영향의 비율은 거의 0이다. 달리 표현하면, 손가락 개수는 분명 유전자의 영향을 받지만, 거의 유전되지 않는다.

이제 도입부의 질문과 모든 선택지가 왜 유도 질문인지를 어렴풋이 알게 됐을 것이다.

'지능에 유전이 미치는 영향은 얼마나 될까?'라는 질문의 정답은 '모른다!'다. 우리는 과학적 조사를 통해 오로지 분산(차이)만이 중요한 유전성에 관한 정보를 얻을 수 있을 뿐이다.

그러므로 다음과 같이 물어야 옳다. 지능의 '차이'에 미치는 유전적 영향의 비율은 얼마나 될까? (아무튼 답을 한다면, 대략 50퍼센트다. 잠시 후에 다시 다룰 것이다.)

오해 2: 유전성은 오직 유전자에만 좌우되고 환경과는 무관하다

아니다! 유전성이란 분산에 미치는 유전적 영향의 비율을 말하므로, 자동으로 환경의 영향도 받는다. 부디 흘려 읽지 마시라. 반복한다. 유전성은 직접적으로 환경의 영향을 받는다!

다음의 유전성 공식을 보면, 명확해질 것이다.

$$\text{유전성} = \frac{\text{분산}_{\text{유전적 영향}}}{\text{분산}_{\text{유전적 영향}} + \text{분산}_{\text{환경적 영향}}}$$

따라서 다음과 같이 정리할 수 있다.

1. 유전적 분산이 클수록 유전성은 크다.
2. 환경적 분산이 클수록 유전성은 작다.

모든 사람이 당신의 클론인 세상, 그러니까 모두가 당신과 똑같은 유전자를 가졌다고 상상해보라(엄청난 호러영화가 되겠는걸). 이런 세상에서는 모든 IQ 차이가 오로지 환경의 영향에서 비롯될 것이다. 유전적 분산은 0이고 지능의 유전성 역시 0일 것이다. 이것은 지능 '자체'가 0퍼센트로 유전된다는 뜻이 아니라, 그저 분산이 0일 뿐이다.

또 다른 극단은 환경적 분산이 0인 세상인데, 그것은 클론 세상보다 상상하기가 훨씬 더 어렵다. 모든 사람이 완전히 똑같은 환경의 영향을 받는다. 똑같은 교육을 받고, 부모와 친구로부터 똑같은 양육과 애정을 받고, 똑같은 음식을 섭취한다. 관련된 모든 환경 영향을 이런 식으로 나열한다면 책 한 권으로는 부족하리라. 환경적 분산이 0인 세상에서는 (다른 모든 특성과 마찬가지로) 지능의 유전성이 100퍼센트일 것이다.

유전성은 게놈에 기록된 고정된 수치가 아니라(설령 유전성이라는 단어가 그렇게 들릴지라도), 언제나 우리가 어떤 집단에서 어떤 환경을 경험하느냐에 좌우된다. 환경적 분산이 아주 큰 뉴욕을 예로 들어 보겠다. 월스트리트에서 은행가들이 말끔하게 다림질된 양복을 입고 테이크아웃 커피를 들고 통유리로 지어진 고층빌딩 사이를 바쁘게 오가는 동안, 몇 블록 떨어진 곳에서는 노숙자들이 추위에 떨고 있다. 또 브롱크스의 아이들이 열악한 학교에 다니는 동안, 남쪽으로 몇 킬로미터 떨어진 곳의 아이들은 매년 수만 달러를 내는 사립학교에 다닌다.

환경적 분산이 명확히 더 작은 전원마을을 보자. 사람들은 멋진 전원주택에서 살고, 잔디는 완벽하게 다듬어져 있고, 아이들은 똑같이 집 근처의 작은 학교에 다니고, 일요일에는 교회에 간다.

이제 사고실험으로, 모든 뉴욕 시민과 전원마을 주민이 클론이라고 상상해보자. 우리는 이제 유전자가 완전히 똑같은 두 집단을 가졌다. 두 집단을 관찰해보면, 전원마을보다 환경적 분산이 훨씬 큰 대도시에서 전체적으로 지능 차이가 더 클 뿐 아니라 지능의 유전성 역시 낮다! 환경의 차이가 큰 곳일수록 분산에 미치는 환경적 영향의 비율은 올라가고 유전적 영향의 비율은 내려가서, 결국 유전성도 내려간다. 그러니까 마지막으로 강조한다. 유전성은! 상대적이다! (마지막이라는 말은 거짓이다. 또 강조하게 될 것이다.)

오해 3: 유전성은 여러 집단 간의 지능 차이가 어떻게 생기는지를 말해준다

아니다! 유전성은 그저 한 집단 내의 지능 차이가 어떻게 생기는지를 말해준다.

대도시 vs. 전원마을의 예를 다시 보자. 단, 이번에는 클론이 아니라 서도 다른 두 집단이 있다고 하자. 즉, 대도시 주민과 전원마을 주민이다. 대도시 주민의 평균 IQ가 전원마을 주민의 평균 IQ보다 10점이 더 높다고 가정해보자. 이 10점 차이를 만드는 데 유전자 차이가 차지하는 비율은 얼마나 될까? 유일하게 올바른 대답은 이것이다. '모른다!'

효과크기와 분산의 중대한 차이를 구별해야 한다. 일상에서는 둘 다 '차이'로 기술할 수 있지만, 이제 우리는 둘이 서로 다른 값임을 알게 됐다. 두 집단 '사이의' 차이를 보면, 그것은 효과크기다. 한 집단 '내의' 차이를 보면, 그러니까 평균값에서 얼마나 멀리 흩어져 있는지를 보면, 그것은 분산이다.

2장에서 배웠듯이 효과크기에서 분산의 역할이 중요한데, 두 곡

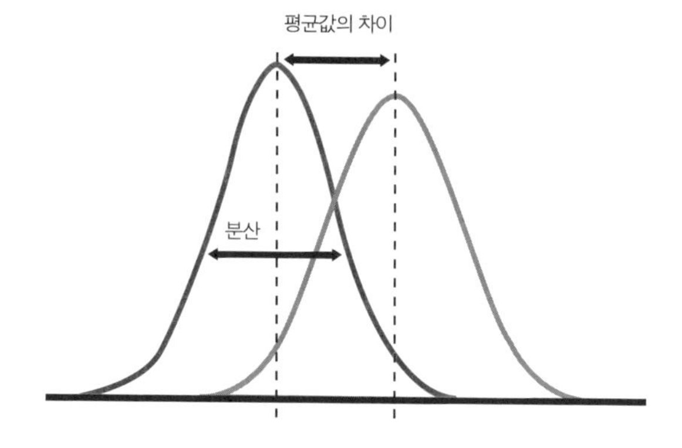

선이 얼마나 강하게 겹치는지를 그것이 결정하기 때문이다(자료 2.2 참조). 그러나 분산은 두 평균값의 차이와는 무관하다.

유전성은 분산에서 차지하는 유전적 영향의 비율이므로, 유전성은 분산이 어느 정도 비율로 집단 내의 유전자 차이 때문인지 알려준다. 그러나 집단 '사이의' 평균값 차이에 대해서는 전혀 알려주지 않는다.

대도시 vs. 전원마을 사례에는 각각 하나씩 총 두 가지 유전성이 있다. 대도시 유전성은 대도시 분산의 유전적 비율을 알려주고, 전원마을 유전성은 전원마을 분산의 유전적 비율을 알려준다. 앞에서 말했듯이, 대도시 유전성은 높은 환경적 분산 때문에 전원마을 유전성보다 더 작을 것이다. 그러나 두 유전성으로는 대도시 주민이 평균적으로 더 똑똑한 이유를 해명할 수 없다.

이것은 사회적으로 특히 중대한 오해와 관련이 있다. 특정 집단이나 국가의 평균 IQ를 비교하면 확실히 차이가 있기 때문이다. 예를 들어 미국에서 흑인이 백인보다 평균적으로 IQ가 낮다. 그리고 누군가는 계속해서 지능의 유전성을 이용해 이런 평균값의 차이를 유전으로 설명하고자 한다.[18] 그러나 이런 시도는 앞에서 기술했던 사고 오류이고, 심지어 별도의 이름도 있다. 바로 개인주의적 오류(Individualistic Fallacy)로, 한 집단 내의 관련성을 여러 집단 사이의 관련성과 연결하는 오류를 말한다.

유전자뿐 아니라 토양의 양분에 따라 크기가 달라지는 식물을 상상해보자. 양손 가득 씨앗을 쥐어 서로 다른 두 밭에 뿌린다. 하나는 양분이 많은 옥토이고, 다른 하나는 메마른 밭이다. 씨앗마다 다른 게놈을 가졌기 때문에 옥토뿐 아니라 메마른 밭에서도 식물들이 서로 다른 크기로 자란다. 그러므로 두 밭에서 분산은 오로지 유전적 영향만 받는다. 그러나 메마른 밭의 식물이 옥토의 식물보다 평균적으로 더 작은 것은 오로지 환경적 영향이다.

이것을 흑인과 백인 사례와 비교하면, 여기에도 '양분이 다른 토양'이 있다. 아프리카계 미국인은 사회경제적 지위가 평균적으로 더 낮고, 부 · 교육 · 일반적 건강 같은 여러 중대한 환경 요인이 그것과 겹친다. 이 모든 것이 다시 IQ 테스트 결과와 겹친다. 두 집단의 비교에서 유전적 차이(검은 피부 vs. 하얀 피부)뿐 아니라 환경적 차이(교육 기회의 차이)도 확인한다면, 두 집단은 은유적으로 표현해서 서로 다른 두 밭에 있는 것이다. 두 밭의 차이에 유전성을 이용할 수 없다.

오해하지 마시라. 두 집단의 차이가 유전적 영향을 받지 않는다는 얘기가 아니다. 두 집단의 차이는 (한 집단 내의 분산과 비슷하게) 환경뿐 아니라 유전적 영향도 받는다. 다만 각각의 비율은 알지 못한다.

여기서도 짧게 중간 결론을 내려보자.

1. 지능의 유전성은 지능의 분산에 미치는 유전적 영향의 비율이다.
   만연한 오해와 달리, 유전성은 지능 같은 특성이 어떤 비율로 유전되는지를 말해주지 않는다. 단지 한 집단 내의 지능 차이가 어떤 비율로 유전적 영향인지를 말해준다. 다시 말해, 한 집단 내의 지능 차이가 유전자 차이 때문일 확률을 말해준다.
2. 유전성은 상댓값이다.
   환경 분산이 클수록 유전성은 작고, 환경 분산이 작을수록 유전성은 크다(뉴욕 vs. 전원마을의 사례).
3. 유전성은 집단 사이의 차이가 아니라, 한 집단 내의 차이만을 해명한다.
   유전성은 분산, 즉 한 집단 내의 평균값에서 얼마나 멀리 흩어져 있느냐와 관련이 있고, 효과크기, 즉 두 집단 사이의 평균값 차이와는 관련이 없다(두 밭의 사례, 개인주의적 오류).

그러므로 틸로 자라친이 《독일이 사라지고 있다》에서, 지능이 70퍼센트까지 유전된다고 주장하고 다른 문화 사람들 간의 차이가 70퍼센트까지 유전의 영향이라고 결론짓는다면, 그것은 '아무도 들으려 하지 않는 불편한 진실'의 사례가 아니라, 그냥 과학의 해석 오류에 불과하다.

그것과 별개로, 지능의 유전성을 70퍼센트로 잡은 것은 다소 과했다. 이를 더 자세히 살펴보자.

유전성이 얼마나 높은지 어떻게 알까?

다양한 과학 연구가 꾸준히 지능의 유전성을 조사했다. 과거에는 (연구에 따라) 40에서 70퍼센트까지 전혀 다른 수치가 발표됐지만, 현재는 대다수 연구에서 지능의 유전성이 약 50퍼센트에 안착했다. 비교를 위해 말하자면, 키의 유전성은 약 80퍼센트다.[19]

'유전성'이라는 단어뿐 아니라 숫자도 오해를 낳을 수 있다. '지능은 52퍼센트까지 유전된다' 같은 문장은 매우 그럴듯하게 들린다. 어쨌든 누군가가 뭔가를 측정하고 계산한 결과일 테니까. 수학적으로! 과학적으로! 사이언스!! 그러나 '어떻게' 측정되고 계산됐는지 모른다면, 숫자는 사실 크게 힘이 없다. 앞에서 봤듯이, 중요한 것은 방법이다.

유전성 측정의 고전적 방법 하나는 이미 언급한 쌍둥이 연구다. 일란성 쌍둥이와 이란성 쌍둥이의 비교를 떠올려보자. 일란성 쌍둥이는 이란성 쌍둥이나 일반 형제보다 IQ가 서로 더 비슷한데, 유전자가 더 비슷하기 때문이다.

이런 정성적 지식을 정량화할 수 있다. 일란성 쌍둥이와 이란성 쌍둥이의 IQ 상관계수를 이용하면 된다. 한 연구에서 현실적 상관계수는 예를 들어 일란성 쌍둥이가 0.86, 이란성 쌍둥이가 0.6이다.

그러니까 0.26 또는 26퍼센트 차이가 생긴다. 이 차이를 기준으로 이른바 팔코너의 공식에 따라 지능의 유전성을 추정할 수 있다.

$$유전성 = 2 \times (상관계수_{일란성\ 쌍둥이} - 상관계수_{이란성\ 쌍둥이})$$
$$= 2 \times (86\% - 60\%)$$
$$= 2 \times 26\% = 52\%$$

이란성 쌍둥이가 유전인자의 절반만 공유한다면, IQ는 26퍼센트 '더 차이가 난다.' 그리고 공유한 유전인자 50퍼센트는 유전적 부분의 절반과 일치하므로, 유전적 부분 전체는 26퍼센트의 2배, 52퍼센트가 된다. 이것은 한 연구 결과를 바탕으로 일반화한 결론이므로, 하나의 '추정치'일 뿐 대표 모집단의 표본 분석이 아니다.

모든 방법과 마찬가지로, 쌍둥이 연구 방법에도 허점이 있다.[20] 예를 들어 일란성 및 이란성 쌍둥이의 환경 분산이 똑같다는 가정을(앞서 표현한 것처럼, '이란성 쌍둥이는 일란성 쌍둥이와 마찬가지로 비슷한 환경을 경험한다') 기반으로 연구가 설계된다. 그리고 비판자들이 바로 이것을 지적한다. 연구 설계의 근거는 타당하다. 일란성 쌍둥이는 유전자 면에서 이란성 쌍둥이보다 더 비슷할 뿐 아니라 더 비슷한 환경을 경험한다. 예를 들어 부모, 친구, 교사가 그들을 이란성 쌍둥이보다 더 비슷하게 대하기 때문이다. 이런 가정 때문에 쌍둥이 연구에서는 유전성이 체계적으로 과대평가된다.

반면, 입양된 형제와 친형제를 비교하는 입양 연구에서는 유전성이 체계적으로 과소평가된다. 이 연구 분야에도 퍼즐 원리가 작동한다. 각각의 연구는 전체를 위한 퍼즐 조각 하나만 제공한다. 유전성의 전체 그림이 완성되려면 아직 수많은 퍼즐 조각이 더 필요하다.

유전자와 환경이 뒤섞인 거대한 반죽

지금까지 우리는 유전자와 환경을 독립된 존재로 다뤘다. 그러나 둘은 독립된 존재가 아니다. 그러므로 발현 유형 공식에 한 가지 요인이 더해져야 한다.

발현 유형 = 유전자 유형 + 환경 + 게놈과 환경의 혼합

유전자와 환경은 수학적으로 서로 의존할 뿐 아니라, 실제로 많은 부분이 서로 뒤섞여 있다.[21] 게놈-환경 상관관계라고 불리는 이런 혼합 반죽을 음악성을 예로 살펴보자.[22]

능동적 게놈-환경 상관관계

유전적 영향으로 음악성을 타고난 사람은 음악성이 없는 사람보다 음악을 더 많이 듣고, 더 자주 콘서트에 가고, 악기를 배울 것이다. 유전된 음악성이 이런 환경 영향을 통해 더 강화되고 지원된다. → 우리의 유전자는 자기에게 적합한 환경을 찾는다.

반응적 게놈-환경 상관관계

유전적 영향으로 음악성을 타고난 학생은 학교에서 교사의 눈에 띄고, 교사는 이 학생을 학교 오케스트라에 가입시키고, 이것이 학생의 음악성을 더욱 강화한다. 또는 부모가 음악학원에 보내고 악기를 사준다. → 환경이 유전자에 반응한다.

수동적 게놈-환경 상관관계

음악성이 있는 부모의 자녀들은 부모의 음악성 유전자를 반드시 물려받지 않아도 평균 이상으로 음악성을 갖는다. 그들은 손만 뻗으면 악기가 있는 가정에서 자라며 음악을 많이 듣고 스스로 음악을 하기 때문이다. 다시 말해 그들은 음악성이 향상될 환경도 '물려받는다.' → 부모는 자녀에게 유전자뿐 아니라 환경도 물려준다.

이 모든 효과는 타당할 뿐 아니라 유전성 연구 결과에도 반영된다. 예를 들어 지능의 유전성은 나이가 들수록 증가한다!

이해가 안 된다면, 일단 외우자. 지능 차이에 미치는 유전자의 영향력은 나이가 들수록 점점 커진다.[23] 유전성은 80세 이후에 비로소 다시 낮아진다.[24] 언뜻 생각하면 의아하다. 나이가 들수록 점점 더 환경의 영향이 커지지 않나? 당연히 그렇다. 다만 게놈-환경 상관관계가 이른바 '유전자 증폭(genetic amplification)'이라는 효과를 낳는다.[25] 우리는 인생을 살면서 유전자에 맞게 환경을 선택하고 적응하고 구성한다. 그 과정에서 어릴 때는 아직 상대적으로 작았던 유전적 차이가 점점 더 커진다. 아무리 반복해도 부족하다. 유전성은 상대적이다!

유전자와 환경은 어쩌면 논문에서 또는 팔코너의 공식에 따른 이론적 유전성 추정에서 분리될 수 있겠지만, 현실에서는 서로 밀접하게 연결되어 있고 종종 뗄 수 없이 서로 얽혀 있다. 물론 유전성의 게놈-유전자 상관관계에 대한 다른 모형과 공식도 있다. 그러나 그것 역시 제한적으로만 현실을 반영하는 추정에 불과하다. 아무튼, 환경과 유전자 사이에 훨씬 더 직접적인 협력이 있다.

암컷 거북이와 수컷 거북이 뒤에 감춰진 과학

DNA는 생명을 상징하는 분자이지만, 그 자체로는 생명이 없다. 생명은 세 가지 요소를 기반으로 한다. DNA, RNA, 프로테인이다. 이 중에서 프로테인은 우리 몸의 일꾼으로 매우 다양한 임무를 수행한다. 화학반응의 촉매 역할을 하고, 올바른 분자들이 빠르게 서로를 발견하도록 중매쟁이 역할도 한다. 또한 전달물질 간 만남의 장소인 수용체를 만들고, 구조단백질로서 세포막 · 결합조직 · 지지조직의 기초를 제공한다.

프로테인이 결국 모든 생체 기능을 책임지며, 프로테인 설계도를 전달하는 것은 ACTG 코드로 암호화된 DNA다(자료 6.2 참조). 세포 하나에 특정 프로테인이 필요하면, 그에 맞는 유전자가 활성화된다. 이때 RNA(RiboNucleic Acid, 리보핵산)가 활약한다. RNA는 DNA 코드에서 설계도를 해독하여 프로테인을 생산한다. DNA에서 RNA를 거쳐 프로테인에 이르는 (매우 단순화한) 유전자 발현 과정을 통해 유전자 유형이 발현 유형이 된다. DNA에 있는 암호화된 설계도는 해독되어 실현되지 않으면, 즉 유전자가 발현되지 않으면, 아무것도 하지 못한다.

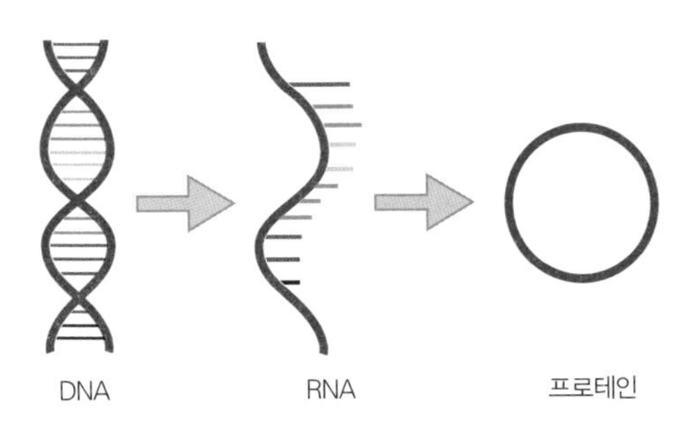

이때부터 이미 유전자와 환경이 뒤섞인 거대한 반죽이 시작된다. 유전자 발현은 환경의 영향으로 방해되거나 지원될 수 있기 때문이다. 이를 다루는 것이 후성유전학이다. 어떤 특성이 실제로 나타날지는 부모에게 물려받은 DNA의 뉴클레오타이드 순서뿐 아니라 DNA 또는 DNA 주변에 작은 화학적 변화를 일으킬 수 있는 외부 영향에도 좌우된다.

DNA의 특정 자리에 메틸기(아주 작은 화학원소 그룹)가 추가될 수 있는 메틸화 또는 메틸기의 제거를 뜻하는 탈메틸화가 이것의 고전적 사례다. 이런 화학적 조정이 DNA 자체뿐 아니라 이른바 히스톤에서도 발생할 수 있다. 히스톤은 DNA 사슬이 감기는 실패 같은 역할을 하는 단백질이다.

후성유전학은 거북이의 성별 결정에서 특히 인상 깊게 드러난다. 인간은 스물세 번째 염색체쌍의 조합이 성별을 결정하는 반면, 거북이는 알이 발달하는 동안의 기온이 성별을 결정한다. 특정 발달 단계 기간에 기온이 낮으면 알에서 수컷 거북이가 부화하고, 더 따뜻한 환경이면 암컷이 태어난다.

여기에 숨어 있는 후성유전학 과정은 이렇다. 수컷 거북이로 발현되는 유전자는 기온이 높으면 활성을 멈춘다. DNA 사슬이 히스톤, 그러니까 '실패'에 단단히 감겨 있어서 유전자코드가 읽힐 수 없기 때문이다. 그러나 기온이 낮으면 히스톤에 탈메틸화가 생겨 DNA 사슬이 약간 느슨해져서 유전자가 발현할 수 있다. 짜잔, 수컷 거북이다![26] 기온과 관련된 이런 현상은 오래전에 알려졌지만, 2018년이 되어서야 비로소 거북이 성별 뒤의 후성유전학 과정이 생화학적으로 밝혀졌다.

거북이만큼 대단히 눈에 띄는 결과는 없지만, 인간에게도 후성유전학 효과가 있다. 환경오염이나 스트레스 같은 외적 영향 그리고 운동이나 식습관 같은 생활 방식이 유전자 발현에 영향을 미칠 수 있다.[27] 이 모든 것이 태아 때 이미 시작된다. 일란성 쌍둥이는 출생 직후에 벌써 다른 후성유전자, 즉 DNA와 히스톤의 다른 메틸화를 보인다.[28] 그리고 놀랍게도 식물, 선충, 초파리에서도 후성유전적 변화가 다음 세대에 계속 전달되는 것을 확인할 수 있다.[29] 이것은 진짜 충격적 대사건인데, 환경의 영향이 다음 세대에 유전된다는 뜻이기 때문이다! 인간의 경우에도 그런 후성유전적 변화가 다음 세대에 유전되는지는 증명하기가 쉽지 않지만, 상상만으로도 벌써 충격적이다.[30]

후성유전적 변화가 지능에도 영향을 미칠 가능성을 완전히 배제할 수 없고, 심지어 그 첫 번째 증거가 벌써 있다.[31] 다만 아직은 기초연구에 불과하고, 어떤 음식이 인지 능력에 특히 좋은지 또는 어떤 유해물질이 특히 해로운지조차 제대로 알지 못한다. 이런 기초연구는 우리의 일상과 거의 아무런 관련이 없지만, 유전자와 환경을 분리해서 생각하는 것이 얼마나 초보적인지 통찰하는 좋은 계기를 제공해준다.

사실 이 책의 유전성 정의 역시 심하게 단순화됐다. 우리는 유전성을 분산에서 차지하는 유전적 요인의 비율로 이해하지만(앞서 설명했듯), 유전자와 환경은 말끔히 분리되지 않는다. 그러므로 유전성은 복잡한 현실을 제한적으로만 기술하는 하나의 모형에 불과하다. 유전성 개념을 두고 논쟁을 벌이기 전에 이 점을 염두에 둬야 한다.

유전자를 보면 얼마나 똑똑한지 알 수 있을까?

스포일러: 아니다!

마지막으로 한 번만 더 성격 특성의 유전법칙 세 가지로 돌아가 보자.

1. 모든 성격 특성은 유전의 영향이다.
2. 유전의 영향만 받는 성격 특성은 없다.

3. 아주 작은 영향력만 가진 각각의 유전자가 무수히 합해져서 유전적 영향력을 만든다.

우리는 이제 1번과 2번 규칙을 명확히 알게 됐다. 이제 3번 규칙이 어디에서 왔는지 알아보자.

2003년 4월에 처음으로 인간 게놈이 완전히 해독되어 발표됐다.[32] 약 30억 염기쌍이 차곡차곡 해독됐다. DNA의 이중나선 구조가 발견된 후 정확히 50년 만이다. 이 어마어마하게 방대한 우리의 게놈에는 어떤 정보가 적혀 있을까? 당시 국립인간게놈연구소(NHGRI) 소장이었던 프랜시스 콜린스(Francis Collins)는 이 게놈을 "책 세 권을 하나로 합쳤다"라고[33] 묘사했다. 인간종의 역사를 보여주는 역사책 한 권, 모든 체세포와 그것의 모든 구성 요소를 위한 설계도가 담긴 방대한 안내서 한 권, 질병을 치료하고 예방하는 방법을 알려주는 유연한 의학 교재 한 권. 보라, 과학이 이렇게 문학적일 수 있다!

유전학의 새 시대가 열렸다! 과거에 멘델이 완두콩으로 이룬 업적은 매우 훌륭하고 중요했지만, 이제 게놈 해독 덕분에 조만간 침을 분석하여 특정 질병의 발병 위험을 미리 읽어낼 수 있으리라! 환자의 개별 게놈에 가장 적합한 개인 맞춤형 약이 처방되리라. 물론 엄격히 경계해야 한다. 아기의 게놈을 토대로 앞으로 얼마나 클지, 얼마나 뚱뚱할지, 얼마나 똑똑할지, 얼마나 건강할지 등 모든 것을 예언할 수 있을 테니 이 지식이 잘못 이용되지 않도록 주의해야 한다!

그러나 현대유전학의 이런 큰 기대와 걱정은 당분간 접어둬도 된다. 우리가 뉴클레오타이드 하나하나를 모두 읽어낼 수 있다는 건 무척 대단한 일이지만, 사실 아직은 걸음마 단계다. 게놈의 어느 부분이 어떤 특성을 담당하는지 알아내기는 굉장히 어렵다. 대다수 특성은 다유전자성, 그러니까 동시에 여러 유전자의 영향을 받는다. 그리고 대다수 유전자는 다발현성, 그러니까 동시에 여러 특성을 담당한다. 여기서 다시 우리는 절감하게 된다. 정말 복잡하군.

그러나 인간은 역시 영리하고, 대부분 어떻게든 방법을 찾아낸다. 우선 게놈의 99.9퍼센트가 모든 사람에게 똑같다는 사실이 도움이 된다. 개인의 차이점을 유전적으로 해명하고자 한다면, 모두가 똑같은 이 99.9퍼센트에는 관심을 둘 필요가 없다. 나머지 0.1퍼센트가 유전자 차이이고, 그중에서도 한 가지 차이가 특히 빈번하다. 게놈의 특정 위치에서 뉴클레오타이드 하나(게놈을 책으로 봤을 때, 철자 하나)가 다르다. 인구의 1퍼센트 이하에서 이런 차이가 생기면, 이것은 드문 변이다. 이런 차이가 더 자주 있으면, 단일염기다형성(Single Nucleotide Polymorphism, SNP)이라고 부른다. 대략 옮기면 '염기 하나가 여러 모양을 띤다'는 뜻이다.

유전학자는 SNP를 무척 사랑하는데, 이런 개별 '철자'의 차이가 유전적 차이의 90퍼센트를[34] 담당하기 때문이다. 그러므로 게놈 염기서열 분석의 이른바 '라이트 버전'으로 SNP를 사용한다. 라이트 버전인 만큼 게놈 전체가 아니라, 전체 게놈에 퍼져서 '대표적으로' 한 사람의 유전적 특징을 담당하는 1만에서 최대 10만 개의 SNP만 해독된다. 이런 유전자 유형 분석은 당연히 게놈 전체 염기서열 분석보다 정확도가 떨어진다. 그 대신 훨씬 간단하고 빠르다. 그래서 대규모 집단을 유전적으로 비교하기가 훨씬 쉽고 더 저렴해졌다.

어떤 유전적 차이가 지능의 유전성에 기여하는지 알아내려면, 피험자 집단과 그들의 유전자 유형 분석 그리고 IQ 테스트 결과가 필요하다. IQ가 높은 사람이 낮은 사람보다 더 자주 특정 유전자의 차이 또는 특정 유전자조합의 차이가 있을 것으로 기대된다. 예를 들어 7번 염색체에 SNP가 있다. 그러니까 DNA의 특정 자리에 어떤 사람은 A를 가졌고, 어떤 사람은 G를 가졌다. 이때 차이의 빈도와 IQ 사이에 아무런 연관성이 없으면, 이 SNP는 지능과 무관하다. 반면 IQ가 높을수록 A 또는 G가 더 자주 있으면, 이 SNP는 지능과 상관관계가 있다. SNP와 특정 특성을 연결하는 이런 방법을 게놈 전체 연관 연구(Genome-wide association study, GWAS)라고 부른다.

'게놈 전체'라고 하니까 아주 방대하게 들리지만, 사실 그것은 전체 게놈을 관찰한다는 뜻이 아니라 '게놈 전체'에 퍼져서 게놈을 적절히 '대표하는' SNP만을 관찰한다는 말이다. 이런 GWAS로 특정 유전자 차이와 특정 질병 위험 사이의 연관성을 발견하려는 시도가 종종 있다. 기본적으로 지능과의 관련성을 포함하여 모든 유전적 특성과의 관련성을 수색할 수 있다. 젠장, 대다수 특성이 다유전자성이었다.

SNP 하나, 즉 유전자 차이 하나가 사람들의 지능 차이에 평균 0.005퍼센트 기여한다.[35] 이 작은 기여도를 합치면 지능의 유전성을 결정할 수 있다. 그러면 그것을 SNP 기반 유전성이라고 부른다. 이 방법의 장점은 그것을 위해 쌍둥이 또는 친척이 필요치 않다는 것이다. 그 대신에 친척이 아닌 사람들을 무작위로 관찰하여 그들의 유전자 차이를 IQ와 연관 지을 수 있다. 그러나 각각의 유전자 차이가 우스울 정도로 아주 조금만 기여하기 때문에 이런 기여는 너무 쉽게 통계 잡음이 된다. 현재 유전자 차이를 이용해 지능의 분산을, 쌍둥이 연구처럼 50퍼센트가 아니라 단지 약 25퍼센트만 해명할 수 있기 때문에(이것을 '잃어버린 유전성'이라고 부른다) 지능의 유전성에 아주 조금만 기여하는 수많은 유전자 차이가 아직 발견되지 않은 채 남아 있다고 본다.

지금까지 발견된 유전자 차이가 비록 아주 작긴 하지만, 통계 잡음에 묻히지 않을 정도로는 충분히 크다. 잡음 중에는 아마도 똑같이 차이에 기여하는 수많은 작은 무리가 숨어 있을 것이다. 로마의 트레비 분수에 던져진 10유로짜리 지폐가 은유로 적합할 것 같다. 이 관광 명소는 관광객이 분수에 던진 동전으로 매일 약 4,000유로의 수입을 올린다. 당연하게도 지폐가 동전보다 더 크게 기여하지만, 10유로는 4,000유로의 0.25퍼센트에 불과하다. 지능과 관련된 유전자 차이의 경우, 지금까지 큰 지폐만 발견했고 이제 동전을 한 곳에 모을 차례다.

이를 통해 플로민과 디어리의 세 번째 법칙이 나온다.

3. 아주 작은 영향력만 가진 각각의 유전자가 무수히 합해져서 유전적 영향력을 만든다.

비록 기술적으로 인간 게놈의 철자 하나하나를 모두 해독할 수 있더라도, 그것의 코드를 읽는 것이라면 우리는 아직 문맹 상태에 있다. 설령 언젠가 기술적으로 극히 작은 유전자 차이를 모두 식별할 수 있더라도, 그것이 코드 해석을 더 쉽게 하지는 않을 것이다. 그러므로 유전자 차이를 근거로 한 인간의 지능을 추정하려면 아직 머어어어어어얼었다. 그것과 비교하면 갑자기 IQ 테스트의 타당성이 훨씬 더 커 보인다.

IQ 테스트의 좋은 근거와 나쁜 근거

이 장을 시작할 때로 돌아가 보자. IQ 테스트를 두려워해야 할까? 글쎄, 시험이라면 우선 겁부터 나는 사람은 두려울지도 모르겠다. 그렇지 않다면 두려워할 이유가 전혀 없다. 설령 평균 이하라는 결과가 나오더라도 좌절하지 않아도 된다는 근거가 적어도 두 가지는 있다.

1. 지능은 변한다.

   지능 차이는 비록 약 50퍼센트까지 유전자의 영향을 받지만, 이는 또한 약 50퍼센트까지 환경의 영향을 받는다는 뜻이기도 하다. 그리고 이 환경의 일부는 우리 손에 달렸다. 심리학자 스튜어트 리치(Stuart Ritchie)에 따르면, 학습은 지능을 높이는 최고의 훈련이다. 리치는 한 메타분석에서 교육 기간이

길수록 IQ가 1년에 약 1~5점이 높아진다는 사실을 발견했다.[36]

2. 지능은 수많은 특성 중 하나에 불과하다.
   감성, 사회성, 창의성 또는 소피 폰 슈툼이 말했던 '헝그리 정신' 같은 수많은 성격 특성이 단지 지능만큼 쉽게 측정할 수 없다고 해서 지능보다 덜 중요한 것은 아니다.

IQ 테스트를 과대평가해선 안 된다. 그러므로 IQ가 낮게 나올지도 모른다는 두려움은 IQ 테스트를 반대할 좋은 근거가 아니다. 오히려 IQ 테스트를 찬성할 좋은 근거들이 있다. IQ 테스트를 하는 목적은 다른 사람들과 자신을 비교하는 것이 아니라 자신과 자신을 비교하는 것이다! 특정 나이부터는 정기적 IQ 테스트가 자신의 인지 건강 상태를 살피는 데 유용할 수 있다. 치매 또는 알츠하이머 같은 노화 질병의 경우 종종 인지 테스트가 진단 도구로 사용되지만, 그것은 기본적으로 징후나 증상이 있을 때라야 한다. 그러므로 정기적 IQ 테스트를 일종의 건강검진으로 활용할 수 있을 것이다.[37]

정기적으로 검사를 하면 더 신뢰할 만하거나 적어도 더 객관화된 결과를 얻을 수 있다. 독일의 한 연구팀이 초등학교 3~4학년 학생 110명에게 매일 세 번씩 과제를 주고 스마트폰으로 풀게 했다. 학생들의 학습 능력은 하룻밤 사이뿐 아니라 하루 이내에도 막대하게 바뀔 수 있었다.[38] 과학 저널리스트이자 심리학자인 스콧 배리 코프먼(Scott Barry Kaufman)은 이와 비슷한 여러 연구에서 흥미로운 자기 최적화 방식의 아이디어를 얻었다.[39] 예를 들어 아침보다 저녁에 업무 능력이 훨씬 높다는 걸 안다면 어떻게 될까? 코로나 팬데믹의 부차적인 효과로 재택근무가 안착된 지금, 어쩌면 다음 단계로 IQ 테스트 또는 여타 인지 테스트가 개별화된 효율적 근무 시간의 가이드 역할을 할 수 있을 것이다.

몇몇 전문가는 IQ 테스트가 기회균등을 위한 좋은 도구라고 주장한다. 자녀가 사실은 영재인데 아무도 모르고 있다면, 그냥 테스트해보면 된다. 그러면 사회적 차별, 언어 능력 부족(언어 없이 진행되는 IQ 테스트도 있다) 또는 교사의 무관심으로 발견되지 못한 영재들도 발굴해낼 수 있으리라. IQ 테스트는 추가적 선발 기준으로 사용하기에 학교 성적이나 교사의 평가보다 더 공정할 수 있다. 그러나 그렇게 활용하는 게 정말 좋은 아이디어인지는 잘 모르겠다. IQ 테스트에서는 어쩔 수 없이 절반이 평균 이하로 판명되기 때문이다. 사회는 이 절반을 어떻게 판단할까? 그들을 지원하기 위해 더 많은 관심과 자원을 투자할까? 아니면 100 이하 IQ가 진한 낙인이 되어 나쁜 학교 성적보다 훨씬 끈질기게 평생을 따라다닐까?

IQ 테스트 결과는 사실 100미터 달리기 기록과 비슷하다. 운동 능력도 IQ와 마찬가지로 정규분포를 따르고, 지능과 마찬가지로 유전과 환경의 영향을 모두 받는다. 대다수 운동선수는 분명 평균보다 더 높은 재능을 타고났지만, 분명 평균보다 훨씬 더 열심히 훈련한다.

운동 능력을 IQ처럼 대한다고 상상해보라. 나쁜 기록이 평생 유지될까 두려워 100미터 달리기 기록을 차라리 측정하지 않으려 한다? 우습지 않은가? 사회가 IQ를 달리기 기록처럼 여유롭게 대하지 못하는 한, 사람들을 비교하기 위한 인지 능력 평가 도구로 IQ 테스트를 활용하는 것은 문제가 된다. 아니, 해가 된다. 그런 인식을 바꾸는 데 이 책이 조금이라도 도움이 되면 좋겠다.

왜 남자와 여자는 다르게 생각할까?

주의하라, 당신의 뇌가 바뀔 수 있다

유도질문

다음의 두 진술 중 어떤 것이 사실에 더 가까운가?

☐ 남녀 사이에는 아주 작은 신경학적 차이만 있으므로, (태어날 때부터) 비슷하게 생각하고 비슷하게 행동한다.

☐ 남녀 사이에는 신경학적 차이가 상당히 있고, 행동양식이나 성격 특성의 차이 역시 생물학적으로 해명될 수 있다.

분명 몇몇은 제목을 읽으면서 벌써 이마를 찌푸렸으리라. 남자와 여자가 정말로 다르게 생각할까? 글쎄…, 남자와 여자가 일반적으로 다르게 행동한다는 것을, 예를 들어 여자들이 더 자주 운다거나[1] 남자들이 더 자주 주먹싸움을 한다는 것을,[2] 힘들지만 적어도 지적할 수는 있다. 또한 남자와 여자는 다른 결정을 내린다. 3장에서 봤듯이 남자는 일을 우선순위에 두고 여자는 가족을 우선순위에 두는데, 그것이 남녀 임금 격차의 주요 원인이다.

일반적으로 명확한(통계적으로 유의미한) 차이가 있다고 일단 합의하자. 이제 논쟁의 핵심은 이 차이가 문화적이냐 생물학적이냐다. 아무튼, 이런 논쟁은 완전히 합법적이고 흥미진진하다! 실수로 사고의 지름길로 들어서 섣부른 결론을 내리지 않도록 주의하기만 하면 된다. '남성적' 행동양식과 '여성적' 행동양식은 사회표준의 부산물이므로 문화의 영향이라고 주장하는 사람들은 남녀 차이를 실제보다 작게 보려는 경향이 있다. 반면 생물학적 차이라고 주장하는 사람들은 남녀 차이를 확대하는 경향이 있다. 그러므로 우리는 다음의 두 가지를 명확히 해야 한다.

1. 어떤 차이가 있나?
2. 이 차이는 어떻게 생기나?

나는 2번에 더 집중할 텐데, 그것이 더 큰 논쟁 주제이기 때문이다. 그러나 먼저 1번에 관한 몇 가지 흥미로운 내용을 보자.

생각했던 것보다 더 비슷할까, 아니면 더 다를까?

여자와 남자가 각각 화장품에 얼마를 지출하는지 비교하면, 그 차이는 정말 크다. 여자와 남자가 각각 몇 명이나 컴퓨터공학을 전공하는지 비교하면, 그 차이는 심지어 거대하다. 그러나 여자와 남자의 '머릿속을 보려고' 애쓰면, 즉 성격 특성이나 인지 능력을 비교하면, 종종 자세히 살펴야 겨우 차이를 발견할 수 있다.

개방성 · 성실성 · 외향성 · 친화력 · 신경증이라는 다섯 가지 성격 특성을 검사하는 5대 성격 테스트를 해보면, 여자와 남자는 다섯 가지 주요 범주에서 이렇다 할 차이점을 보이지 않는다. 그러나 하위 범주를 좀 더 자세히 살피면 차이가 드러난다. 예를 들어 '외향성'과 '친화력'의 경우 남자는 더 지배적이고 추진력이 강하고, 여자는 더 사회적이고 친화적이다.[3]

IQ에서도 남자와 여자는 이렇다 할 차이가 없다.[4] 그러나 남자는 여자보다 더 강하게 자신의 지능을 과대평가한다.[5] 남자는 3차원적 사고에서 약간 앞서고,[6] 여자는 언어 능력에서 앞선다.[7] 동기부여와 관심에서도 차이가 있는데, 남자는 사물에 관심이 있고 여자는 주로 사람에 관심이 있다.[8] 아마도 너무 평범한 클리셰처럼 들리겠지만, 여러 연구가 입증한 사실이다. 대부분의 연구 결과는 실제 사회 모습과 일치한다.

그러나 효과크기는 직관적으로 생각했던 것보다 확실히 작다. 2장과 6장에서 봤듯이, 효과크기란 두 가지 평균값(여기서는 여자 평균과 남자 평균)의 차이를 두 평균값 주변의 분산에 대한 비율로 나타낸 것이다(자료 2.2 참조). 이해를 돕기 위해, 남자와 여자의 평균 키 차이를 다시 보자. 여자는 평균 162센티미터, 남자는 175센티미터다. 남녀의 키 분포는 다음 그림과 같다(단위: 센티미터).

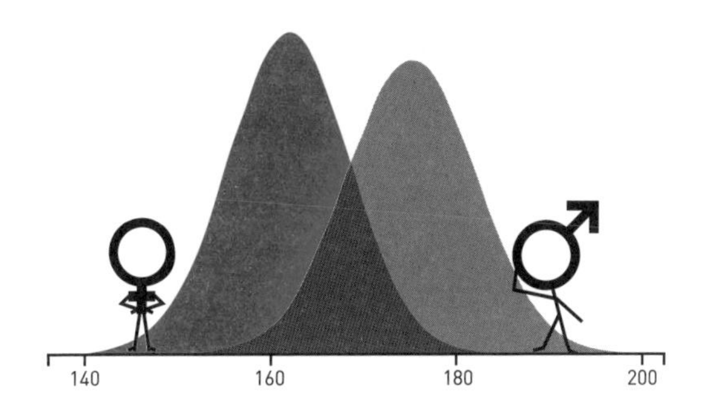

두 곡선이 34퍼센트 겹친다. 그러니까 모든 여자가 모든 남자보다 더 작은 건 아니지만, 두 곡선의 효과크기(d)는 1.91로 매우 크다.

행동, 성격 특성, 능력의 효과크기는 명확히 더 작다. 공간 지각력을 예로 들어보겠다. 남녀의 공간 지각력을 비교하기 위해 3차원 사물을 상상으로 회전하게 했다.

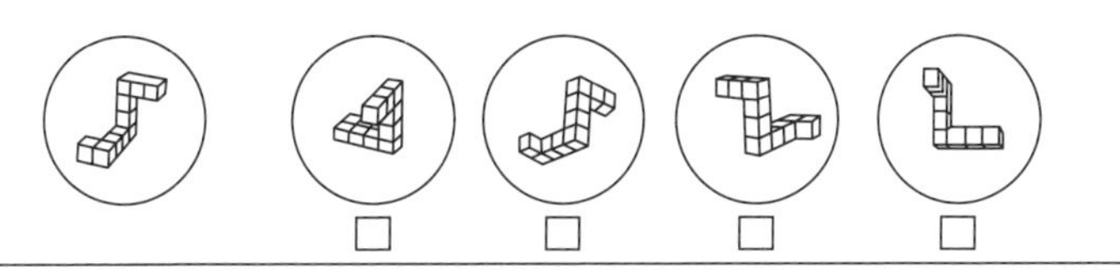

그림 7.1 '심적 회전 검사(mental rotation test)'를 이용한 공간 지각력 검사

남자가 여자보다 살짝 더 좋은 성적을 냈고, 이때 효과크기는 0.47로 대략 다음과 같다.

두 곡선이 80퍼센트나 겹친다. 0.47이면 비교적 큰 효과크기라고 할 수 있는데 수많은 연구에서 정신 능력, 소통, 사회성, 성격 특성의 효과크기가 이보다 명확히 더 작기 때문이다. 이와 관련하여 2015년에 총 2만 개 연구와 1,200만 명 이상의 피험자를 총괄하는 106개 메타분석을 분석하는 흥미로운 연구가 있었다.[9] 85퍼센트가 작은(d〈0.2) 또는 아주 작은(d〈0.1) 효과크기를 보였다. 총 2만 개 연구의 평균 효과크기는 0.21로 대략 다음과 같은 모습이었다.

이것은 무엇을 뜻할까? 여자들'끼리'의 차이와 남자들'끼리'의 차이가 남자와 여자 '사이'의 차이보다 명확히 더 크다는 얘기다.

그러나 이 연구 영역에도 2장에서 다뤘던 방법론적 허점이 있다. 폭력적 비디오게임에서 봤듯이, 폭력적 비디오게임을 하는 사람과 평화로운 비디오게임을 하는 사람의 차이, 브로콜리를 6주간 먹은 사람과 먹지 않은 사람의 차이, 남자와 여자의 차이 등 어떤 차이든지 두 집단 사이의 차이를 발견하는 연구라면 언제나 주의해야 한다. 차이의 중요도를 판단하려면 다음의 질문들에 답할 수 있어야 한다. 효과크기는 얼마인가? 차이가 통계적으로 유의미한가? 만약 그렇다면, 이런 통계적 유의미가 사실인가? 아니면 p-해킹의 가능성이 있었나? 이 연구는 사전등록이 됐나?

이런 질문들이 중요하다는 데는 모든 과학자가 동의할 것이다. 그러나 여자와 남자의 차이에 관한 연구라면, 출판편향(2장 참조) 가능성에 대해서는 의견이 서로 다르다. 상기해보자. '긍정적' 결과만 출판하고 '아무것도 나오지 않은' 연구들은 서랍 속으로 사라지면, 결국 출판편향은 연구 결과의 편향된 왜곡이나 마찬가지다. 여기서 질문 하나가 나온다. 기꺼이 출판되는 '긍정적 결과'란 무엇인가? 통계적으로 유의미한 차이가 발견되면, 그것은 기본적으로 긍정적 결과다. 그러나 여자와 남자의 차이에 관한 연구일 경우,[10] 일부 전문가는 차이의 발견을 달가워하지 않는 것 같다. 과학적으로 입증된 차이가 차별을 정당화하는 데 이용될까 두려워하는 바람에 이렇다 할 차이를 발견하지 못한 연구들이 더 기꺼이 출판되어 역편향을 낳을 수도 있다. 현실에서는 확실히 무엇을 추구하느냐에 따라 두 왜곡이 모두 나타난다.

나는 특히 두 가지를 명확히 하고자 한다.

1. 우리는 방법론적으로 취약할 수 있는 연구 영역에 다시 왔다. 그러므로 연구 결과에 너무 많은 의미를 부여하기 전에 그 연구의 방법론적 질을 확인하는 것이 중요하다.
2. 출판편향이든 역편향이든('부정적' 또는 '긍정적'으로 보는 평가, '보도할 만한' 또는 '지루한' 결과로 보는 평가), 모두 객관적이지 않고 관념과 문화의 영향을 받는다. 그러므로 과학은 객관적 '진실'을 전달하지 않고, 언제나 사회적 · 인간적 맥락 안에 존재한다.

생각은 정말로 뇌를 바꾼다

남자와 여자는 다르게 행동하고 능력도 다르다. 이것을 어떻게 설명할 수 있을까? 이것에 관한 명확한 주장들이 있지만, 사실 진짜 명확한 것은 아무것도 없다. 그렇지 않은가? 명확하기는커녕 오히려 질문이 꼬리에 꼬리를 문다.

남자가 여자보다 공간 지각력이 더 좋다면, 그것은 생물학적 원인일까 아니면 훈련이 가능할까? 부모가 아들에게는 레고를 사주고 딸에게는 인형을 사줄 때 벌써 시작될까? 남자아이가 여자아이보다 더 자주 하는 비디오게임이 어쩌면 공간 지각력을 발달시

킬지도 모른다. 선호하는 장난감과 취미는 그저 사회적 영향일 뿐이고, 이런 영향 없이도 남자아이가 여자아이보다 레고 놀이를 더 좋아하고 비디오게임을 더 즐길까? 그런데 왜 남자아이가 비디오게임을 더 자주 할까? 왜 여자들은 사람에 더 관심이 많을까? 혹시 그것 때문에 여자는 주로 사회적 직업을 선택하고, 남자는 주로 MINT(Mathematics, Informatics, Natural sciences, Technology) 분야의 직업을 선택할까? 여자아이와 남자아이의 관심 분야가 서로 다른 이유가, 그렇게 길러져서일까? 영화나 광고 그리고 최근에는 소셜미디어 알고리즘이 그런 성별 역할을 주입했기 때문일까? 아니면 영화와 광고가 우리의 본능적 욕구와 관심을 거울처럼 비춰주는 걸까? 어차피 동물도 수컷과 암컷이 다르게 행동한다. 인간이라고 해서 기본적으로 동물과 다를 이유가 뭐란 말인가.

일단 질문을 여기서 멈추자. 이런 질문은 끝도 없이 이어져 책 한 권을 가득 채우고도 남기 때문이다. 참 기이하기도 하다. 상황이 이런데 어떻게 사람들은 이 주제에 명확한 주장을 가질 수 있지?

이런 질문들에 과학적으로 명확하게 대답하기 어려운 방법론적 문제를 우리는 이미 3장에서 다뤘다. 모든 문화와 사회의 영향이 전혀 없고 모든 피험자가 똑같이 통제된 실험실을 마련할 수 있다면, 이때 관찰되는 모든 행동양식의 차이는 오로지 생물학적 차이로 볼 수 있을 것이다. 그러나 그런 실험실은 마련할 수 없으므로, 뭔가 다른 방법을 고안해내야 한다. 뭐가 있을까…. 생각해내야 해.

그렇지 뇌! 바로 그거다! 뇌는 우리의 생각과 행동의 장소다. 남녀의 뇌가 다르다면, 적어도 이 차이는 생물학적이다. 정말 그럴까??

아니다! 유도 질문의 두 선택지는 뇌에 관한 잘못된 상상에서 비롯된 진술이다. 그 이유를 지금부터 살펴보자.

뇌에 관해 깊이 생각하기! 그것은 대단히 메타적이다. 말하자면 뇌가 자기 자신에 관해 생각하는 거니까. 거의 영적으로까지 들린다! 아무튼, 뇌로 뇌를 생각해보자. 뇌는 신체의 맨 꼭대기 두개골 안에 어떤 모습으로 있을까? 뇌는 우리가 생각하는 것처럼 두개골 안에 아주 단단히 고정되어 있지 않다. 지금 이 순간에도 당신의 뇌는 두개골 안에서 끊임없이 이리저리 미세하게 움직인다.[11] 심지어 심장이 뛸 때마다 조금씩 움찔거린다.[12] 그리고 평소에도 아주 많은 일이 거기서 벌어진다.

뇌는 여러 종류의 세포로 이루어졌는데 가장 중요한 세포는 신경세포, 즉 뉴런이다. 최신 추정에 따르면 우리는 신경세포를 대략 860억 개 갖고 있다.[13] 뉴런이 특정 패턴으로 전기 자극을 보내면 우리의 모든 생각과 아이디어, 감정, 기억 등이 만들어진다. 이것을 아주 멋지게 '발화'라고 부른다. 단순화해서 보면 컴퓨터의 스위치 허브와 비슷하다. 뉴런은 켜지거나 꺼질 수 있는 각각의 비트다. 그렇게 보면 우리의 '하드웨어'는 약 860억 비트, 그러니까 대략 10기가바이트다. 다만 우리의 하드웨어는 그렇게 '딱딱하지' 않은데, 우리의 비트가 변할 수 있기 때문이다. 우리의 비트, 즉 뉴런을 조금 더 자세히 살펴보자(그림 7.2).

신경과학자들이여, 부디 진정하시라. 맞다, 이 도식은 종종 그렇듯 아주 심하게 단순화됐다(실제로는 아주 다르게 생긴 아주 다양한 종류의

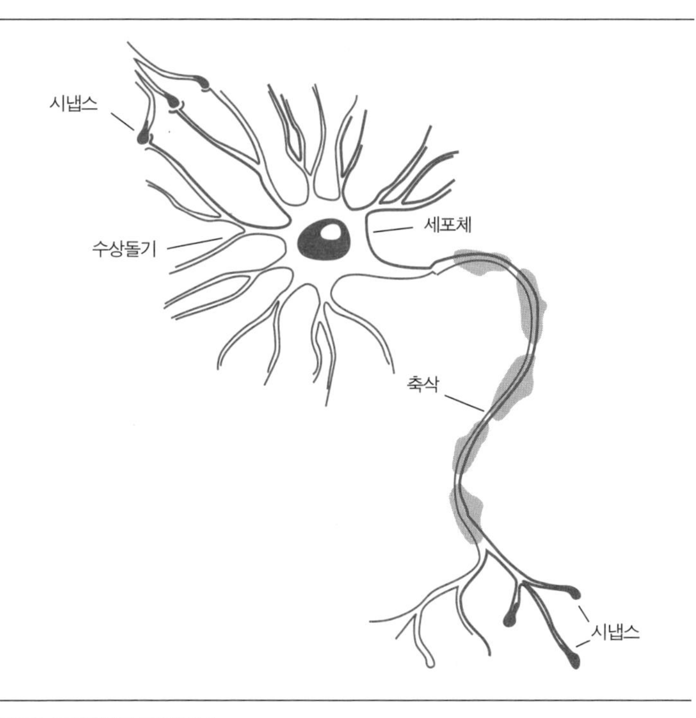

그림 7.2 도식화한 뉴런의 구조

뉴런이 있다). 그래도 뉴런의 가장 중요한 요소들을 잘 보여준다. 수상돌기는 뉴런의 '안테나'로, 다른 뉴런의 신호를 수신한다. 뉴런이 전기자극 형식으로 신호를 보내면(세포가 발화하면), 세포체에서 전기자극이 출발하여 축삭을 지나 시냅스로 이동한다. 축삭은 다른 뉴런을 향해 뻗은 일종의 '팔'이고, 시냅스는 두 뉴런 사이의 연결 지점이다. 더 정확히 말하면 시냅스 틈인데, 두 뉴런은 서로 붙어 있지 않고 둘 사이에 아주 작은 틈이 있다. 뉴런은 신경전달물질이라는 화학 메신저를 이용해 이 틈을 건너가 소통한다. '말하는' 뉴런이 발화하여 전달물질을 뱉어내면, '듣는' 뉴런은 이 전달물질이 정박할 수 있는 특별 수용체를 이용하여 신경전달물질을 맞이한다.

뉴런의 소통은 대단히 복잡할 뿐 아니라 매우 역동적이다. 컴퓨터의 비트는 단지 켜지거나 꺼질 수만 있지만, 뉴런은 더 강하게 또는 더 약하게 발화할 수 있다. 달리 말하면, 전달물질을 더 많이 또는 더 적게 분비할 수 있다. 수신자 입장의 뉴런 역시 더 많이 또는 더 적게 전달물질을 받아들일 수 있고, 신호에 더 예민하게 또는 더 둔하게 반응할 수 있다. 은유적으로 말하면, 뉴런은 더 크게 또는 더 작게 서로 대화할 수 있다. 소통이 강할수록 뉴런의 연결이 더 강하다. '함께 발화하는 것이 함께 연결된다.' 이것이 뉴런의 모토다. 그리고 이런 연결은 끊임없이 변한다. 연결의 강도가 역동적일 뿐 아니라 완전히 새로운 연결도 생겨날 수 있다.

그것을 어떻게 상상해야 할까? 앞의 도식처럼은 아니다. 거기서는 단지 몇몇 뉴런과의 연결만 볼 수 있기 때문이다. 실제로는 뇌세포 하나가 단지 몇몇 세포가 아니라 평균 7,000개와 연결된다.[14] 이런 연결이 필요에 따라 만들어지거나 방치되어 소멸할 수 있다. 모든 종류의 학습과 망각에서 그런 일이 벌어진다! 새로운 기술을 배우든, 단어를 벼락치기로 암기하든, 새로운 환경에 적응하든, 지금처럼 뇌에서 벌어지는 신경학적 과정을 읽고 이해하든 상관없다. 이 모든 것이 학습 과정이고, 이 학습 과정이 뇌를 지속적으로 바꾼다. 뇌의 활동('발화')을 바꾸고, 뉴런의 새로운 연결을 통해 구조도 바꾼다. 특별히 한심한 내용을 읽었거나 봤을 때, 나는 가끔 이렇게 중얼거린다. "에잇! 방금 내 소중한 뇌세포 몇 개가 죽었어!" 신경학적으로 보면 헛소리인데, 실제로 나의 뇌세포는 죽지 않았을 뿐 아니라 어쩌면 오히려 새로운 연결이 생겼을지도 모른다! 그것만이 아니다. 얼마 전에 밝혀졌는데, 어른의 뇌라도 새로운 연결이 생성될 뿐 아니라 심지어 새로운 뇌세포도 생겨날 수 있다![15] 스트레스나 격리처럼 강력한 환경 자극 또는 경험 때문에 그런 반응이 일어날 수 있다.

외적 경험을 통해 생리학적으로 뇌가 변하는 것을 신경가소성이라고 부른다(여기에 설명한 것보다 훨씬 많은 신경학적 메커니즘이[16] 있음을 명심하라). 자기공명영상(MRI)이나 양전자방출단층촬영(PET) 같은 현대 기술로 뇌의 회색질과 백색질의 변화를 관찰하여 신경가소성을 입증할 수 있다. 회색질은 특히 뉴런의 세포체로 구성된다. 백색질은 일종의 수송 및 네트워크 물질로 상상하면 되는데, 주로 뉴런의 연결인 축삭으로 구성되기 때문이다. 경험과 학습 과정을 통해 이런 뇌질이 변한다!

신경가소성에 대해 처음 들었다면, 다소 수상쩍다는 생각이 들 것이다. 오로지 생각만으로 뇌의 구조를 바꿀 수 있다고? 그리고 그것이 유지된다고? 정말 그렇다면, "심사숙고하라!"라는 말에 무게가 실린다. 그러나 사실 그것은 당연한 얘기다! 자전거 타기를 배우거나 새로운 언어를 배우면, 이 새로운 지식이 뇌 어딘가에는 저장되어야 마땅하다. 운동으로 신체가 바뀌는 것과 같은 원리다. 운동을 하면 근육이 생기고, 앞으로 운동 과제를 더 쉽게 수행할 수 있다. 훈련을 게을리하고 소파에 누워 감자칩을 먹으면 근육이 사라지고, 운동 과제를 수행하기가 다시 어려워진다. 뇌도 아주 비슷하다. 그래서 매체들이 예를 들어 "뇌가 변한다!"라고 외치며 새로운 연구를 보도하면, 신경학자는 "당연한 얘기를 또 하는군! 원래 '모든 것'이 뇌를 바꾼다고!"라며 화를 낸다. 정말이다. 이 책도 당신의 뇌를 바꾼다!

당연히 뇌의 구조와 기능은 생물학적 영향을 강하게 받는다. 유전자의 영향뿐 아니라 다양한 호르몬 같은 외적 생물학적 요인의 영향도 받는다. 태아의 뇌에서부터 이미 테스토스테론 수치가 다르다.[17] 남자아이가 평균적으로 여자아이보다 더 높다. 그러나 무엇보다 시간이 흐르면서 비생물학적이지만 생물학적으로 '바뀌는' 수많은 외적 요인이 추가된다. 세상에 태어나 살면서 다양한 경험을 하고 다양한 것을 배우는 매 순간을 통해 뇌의 모양이 달라진다. 남자아이에게 울면 안 된다고 약한 모습을 보여선 안 된다고 가르치고 레고 놀이와 비디오게임을 하게 하면, 시간이 지나면서 그것이 뉴런의 연결과 뇌의 회백질에 흔적을 남긴다. 여자아이에게 예뻐야 한다고 압박하고 스트레스를 주고 인형과 색연필을 갖고 놀게 하면, 그 역시 시간이 지나면서 뇌에 영향을 미친다.

뇌는 6장에서 다뤘던 '유전자와 환경이 뒤섞인 거대한 반죽'보다 훨씬 더 복잡하다. 우리의 행동은 뇌에서 나오고, 이 행동이 뇌를 바꾼다.[18]

남자와 여자의 서로 다른 '뇌'트워크

예전에는 남녀의 역할 모델이 지금보다 훨씬 굳어 있어서 남녀의 뇌 역시 다른 게 당연해 보였다. 처음 확인된 차이는 정말로 명확했다. 남자의 뇌가 여자의 뇌보다 평균적으로 더 컸다. 사실 이것은 놀랄 일이 아닌데, 남자가 여자보다 평균적으로 체격이 더 크니 뇌도 큰 게 당연하다. 그러나 당시에는 이런 차이를 남자의 지적 우위성에 대한 명확한 증거로 봤다. 인간보다 더 큰 뇌를 가진 고래의 지적 우위성은 인정하지 않으면서 말이다(향유고래의 뇌는 최대 9킬로그램이나 나간다[19]).

오늘날에는 뇌의 절대적 크기가 아니라 개별 뇌 영역의 상대적 크기 또는 회백질의 상대적 양과 분포를 비교한다. 그리고 실제로 여기서 남녀의 차이가 더 많이 발견됐다. 남자는 평균적으로 뇌의 부피가[20] 더 크다. 여자는 해마체가[21] 더 크고, 대뇌피질의 몇몇 자리가 더 두껍다.[22] 또한 이른바 연결성(Connectivity)에서도 작은 차이가 있다(그림 7.3 참조). 연결성이란 다양한 뇌 영역 사이의 네트워킹을 뜻한다. 여자는 남자보다 좌뇌와 우뇌 사이의 네트워킹이 평균적으로 더 강하고, 남자는 여자보다 좌뇌와 우뇌의 내부 네트워킹이 평균적으로 더 강하다. 다만 연결성의 이런 시각화는 차이를 쉽게 알아차릴 수 있도록 표현된 것에 불과하다는 사실을 잊어선 안 된다.

이 그림만 봐서는 분산이 얼마나 강한지 그리고 남녀가 얼마나 겹치는지 알지 못하기 때문에 차이를 과대평가할 위험이 있다. 그런 위험을 막고 연결성의 차이를 더 잘 이해할 수 있도록, 여기에 체격의 차이와 비교할 수 있게 몇몇 효과크기를 소개한다(그림 7.4).

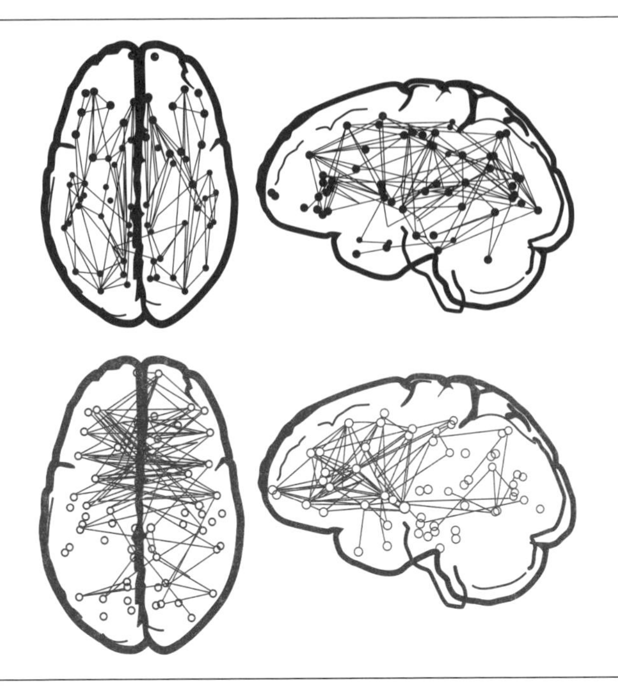

그림 7.3 남자 뇌(검정)와 여자 뇌(빨강)의 연결성[23]

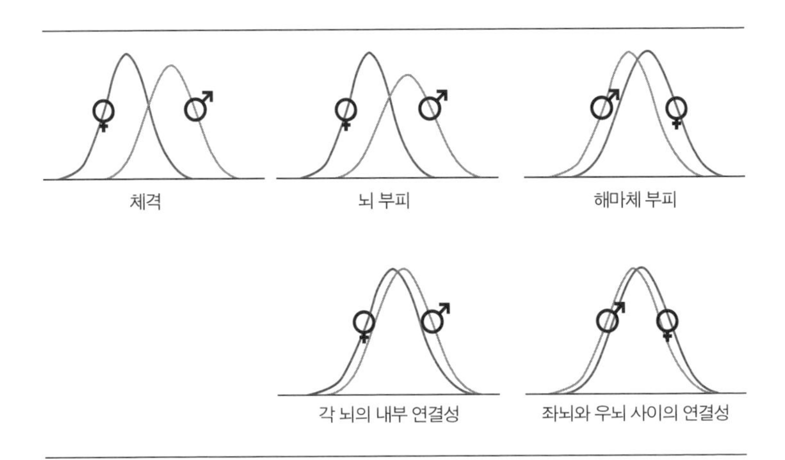

그림 7.4 남자와 여자를 비교한 다양한 효과크기[24]

흥미진진한가? 흠, 솔직히 아니다. 진짜 흥미진진한 질문은, 이 모든 것이 무엇을 의미하느냐다. 이런 구조적 차이가 다른 행동이나 특성을 어떻게 해명할까? 자, 자, 조금만 천천히, 여유를 갖자! 그렇게 빨리 답할 수 있는 문제가 아니니, 새로운 단락을 시작하는 것이 좋을 것 같다. 그러나 기대감을 갖도록 미리 귀띔하자면, 그것 역시 복잡하다.

뇌의 차이는 무엇을 뜻할까?

아마도 당신은 인간의 뇌를 표현한 다음과 같은 그림을 본 적이 있을 것이다.

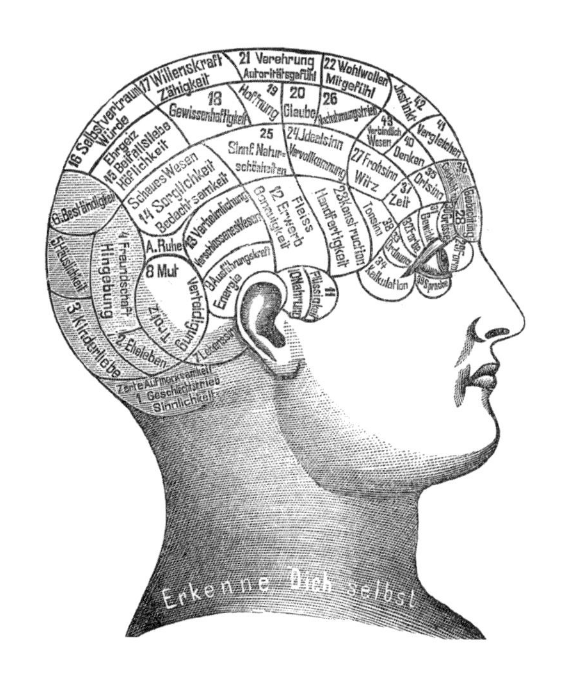

19세기 초에는 뇌를 이런 식으로 상상했다. 성격 특성이나 능력을 이렇게 단순화하여 뇌의 특정 영역에 각각 배정하는 것을 골상학(Phrenology)이라고 한다. 비록 골상학이 현대 신경과학의 초석을 놓긴 했지만, 문제가 많다. 독일 의사 프란츠 요제프 갈(Franz Joseph Gall, 1758~1829)은 골상학의 아버지로 통한다. 그는 최초로 용기, 위트, 색 감각에 이르기까지 여러 특성을 각각 뇌 영역과 연결했다. 당시엔 뇌를 조사하기 위한 MRI나 PET 같은 기술이 없었음을 고려하면, 매우 흥미진진한 사실이다. 갈은 이런 연결을 어떻게 알아냈을까? 지금도 종종 쓰이는 방법으로 알아냈다. 바로, 판타지다!

갈이 이 모든 것을 그냥 상상으로 지어냈을 수도 있지만, 최소한 그를 변호하자면, 그는 확실히 매우 부지런하고 꼼꼼하게 연구를 진행했다. 다만 문제가 있다면, 그런 꼼꼼한 연구들이 과학적이지 않았을 뿐이다. 몇 가지는 그도 어쩔 수 없었다. 당시에도 살아 있는 사람의 뇌를 조사할 수는 없었다. 갈은 죽은 사람의 뇌, 더 정확히 말해 두개골과 뇌를 매우 꼼꼼하게 조사했다. 무게와 크기를 재고, 죽은 사람의 특징과 연관성을 만들려고 애썼다. 또한 살아 있는 사람의 두개골 모양도 가능한 한 많이 관찰하여 그 사람의 성격과 연결 지었다. "인간과 동물의 두개골을 수집했고, 유명하거나 악명 높은 인물의 흉부를 수집했고, 수천 편의 전기를 읽었고, 수많은 데스마스크를 조사했고, 미치광이나 범죄자 수용소와 빈의 정신병원을 샅샅이 수색했고, 시체를 부검했고, 밀랍으로 뇌의 본을 떴다."[25] 그렇게 그는 예를 들어 위트가 있는 사람은 그렇지 않은 사람보다 이마가 살짝 더 튀어나왔음을 발견했다. 그리고 위트를 담당하는 뇌 영역이 더 커서 두개골이 앞으로 돌출됐다고 생각했다. 그래서 그는 위트의 장소를 뇌의 앞부분으로 정했다. 그런 식으로 '음악 둔덕', '용기 혹' 등 성격을 보여주는 다양한 두개골 형태가 정해졌다.

이런 사람은 쉽게 확증편향에 빠진다. 일단 한 가지 생각에 확신이 생기면, 무의식적으로 이 생각과 맞는 현상만 인식하는 경향을 보인다. 하지만 다른 사람들은 이 현상을 그냥 지나치거나 무시하거나 버린다. 예를 들어 위트가 있는 사람의 이마가 살짝 튀어나왔다고 확신하는 순간부터 그런 사람이 훨씬 더 자주 눈에 띈다. 그리고 위트가 넘치지만 이마가 튀어나오지 않은 사람을 만나면, 우연한 예외로 치부하거나 이마가 아주 아주 조금이지만 역시 튀어나왔다고 여기거나 그 사람이 사실은 그으으으렇게 위트가 넘치진 않는다고 스스로 설득한다. 여담인데, 확증편향은 음모론을 믿는 데에도 아주 큰 역할을 한다.

그럼에도 갈이 이 모든 것을 과학으로 판매했기 때문에, 이른바 관상학(physiognomy)이라는 훨씬 더 오래된 아이디어가 새로운 주목을 받았다. 관상(인상과 혼동하면 안 된다)을 본다는 말은 얼굴이나 머리의 형태에서 성격을 읽는다는 뜻이다. 유사과학인 골상학 덕분에 관상학 추종자들은 자기 아이디어를 자연과학처럼 보이게 색을 입힐 수 있었다. 이쯤 되면 과학적으로도 윤리적으로도 문제가 된다.

예를 들어 19세기에는 골상학의 머리 형태를 근거로 신뢰할 만한 남편과 신뢰할 수 없는 남편을 구분했다.

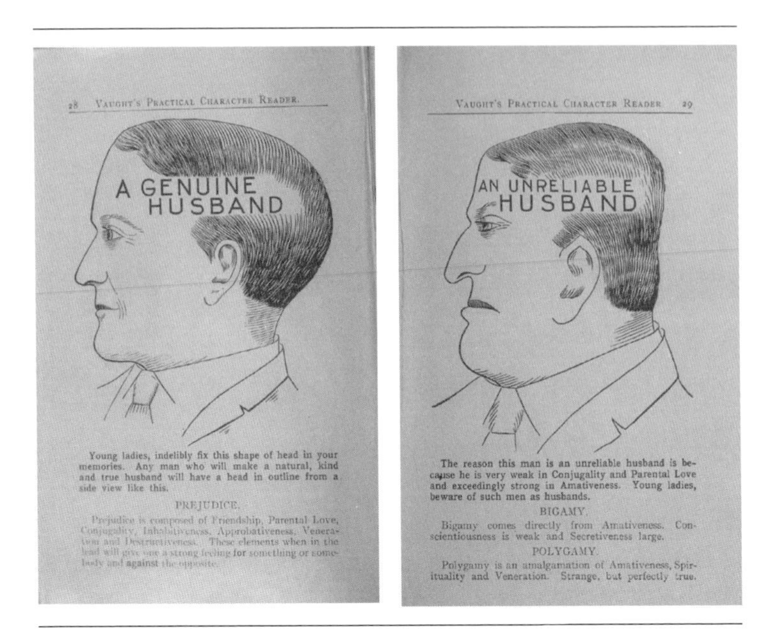

28 VAUGHT'S PRACTICAL CHARACTER READER.

A GENUINE HUSBAND

Young ladies, indelibly fix this shape of head in your memories. Any man who will make a natural, kind and true husband will have a head in outline from a side view like this.

PREJUDICE.

Prejudice is composed of Friendship, Parental Love, Conjugality, Inhabitiveness, Approbativeness, Veneration and Destructiveness. These elements when in the head will give one a strong feeling **for** something or somebody and **against** the opposite.

VAUGHT'S PRACTICAL CHARACTER READER. 29

AN UNRELIABLE HUSBAND

The reason this man is an unreliable husband is because he is very weak in Conjugality and Parental Love and exceedingly strong in Amativeness. Young ladies, beware of such men as husbands.

BIGAMY.

Bigamy comes directly from Amativeness. Conscientiousness is weak and Secretiveness large.

POLYGAMY.

Polygamy is an amalgamation of Amativeness, Spirituality and Veneration. Strange, but perfectly true.

그림 7.5 왼쪽이 신뢰할 만한 남편이고, 오른쪽이 신뢰할 수 없는 남편이다.

솔직히 이 정도면 아직은 웃어넘길 만하다. 그러나 여기서 끝나지 않고 점점 더 암울해진다. 역사에서 골상학은 예를 들어 흑인 노예나 유대인에게 가해진 인종차별과 인간멸시를 정당화하는 '과학적' 주장으로 애용됐다. 과학의 이름으로 머리나 얼굴의 형태에서 게으름, 어리석음, 사악함 같은 성격 특성을 읽어내고자 했다. 더 나아가 '선천적 범죄자'가 있다고 보는 이른바 법생물학이 골상학에서 파생됐다. 이런 이런! 법생물학은 독일 나치가 '선천적 범죄자'를 처벌한다며 자신의 범죄를 미화하는 데 기가 막히게 들어맞았다. 인간멸시와 차별이 벌써 충분히 나쁘지만, 그것이 과학의 이름으로 저질러진다는 것은 정말로 분노할 일이다. 그나마 다행스럽게도, 현대 실험 기술 덕분에 골상학과 관상학은 유사과학임이 명확히 증명될 수 있다.

다양한 특성과 능력이 특정 뇌 영역에 자리하는 것은 맞다. 예를 들어 언어센터는 전두엽 왼편에 자리한 이른바 브로카 영역에 있다. 예컨대 뇌졸중으로 이 영역이 손상되면, 비록 대부분 듣고 이해할지라도 말을 못 한다. 그러나 뇌 영역 대부분은 매우 우수한 멀티태스커여서 동시에 여러 기능을 해낸다. 편도체를 예로 들어보겠다. 편도체는 (무엇보다) 감정과 기억,[26] 보상과 처벌을[27] 담당하고, (이 단락의 주제에 맞게) 누군가의 얼굴을 신뢰할 만하다고 여길지 아닐지를 판단한다.[28]

그리고 모든 것이 '훨씬' 더 복잡하다. 수많은 특성이 여러 뇌 영역의 협동을 기반으로 생성된다. 갈은 '예술 감각'을 한 영역에 배정했지만, 오늘날 밝혀졌듯이 창의적 작업을 할 때는 여러 뇌 영역의 여러 연결망이 활성화된다. 예술가와 일반인의 신경학적 차이는 무엇보다 연결성, 즉 뇌 영역 간의 연결에 있다.[29]

골상학은 뇌 영역의 기능과 연결망을 너무 심하게 단순화한다. 그뿐만이 아니라 골상학의 최대 허점은 뇌와 두개골 형태 사이에 어떤 연관성이 있다고 믿는 데 있다. 뇌의 경우 실제로 특정 영역의 부피와 특성 사이에 연관성이 있을 수 있다. 예를 들어 런던의 방대한 지도를 암기하고 있는 택시 운전사의 해마체는 자기 노선만 알면 되는 버스 운전사의 해마체보다 더 크다.[30] 그러나 MRI 스캐너가 없으면 그것을 볼 수 없다는 사실을 명심하자. 물론 택시 운전사의 두개골을 잘라 해마체의 부피를 측정할 수도 있겠지만,

그건 너무 멀리 나간 방법이다. 나는 그저 겉으로 보이는 두개골 모양만으로는 택시 운전사와 버스 운전사를 식별할 수 없다는 걸 지적하고 싶었을 뿐이다.

그런데 정말로 확실히 하기 위해, 2018년에 현대 실험 기술로 골상학의 가정을 확인하는 연구가 진행됐다.[31] '음악 둔덕'이 높은 사람이 정말로 직업적 뮤지션일까? 수천 장에 달하는 MRI 사진에서는 그런 연관성이 전혀 발견되지 않았다. 이 연구의 결과는 다음과 같이 발표됐다.

'뇌와 두개골의 모양 사이에는 이렇다 할 연관성이 없다. 끝.'

(전형적인 과학자의 태도로) 뇌와 두개골 모양에서 특성을 읽을 수 '없음'을 아주 명확히 확인한 지금, 당신은 어쩌면 MRI 같은 기술로 무엇을 읽을 수 '있는지'가 더 궁금할 것이다. 이제 그걸 확인해 보자. 감정과 연결된 뇌 영역, 편도체로 돌아가 보자. 겁을 먹거나 분노할 때 편도체의 뉴런이 특히 강하게 발화하므로, 활성화된 편도체와 충동성을 연결할 수 있다. 그에 비해 뇌의 앞부분에 있는 전전두엽은 주로 충동 억제와 이성적 문제 해결을 담당한다.

특히 충동적인 사람의 편도체가 전전두엽의 통제를 덜 받는다는 가정이 이미 오래전부터 만연했는데, MRI 덕분에 두 영역의 연결망을 조사할 수 있게 됐다. 그리고 정말로 충동적인 사람이 덜 충동적인 사람보다 두 영역의 연결성이 더 약했다. 편도체와 전전두엽의 경우 모든 관찰이 일관되게 가정과 일치한다.[32] 퍼즐 조각이 서로 잘 맞는다. 그러나 인간의 감정, 생각, 성격 특성은 매우 복합적이므로 대다수는 아니어도 상당히 많은 사례에서 겉으로 관찰한 것과 뇌 스캐너 이미지를 그냥 간단히 연결할 수 없다.

왜 그렇게 어려울까? 지금까지 아주 단순화하여 설명해서 그렇지, 사실 모든 것이 매우 다양하고 복잡하다. 뇌 영역이 여러 특성과 행동양식을 동시에 담당할 뿐 아니라, 기본적으로 '로마로 가는 길은 많다.' 다양한 사람의 다양한 뉴런 연결망과 구조가 결국 같은 행동을 생성할 수도 있다! 프레리들쥐가 아주 멋진 사례를 제공한다(아주 귀여운 설치류 프레리들쥐를 잠깐 검색해보라. 그러면 이어질 내용이 훨씬 더 재밌을 것이다).

프레리들쥐를 보면 마음이 훈훈해진다. 그들은 일부일처로 사는 몇 안 되는 설치류에 속한다. 즉 평생 같은 배우자와 살을 비비고 산다. 어머나 세상에! 그뿐만이 아니다. 암컷과 수컷 모두 비슷한 행동양식으로 새끼들을 돌보고, 부모의 의무를 똑같이 성실히 이행한다(당연히 수유는 빼고). 그러나 뇌를 보면,[33] 양육 태도와 연결된 뇌 구조가 명확히 다르다. 예를 들어 수컷의 경우 시상하부와 편도체를 연결하는 섬유다발인 말단선조(Stria Terminalis)가 암컷보다 훨씬 조밀하고, 아르지닌-바소프레신(AVP) 분비와 관련된 세포가 더 촘촘하다. AVP는 옥시토신과 함께 사회적 연결에서[34](부모와 자식의 연결에도[35]) 중요한 역할을 하는 호르몬이다. 그런데 수컷과 암컷이 아주 비슷하게 새끼를 돌보는 것으로 볼 때, 암컷이 임신 기간에 호르몬의 변화로 경험하는 것을 수컷은 조밀한 뇌 구조 덕분에 경험하는 것 같다. 달리 말하면, 프레리들쥐는 다른 뇌 구조가 다른 행동으로 이끌지 않고 오히려 같은 행동으로 이끈다. 뇌 구조가 다른 덕분에 행동이 같아진다!

감탄을 자아내는 이야기다. 실험실의 통제된 조건에서 이뤄지는 동물 연구에서도 암컷과 수컷의 행동 차이를 뇌 구조의 차이로 해명하는 데 어려움을 겪는다. 하물며 개인적 경험, 문화적 체험, 복잡한 감정을 가진 사람이라면 정말로 '무지막지하게' 어렵지 않을까? 신경과학자들이 뇌스캔 이미지를 보고 행동 패턴을 읽을 수 있으려면 아주아주 멀었다. 충동 억제에서처럼 일관된 그림을 보여주는 다른 퍼즐 조각을 가지고 있다면, 우리가 할 수 있는 것이 별로 없다. 남녀의 성격을 구별하는 합당한 퍼즐 조각이 없기 때문에 우리는 기대하는 것을 재확인해주는 해석이나 추측에 쉽게 현혹된다. 예를 들어 감정과 연결된 남녀의 뇌 차이를 조사한다면, 그것이 무엇이든, 성별 고정관념과 일치하게 해석하는 경향이 있다.[36] 여자가 감정적 자극에 더 강하게 반응하는 것이 관찰되면 모든 것이 즉시 명백해지고, 여자가 더 감정적이라는 근거가 된다. 그러나 예상과 달리 남자가 신경학적으로 여자보다 더 강하게 두려움과 혐오에 반응하는 것이 관찰되면, 공격적 자극에 대한 더 높은 민감성으로 해석된다. 남자는 역시 더 공격적이니까.

겉에서 관찰된 행동양식의 근거를 뇌스캔에서 찾으려 한다면, 독립적으로 재확인해주는 다른 근거(다른 퍼즐 조각)가 없는 경우 확증편향의 거대한 함정에 빠진다. 과장해서 표현하면, 그저 첨단 기술이 더해진 골상학에 불과하다. 적어도 과학 출판물에서는 확증편향을 사실로 둔갑시키지 않고 확증편향임을 인정한다.

짧게 중간 결론을 내려보자. 마음의 준비를 단단히 하고 읽으시라. 심리학 설문조사, 실험실의 행동 실험, 뇌스캔 이미지를 분석하면 몇몇 뇌 영역에서 남녀의 차이가 드러난다! 직관적으로 느껴지는 것만큼 효과크기가 아주 크지는 않지만, 아무튼 차이는 있다. 그러나 뇌스캔, 심리학 설문조사, 행동 실험 사이에는 과학적으로 입증된 연결고리가 없다. 달리 말해, 남녀의 행동 차이를 신경학적으로 설명하는 것은 추측으로만 가능하다. 설령 신경학적으로 설명할 수 있더라도, 뇌의 신경가소성 때문에 그것 하나만으로는 남녀의 차이가 순수하게 생물학적 차이라고 말할 수 없다.

과학자들은 이런 연구의 모든 한계에 크게 합의했다. 그러나 몇 년 전부터 인간의 뇌를 동종이형이라고 말할 수 있느냐에 대해 집중적으로 토론되고 있다. 동종이형이란 말 그대로 '같은 종의 다른 형태'를 말하는데, 이 경우 일차적 · 이차적 성별 특징을 넘어서는 성별 차이로 이해된다. 수컷 공작은 커다란 깃털부채를 가졌지만, 암컷 공작은 갖지 않았다. 이것이 동종이형의 고전적 사례다. 인간의 뇌는 공작의 깃털부채만큼 다른 형태가 아니고, 앞서 우리는 이미 효과크기와 겹침도 확인했다. 그러나 공작새만큼은 아니어도 남녀 사이에 여러 스펙트럼이 존재한다. '매우 지배적이고 추진력 있는' 끝점과 '매우 사회적이고 조화를 원하는' 끝점 사이의 행동 스펙트럼에서 보면 남자는 주로 지배적인 쪽에, 여자는 주로 사회적인 쪽에 있다. 아주 많은 또는 대다수의 남자와 여자가 중간 부분에 있지만, 그럼에도 '남성적' 끝과 '여성적' 끝이 있다. 편도체 크기의 스펙트럼에도 똑같이 적용된다. 당연히 큰 편도체를 가진 남자도 있고 작은 편도체를 가진 여자도 있다. 그러나 작은 쪽에서 큰 쪽으로 이동하며 스펙트럼을 보면, 여자들이 점점 많아진다.

이것을 (약한) 동종이형이라고 부를지, 아니면 다른 형태가 아니라 스펙트럼이라고 불러야 할지는 관점의 차이이거나 개념 정의의 문제일 것이다. 그런데 최근에는 스펙트럼 개념이 의심을 받고 있다.

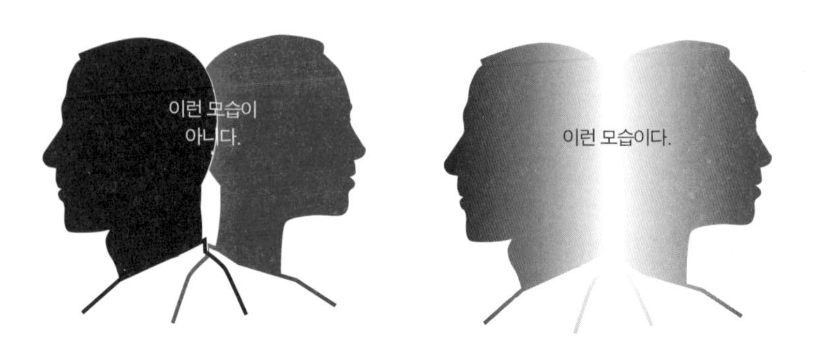

스펙트럼 또는 모자이크?

2015년에 심리학자 다프나 조엘(Daphna Joel)이 텔아비브대학교의 동료들과 함께 뇌의 차이에 관한 연구를 발표했다. 이 연구는 현재 가장 뜨거운 토론 주제다.[37] 조엘 연구팀은 남자와 여자의 뇌가 얼마나 그리고 어떻게 다른지 살피기 위해 여러 데이터뱅크에서 뇌 스캔들을 수집했다. 남녀의 뇌 차이는 대략 다음과 같다.

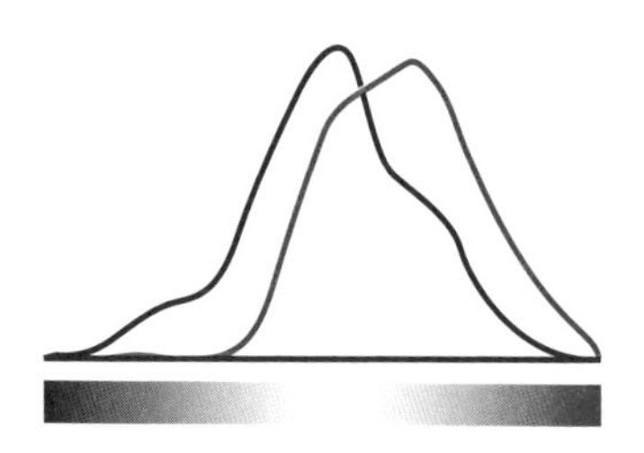

검은 선은 남자의 뇌를, 붉은 선은 여자의 뇌를 나타낸다. 이제 한 사람의 뇌는 검은 쪽(전형적인 남자 뇌)에서 붉은 쪽(전형적인 여자 뇌)까지 그 사이 어딘가에 분류될 수 있다. 검은색이 짙을수록 전형적인 남자 뇌를 발견할 확률이 높고, 붉은색이 짙을수록 전형적인 여자 뇌를 발견할 확률이 높다. 조엘 연구팀은 효과크기가 가장 큰 10개 뇌 영역, 그러니까 남녀의 차이가 가장 명확히 확인되는 뇌 영역 열 곳에 대해 이런 스펙트럼을 만들었다. 이 열 곳을 기반으로 총 1만 4,000명의 MRI 스캔을 분석했다. 각 개인을 이 스펙트럼에 각각 분류해 넣었는데, 결과는 다음과 같았다.

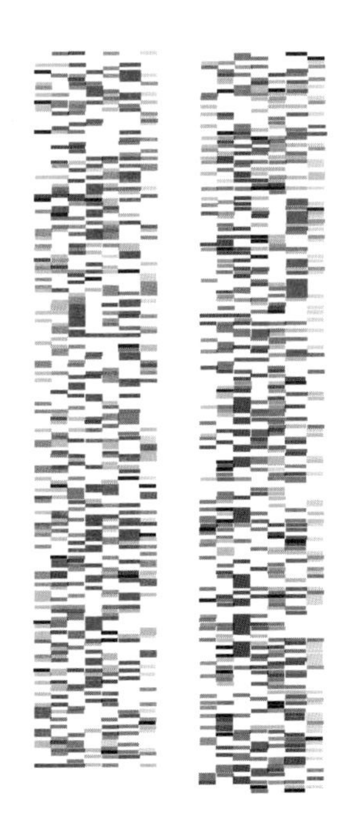

왼쪽 막대는 여자의 뇌를, 오른쪽 막대는 남자의 뇌를 나타낸다. 막대에서 각각의 가로줄은 한 사람의 뇌를 나타내고, 각각의 세로

줄은 뇌 영역 열 곳 중 한 곳을 나타낸다. 두 막대를 보면 여자의 뇌에 붉은색이 더 많고 남자의 뇌에 검은색이 더 많지만, 흰색도 아주 많다.

연구팀은 다음의 질문에 특히 관심을 두었다. 인간의 뇌가 열 곳 전체에서 '내부적 일관성(internally consistent)'이 있는가? 다르게 물으면, 개별 영역뿐 아니라 뇌 전체에서도 한 가지 스펙트럼이 존재하는가? 한마디로, 일관된 '여자 뇌'와 일관된 '남자 뇌'가 존재하는가?

조엘 연구팀은 이를 판단하기 위해 각각의 스펙트럼을 '전형적인 남자 구역', '혼합 구역', '전형적인 여자 구역'으로 나눴다.

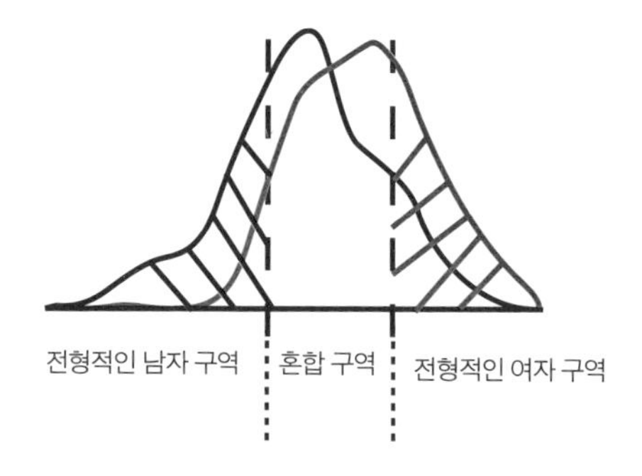

이 세 구역을 기반으로 세 가지 '뇌 범주'를 정했다.

1. 일관된 남자 뇌 또는 일관된 여자 뇌
   일관된 남자 뇌에는 (세 구역의 정의에 맞게) 혼합 구역 외에 전형적인 남자 구역만 있고, 일관된 여자 뇌에는 혼합 구역 외에 전형적인 여자 구역만 있다.

2. 혼합 뇌

'혼합 뇌'에는 열 가지 영역에서 모두 가운데 구역, 즉 혼합 구역만 있다.

3. 모자이크 뇌

'모자이크 뇌'에는 전형적인 남자 구역과 혼합 구역 외에 전형적인 여자 구역이 적어도 한 가지가 있다. 아니면 반대로, 전형적인 여자 구역과 혼합 구역 외에 전형적인 남자 구역이 적어도 한 가지가 있다.

(데이터에 따라) 피험자의 0~8퍼센트가 첫 번째 범주에 속해 '일관된 여자 뇌' 또는 '일관된 남자 뇌'를 가졌다. 피험자 대부분(23~53퍼센트)이 '모자이크 뇌'를 가졌고, 나머지가 '혼합 뇌' 범주에 속했다.

흥미롭게도 혼합 및 모자이크 패턴이 뇌 구조에만 있는 게 아니었다. 조엘 연구팀은 같은 방법으로 남녀 총 5,500명의 성격 특성,

가치관, 관심, 행동양식 데이터를 분석했다. 여기에서도 성별에 따른 '일관성'은 극히 드물었고, 대부분이 '모자이크 성격 특성' 또는 '모자이크 관심'을 가졌다.

그래서 연구팀은 강력한 결론을 내렸다. 성별 차이에 관한 한 동종이형도, 스펙트럼도 없다. 모든 사람이 각자 개인적인 모자이크를 가진다. '일관된 남자' 또는 '일관된 여자'는 아주 극소수에 불과하다.

그러나 미국의 마르코 델 지우디체(Marco Del Giudice) 연구팀이 똑같은 방법을 써서 텔아비브 연구팀에 맞섰다.[38] 그들은 조엘 연구팀의 기준이 너무 엄격해서 '일관된 여자' 또는 '일관된 남자'가 거의 없는 거라고 지적했다. 그들은 이를 입증하기 위해 조엘 연구팀과 똑같은 방법으로 원숭이 셋의 얼굴 특징을 구분했다.

원숭이 전문가가 아니어도 필리핀원숭이, 검은머리카푸친, 그리벳원숭이의 사진들을 잠깐 보고도 각각의 종을 분류할 수 있다. 그러니까 셋의 차이가 남녀의 뇌보다 훨씬 명확하다. 그럼에도 (꼭 명심해야 한다) 소수의 원숭이 사진만이 '일관성'을 보여 첫 번째 범주에 속했다. 필리핀원숭이의 단 5퍼센트만이 '일관된 필리핀원숭이 얼굴 특징'을 가졌고, 검은머리카푸친의 1퍼센트만이 '일관된 검은머리카푸친 얼굴 특징'을, 그리벳원숭이의 약 4퍼센트만이 '일관된 그리벳원숭이 얼굴 특징'을 가졌다.

이것으로 지우디체 연구팀은 첫 번째 범주의 기준이 너무 엄격하다는 점을 매우 우아하게 입증할 수 있었다. 원숭이들 역시 극소수만이 첫 번째 범주에 속했기 때문이다. 그러나 그들은 인간의 뇌에서 볼 수 있었던 모자이크 패턴이 원숭이에게는 '없었음'을 인정해야 했다. 따라서 조엘 연구팀의 주요 핵심은 여전히 유효하다. 인간의 뇌는 스펙트럼 안에 존재할 뿐 아니라 '여자 특징'과 '남자 특징'이 혼합된 모자이크일 수 있다.

도대체 왜?

동종이형, 스펙트럼, 모자이크… 뭐라 부르든 여자와 남자는 뇌 구조만 다른 게 아니다.[39] 지금까지도 불치병으로 여겨지는 퇴행성 관절염은 남자보다 여자에게서 명확히 더 자주 나타난다. 여자는 남자보다 더 자주 알츠하이머 · 우울증 · 공포증을 앓는 반면, 남자는 여자보다 더 자주 자폐증 · 조현병 · 난독증을 앓는다. 여자와 남자의 약물 물질대사도 서로 다르다. 미국 FDA는 2013년에 수면제 '졸피뎀'을 승인한 이후 여성의 복용량을 남성의 절반으로 조정해야 했다. 여성의 물질대사가 훨씬 느려서 쉽게 과다복용이 될 수 있기 때문이다.[40] 동물실험에서 이미 문제가 있었다.[41] 동물실험은 주로 암컷보다 수컷으로 진행되고, 신경학 실험은 특히 더 그렇다. 암컷 실험용 쥐는 호르몬 변동이 커서 체계적 실험이나 조사를 더 힘들게 하기 때문이다.

그러므로 남녀의 생물학적 차이를 이념 토론 없이 있는 그대로 인식하고 조사하고 거론할 수 있어야 한다.[42] 여자와 남자는 '평등'해야 한다. 그러나 평등하기 위해 남녀가 반드시 '똑같아야' 하는 건 아니다. 남녀는 원래 똑같지 않다. 왜 똑같지 않은지는 열려 있는 과학 질문이다. 그러나 이 차이를 어떻게 평가하느냐는 사회적 질문이며, 과학 연구와 별개로 토론될 수 있고 과학 연구에 영향을 미쳐선 안 된다.

물론 과학은 '유용성'이나 '가치'를 증명하여 정당성을 확보하지 않아도 된다. 일반인이 거의 알지 못하는 대부분의 과학 연구는 '기초연구'이고 그 유일한 목표는 '연구 대상 이해하기'다(8장 참조). 기초연구는 '무엇을 위해?'가 아니라 '왜?'를 다룬다. 작지만 중대한 차이다.

기초연구에는 구체적 목표가 없고, 일반인이 상상하는 과학과는 거리가 있다. 일반인은 기초연구에서, 있지도 않은 실용적 의미를 찾으려 헛되이 애쓴다. 예를 들어 인간에 대한 생물학적 지식을 결정론적으로 보는 경향이 있다. 무슨 말이냐 하면, 예컨대 아빠와 엄마 중 누가 육아휴직을 낼지 결정할 때 많은 사람이 기꺼이 생물학을 불러낸다. 그러면 인간은 갑자기 포유동물이 되고, 남자와 여자는 사냥꾼과 채집꾼으로 돌아가고, 아이는 원래 엄마가 키우는 것이 자연의 이치라는 결론에 도달한다.

내 말을 오해하지 마시라. 물론 우리 조상들은 대부분의 포유동물과 비슷하게 엄마가 아이를 키웠다. 그러나 프레리들쥐를 기억하자. 모든 포유동물이 꼭 어미가 새끼를 키우는 건 아니다. 또한 연구를 통해 밝혀졌듯이, 아빠들도(아이를 입양한 경우도) 아빠가 되는 순간 호르몬과 신경의 변화가 생긴다.[43] 갓 엄마가 된 사람뿐 아니라 갓 아빠가 된 사람에게서도 옥시토신이 특히 많이 측정된다. 옥시토신이 주로 수유할 때 분비된다고 오랫동안 생각해왔지만 말이다.[44] 남자는 아빠가 되면서 테스토스테론 수치가 감소하는데,[45] 이것은 임신과 수유 없이도 아이와 '생물학적 연결'을 형성할 수 있다는 증거다. 그러나 이것은 부차적일 뿐이다. 사실 조상이 무엇을 했고 무엇이 '자연의 본능'인지는 현대의 일상과 전혀 무관하기 때문이다. 출산 준비 강좌를 듣지 않으면 다치지 않게 아기 안는 법을 모르는데, 이것만 보더라도 우리가 이미 '자연의 본능'에서 멀리 떨어져 있음을 알 수 있지 않은가.

'자연'을 자동으로 '좋다'로 인식하는 것은 자연주의적 오류(Natural Fallacy)라는 널리 퍼진 사고함정이다(사람들이 모든 '화학물질'을 '유해하고 인위적인 것'으로 여기고 모든 '천연물질'을 '부드럽고 건강에 좋은 것'으로 인식하면, 화학자인 나는 이런 자연주의적 오류와 열심히 싸워야 한다. 자연이 최고의 화학자라는 사실을 안타깝게도 극소수만이 이해한다). 자연 과정의 하나인 출산만 하더라도 산모와 아기의 약 15퍼센트는 의심의 여지 없이 제왕절개 덕분에 안전했고, 적어도 이들에게는 '자연 방식'이 위험했다. 진화 과정에서 발달한 방식을 이해하는 것은 확실히 흥미롭다. 그러나 사냥꾼과 채집꾼 시대에 가장 좋았던 것이 반드시 오늘날에도 최선인 건 아니다. 진화 역시 종종 오해되는데, 진화는 '환경에 가능한 한 잘 적응'했다는 뜻이다. '적자생존'은 '강한 자'가 아니라 '적응한 자'가 생존한다는 뜻이다. 현대의 삶은 사냥꾼과 채집꾼의 삶과 극단적으로 다르기 때문에 '뿌리로 돌아가자'는 주장은 종종 과녁을 빗나간다.

인간은 아주 많은 분야에서 자연으로부터 해방됐다. 물속에서 호흡하고자 하는가? 그러면 산소통을 만든다. 감염병으로 죽고 싶지 않은가? 그러면 백신을 개발한다. 모유가 나오지 않아도 아기에게 젖을 먹이고자 하는가? 그러면 분유를 개발한다. 불가능은 없다! 그것이 호모사피엔스의 모토다. 연구와 과학 덕분에 우리는 점점 더 많이 자연에서 해방된다. 이런 해방이 곧 반자연적인 나쁜 일이라고 보는 대신, 가능한 한 책임 있게 해방할 방안을 더 많이 토론해야 한다.

그리고 뇌뿐 아니라 경험도 달라야 토론이 정말로 재밌어진다. 그렇지 않은가?

동물실험은 윤리적으로 올바른가?

과정과 결과 사이의 도덕적 딜레마

신약 개발을 위한 동물실험은?

☐ 꼭 필요하다. 폭넓은 동물실험으로 신약의 위험성을 제거해야 하기 때문이다.

☐ 불필요하고 잔인하므로 중단해야 한다. 동물실험보다 더 나은 방법이 있기 때문이다.

당신은 분명 트롤리 문제(Trolley-Problem)에 대해 들어봤을 것이다. 도덕적 딜레마를 다룬 유명한 사고실험 말이다. 5명이 선로 위에 묶여 있고, 기차(트롤리)가 달려온다. 모두 꼼짝없이 죽게 생겼다. 그러나 당신이 그들을 구할 수 있다! 선로 전환기를 당겨 죽음의 기차를 다른 선로로 보낼 수 있다. 전환기를 당겨 5명을 살릴 수 있지만, 그러려면 1명이 묶여 있는 선로로 기차를 보내야 한다. 말하자면 당신은 5명을 살리기 위해 전환기를 당겨 1명을 죽여야 한다. 어떻게 하겠는가, 전환기를 당기겠는가?

흠. 이것이 오히려 유도 질문으로 더 적합해 보인다. 안 그런가? 딜레마라는 말이 괜히 붙은 게 아니다. 무엇을 선택하든 잘못된 대답일 수밖에 없다. 그럼에도 고전적 트롤리 문제에서 대다수가 전환기를 당겨 5명을 구하는 쪽을 선택한다.

트롤리 문제의 고약한 변형이 있다. 이른바 거구의 남자 문제다. 상황은 똑같다. 기차가 5명에게 달려간다. 그냥 두면 5명은 죽게 된다. 그러나 이번에는 전환기가 없다. 당신은 다리 위에서 이 재앙을 목격한다. 당신 옆에 마침 거구의 남자가 서 있다. 이 거구의 남자를 다리에서 밀면 기차를 멈출 수 있고 5명을 구할 수 있다. 정말 그럴까 의구심이 들겠지만, 이 사고실험에서는 100퍼센트 구할 수 있다고 가정하자. 차라리 당신이 다리에서 떨어지고 싶은가? 숭고한 희생정신이지만, 안 된다. 당신은 체격이 너무 왜소해서 기차를 멈출 수 없다. 선택지는 2개다. 옆에 있는 거구의 남자를 다리 밑으로 밀거나 5명을 죽이거나. 거구의 남자를 밀겠는가? 맞다, 어려운 문제다. 흥미롭게도 대다수가 거구의 남자를 다리 밑으로 밀지 않기로 한다. 결과적으로 전환기를 당기는 것과 같은 효력이 나는데도 말이다.

트롤리 문제 같은 사고실험은 현실에서 멀리 떨어져 있지만, 그럼에도 현실과 관련이 많다. 이 사고실험이 보여주듯이, 우리는 맥락에 따라 죽음에 책임을 느끼거나 느끼지 않는다. 우리는 최종 결말뿐 아니라 그 과정도 중시한다. 그러나 내가 보기에 가장 중요한 측면은 우리가 끔찍한 두 시나리오 중 하나를 선택할 수밖에 없다는 점이다. 트롤리 문제에서는 6명을 모두 구할 선택지가 없다. 선택지에는 최선의 해결책이 없다. 오직 차악을 선택할 수 있을 뿐이다.

현실에서 우리는 어려운 결정에 직면하면 그냥 희망 섞인 생각 뒤에 숨는 경향이 있다. 코로나 위기 동안 이런 경향이 전 세계에서 목격됐다. 어렵지만 절충안을 고안하고 사회경제적으로 고갈된 방역 대책과 성난 바이러스의 균형을 맞추기 위해 숙고하는 대신, 어떤 사람들은 코로나가 그다지 심각하지 않다거나 심지어 그런 바이러스가 존재하지 않는다고 믿어버렸다. 그건 마치 기차가 달려오지 않는다고 믿어버리고 고민을 끝내는 것과 같다!

동물실험에서도 어떤 사람은 거짓 정보에 의존하여 어려운 결정을 회피하는 경향을 보인다. 몇 가지 사실만 확인해보면, 내가 지금 무슨 말을 하려는지 금세 알게 될 것이다. 그다음에야 비로소 우리는 동물실험에 관한 진짜 토론을 할 수 있다. 동물실험에 찬성하든 반대하든, 그 토론은 생각했던 것보다 훨씬 힘들 것이다.

실험실 원숭이 스텔라의 눈물

스텔라는 히말라야원숭이다. 스텔라의 머리에는 이식된 받침대 모양의 구조물이 불쑥 돌출되어 있다. 중병에 걸린 스텔라는 카메라에서 도망치려 애쓴다. 두 다리가 마비됐다. 스텔라는 계속해서 토한다. 이 영상을 볼 때면 나는 눈물을 참으려 안간힘을 써야 한다. 이 영상은 동물권 운동가가 촬영했다.[1] 그는 2013년에 튀빙겐 막스플랑크연구소 실험실에서 동물보호사로 일하면서, 실험동물들이 고통받는 장면들을 몰래 촬영했다.[2]

스텔라의 영상은 독일 전역에 충격을 줬고, 얼마 지나지 않아 이 연구소의 세 직원이 동물학대로 고소됐다. 이 실험 자체는 동물학대가 아니었다. 받침대 모양의 구조물을 머리에 이식하는 것은 허가된 실험 계획의 일부였다. 그러나 영상에서 스텔라가 보여준 증상은 계획된 것이 아니었다. 스텔라의 증상은 이식수술 때 생길 수 있는 합병증으로, 뇌에 염증이 생긴 결과였다. 합병증 위험 역시 실험을 허가할 때 고려됐으므로 소송의 대상이 아니었다. 안락사를 통해 스텔라의 고통을 줄여주지 않은 것이 문제였고, 그래서 동물학대 소송이 진행됐다. 연구팀은 먼저 항생제를 투약하여 스텔라를 돕고자 했다. 그들이 보기에 치료하지 않는 것이 비윤리적이었을 것이다.

소송은 2018년에 벌금형으로 끝났다. 그러나 벌금형은 무죄판결이나 마찬가지였다. 조사관들은 동물보호법 위반과 불법적 동물학대 증거를 찾을 수 없었다. 대중의 큰 관심과 그로 인해 조사관이 받았을 압박을 고려할 때, 이 판결은 틀림없이 매우 신중하게 검토되고 점검된 결과였을 것이다. 그럼에도 스텔라의 영상은 내 머릿속에 오랫동안 남았다.

영상은 오해를 낳을 수 있다고, 과학 저널리스트 폴크하르크 빌더무트(Volkhard Wildermuth)가 독일방송국에서 말했다.[3] 몰래 촬영된 또 다른 충격적 영상(수술 후 방금 꿰맨 상처에서 붉은 액체가 흘러나왔다)에 대해 빌더무트가 설명했다.

"네, 원숭이의 얼굴 위로 피가 흘렀습니다. 전날 수술을 받았는데, 사람이면 붕대를 감겠지만 원숭이는 그게 안 됩니다. 금세 벗겨버릴 테니까요. 그래서 피가 그대로 보입니다. 그러나 그것은 연구자의 잘못이 아닙니다. 동물 수술에서는 그것이 표준입니다."

그럴듯하게 들린다. 다만, 그것은 아픈 동물을 구하기 위한 수의학적 수술이 아니었다. 나는 동물실험에서 이 차이를 항상 의식했지만, 영상을 통해 비로소 말 그대로 피부로 느꼈다.

개, 양, 돼지, 쥐의 차이점?

내 유튜브 채널에서 과학자들을 초청하여 동물실험에 대해 어떻게 생각하는지 그리고 동물을 죽이는 것이 어떤 기분인지 이야기를 나눈 적이 있다. 모나가 파란 눈으로 카메라를 응시하고 부드러운 음성으로 이야기했다. 실험실에서 죽는 쥐들을 보는 것이 사냥으로 죽는 동물을 보는 것보다 훨씬 견디기 힘들다고. 이 영상을 준비하는 데 여러 달이 걸렸다. 동물실험의 실체를 대중에게 알리면서 자기 얼굴도 드러내는 데에는 엄청난 용기가 필요했으리라. 영상에 달린 댓글을 보면 대부분은 매우 긍정적이고 건설적인 내용이지만, 모나와 심지어 그녀의 가족까지 심하게 욕하는 내용도 종종 있다. 모나가 한편으로는 실험용 쥐에게 양심의 가책을 느끼면서 다른 한편으로 사냥면허를 가졌다는 사실이 어떤 사람들에게는 너무나 반가운 씹을 거리였다. 어떤 사람들은 모나를 잔혹한 킬러라고 욕하면서, 아이러니하게도 살해하겠다고 협박하는 욕설로 자신의 잔혹성을 드러내기도 했다.

모나는 실험실에서 동물을 죽이는 것보다 사냥에서 동물을 죽이는 것이 덜 끔찍하다고 느꼈는데, 사냥에서 죽는 동물은 죽기 전까지 자유로운 야생에서 잘 살 수 있기 때문이다. 특히 인상 깊었던 것은 모나가 양고기를 먹지 않는 이유였다. 자신이 양을 죽여야 한다면 마음이 아플 것이기 때문에 먹지 않는다며, 자신이 직접 죽일 수 있는 동물만 먹는다고 했다. 나는 절대 동물을 직접 죽일 수 없고, 고기를 먹을 때 양심의 가책을 느낀다. 그런 나는 모나의 이런 결론에 크게 놀랐다.

연방 농림수산부의 최신 설문조사에 따르면 독일인의 5퍼센트가 채식을 하고, 1퍼센트가 비건이다.[4] 그러니까 94퍼센트를 먹이기 위해 동물들이 죽어야만 한다. 살기 위해 반드시 고기를 먹어야

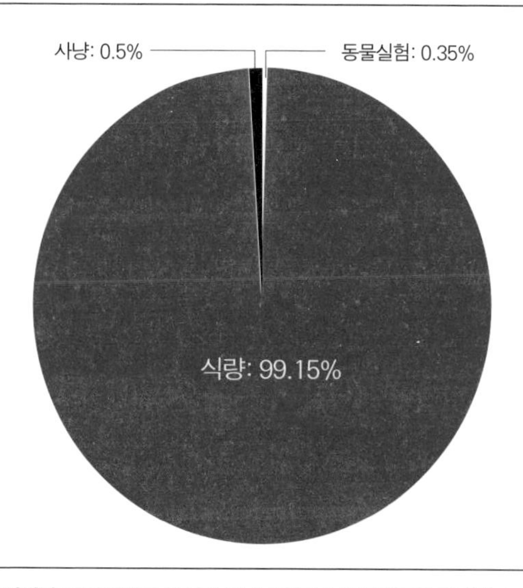

그림 8.1 동물실험과 그 외 과학적 목적의 동물 소비가 0.35퍼센트를 차지한다.

하는 건 아니다. 건강하게 살기 위해서는 더욱 아니다. 대다수(94퍼센트)가 솔직해진다면(애석하게도 나 역시 여기에 속한다), 동물이 죽는 이유는 단지 우리가 그들을 맛있다고 여기기 때문임을 인정할 수밖에 없다. 비교를 위해 말하자면, 실험실 동물이 죽는 이유는 우리가 질병을 더 잘 이해하여 약이나 치료법을 개발하기 위함이다. 다시 말해, 우리가 살기 위해 실험실 동물을 죽인다. 비록 잔혹하지만 적어도 정당화하기는 더 쉽다. 그렇지 않은가? 그럼에도 동물실험에 찬성하는 비율은 94퍼센트보다 한참 낮다.

동물을 대하는 우리의 태도는 종종 비합리적이다. 아시아 몇몇 지역에서 개고기를 먹는다고 하면, 우리 독일인은 그것을 기괴하게 또는 야만적이라고 여긴다. 그러나 매년 수억 마리에 달하는 닭, 돼지, 소를 먹는 것은 아주 평범하게 여긴다. 때때로 우리는 개를 특별히 영리한 동물로 설명하면서 이런 태도를 미화하려 한다. 소, 돼지, 닭 또한 영리한 동물이라는 것을 차치하더라도 그것은 윤리적 정당성을 높이지 않는다.

동물실험에 가장 흔히 사용되는 동물은 생쥐이고, 2위가 물고기, 그다음 들쥐 순이다. 아마도 영장류와 개의 실험이 각각 0.12퍼센

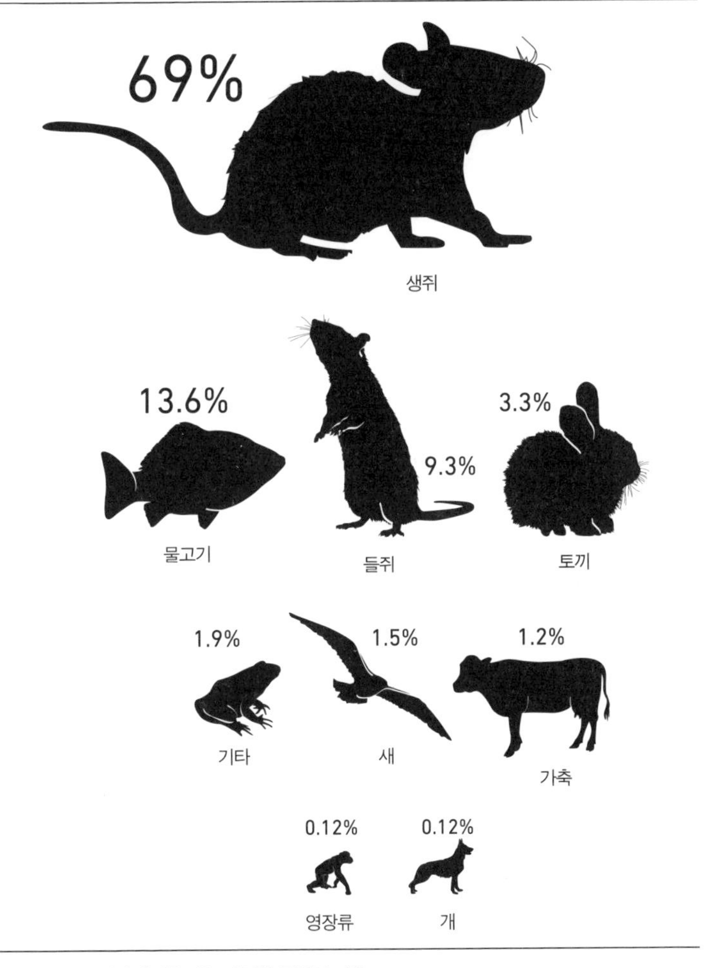

그림 8.2 동물실험에 사용되는 다양한 동물의 비율

트에 그쳤다는 데 안도하는 사람이 많을 것이다. 영장류(침팬지, 고릴라, 오랑우탄, 긴팔원숭이) 동물실험은 특별한 예외 사례에서만 허가되고, 독일에서는 1991년 이후로 실험 사례가 없다.

그러나 과학을 위해 고통받아야 하는 동물이 전혀 없다면, 훨씬 더 좋은 게 아닐까?

자료 8 _ 동물실험의 고통 등급

동물실험이란 '우수한 수의학 처치에 따른 주입관 삽입과 동일하거나 그것을 넘어서는 모든 개입'을[5] 말한다. 동물보호법에 따르면, 동물은 '과학적 목적으로만 허용되는 범위 내에서' 동물에게 고통을 가할 수 있다(다음의 3R 원칙).

실험동물의 네 가지 고통 등급

- **강도 1: 약한 고통**

단시간의 약한 또는 심하지 않은 고통(짧고 가벼운 통증, 스트레스, 불안감)만 잠깐 유발하는 개입

예: 주사, 채혈, 쥐의 경우 (유전자 검사를 위해) 꼬리 끝 잘라내기

- **강도 2: 중간 고통**

인간이 추정하기에 불편하거나 아파 보이는 개입 또는 가벼운 통증을 오래도록 유발하는 개입(동물의 통증 민감도를 최대한 고려하지만, 고통과 스트레스를 객관적으로 판단하기가 어려움)

예: 주입관의 장기 삽입, 치명적이지 않은 독성의 장기 연구, 진통제로 완화

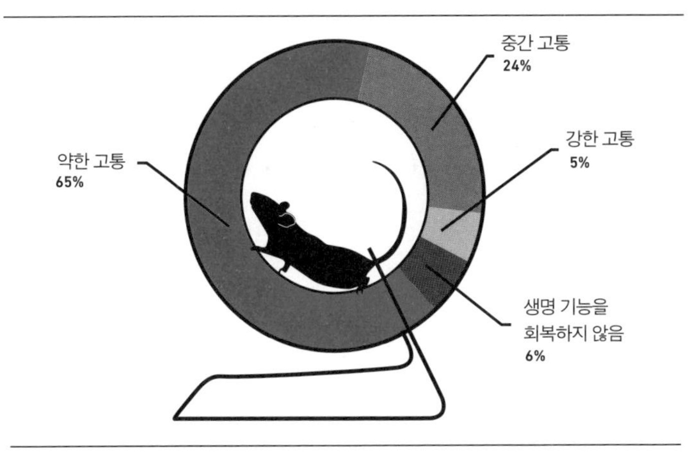

그림 8.3 동물실험의 고통 등급 비율

되지 않는 통증을 남기는 전신마취 수술

- **강도 3: 강한 고통**

심각한 손상, 심한 통증, 극심한 두려움이 예상되는 개입. 강도 2의 고통, 통증, 두려움이 장기화되는 경우

예: 인공심장 이식, 말기 암, 치명적 독성 연구, 사회적 동물(예: 양, 원숭이)의 오랜 격리

- **생명 기능을 회복하지 않음**

살해라는 단어를 쓰지 않기 위해 내가 고안해낸 말처럼 들리겠지만, 정말로 공식적으로 이렇게 부른다. 마취 상태에서 실험이 진행되고, 실험이 끝난 뒤 동물은 마취에서 깨어나지 않는다.

예: 기계 호흡이 필요한 폐 검사, 마취 상태에서 신경 활동 관찰

내부장기 적출을 위한 살해

순수하게 법적으로만 보면, 이것은 죽은 동물을 사용하므로 동물실험이 아니다. 그럼에도 동물은 실험을 위해 죽고, 이 실험의 결과는 정식 연구 결과

로 통계에 기록된다.
예: 죽은 뒤의 뇌를 현미경으로 관찰하기 위해 또는 간세포를 시험관 실험에 이용하기 위해 동물을 죽이는 경우

대부분 실험동물은 결국 살해된다

약한 고통 등급의 실험이라도 인간이 모르거나 인식하지 못한 결과로 실험 후에 동물이 고통받을 가능성을 없애기 위해 법은 기본적으로 살해(안락사)를 권고한다. 그러나 모든 동물이 오로지 과학을 위해 죽는 건 아니다. '잉여 동물'도 안락사된다.
예: 유전자변형 동물을 교배할 경우, 모든 자손이 아니라 1마리만 연구자가 원하는 유전자형을 갖는 경우가 대부분이다. 나머지 자손을 통제집단으로 사용할 수 없는 경우라면, 이들은 불필요한 잉여가 된다. 교배하기에 너무 늙은 교배쌍 역시 잉여로 간주한다. 또한 실험에 필요한 수만큼만 정확히 번식시키기가 대부분 불가능하다. 그런 식으로 생겨난 잉여 동물은 살해될 수밖에 없다.

3R 원칙: Replace(대체), Reduce(감소), Refine(개선)

3R 원칙이란, 동물실험을 가능한 한 다른 방법으로 대체하고(Replace), 필요한 만큼만 하도록 줄이고(Reduce), 동물의 고통을 최소화하고 결과의 질을 극대화하도록 실험 방법을 지속적으로 개선하자(Refine)는 합의다. 독일 동물보호법에는 3R 원칙이 암묵적으로 내포되어 있다.
이때 동물의 고통 감내력이 중요한 역할을 한다. 그래서 영장류의 실험이 거의 진행되지 않는다. 반면, 파리나 벌레 또는 곤충 실험은 '동물실험'으로 간주하지 않아 이들에 대한 적절한 보호 정책이 없다.

동물실험이 정말로 필요할까?

"고지방 식단은 뇌에 해롭고 우울증을 촉진한다!"
"과학자들이 이명 치료의 돌파구를 찾아냈다!"
"콜리플라워, 양배추, 브로콜리에는 전립선암을 예방하는 물질이 함유되어 있다!"

획기적 의학 연구들이 매일 보도된다. 그러나 보도 내용은 종종 쥐 실험에서 나온 첫 번째 결과에 불과하다. 이런 희망찬 결과가 인간에게도 적용될지는 아직 아무도 모른다. 어떤 약물이 쥐에게 효과가 있었다는 보도는, 잠재된 새로운 치료법이 나오려면 아직 멀었다는 뜻이다. 그러나 '쥐 실험'이라는 단어는 헤드라인에서 빈번히 삭제된다. 더 놀라운 내용처럼 보이려고 일부러 뺐거나, 쥐 실험 결과가 제한적으로만 인간에게 적용될 수 있음을 정말로 몰랐기 때문이리라. 과학자 제임스 헤더스(James Heathers)는 이런 사태에 절망한 나머지 2019년 4월부터 트위터 계정 @justsaysinmice를 만들어 '획기적' 연구 결과를 보도하는 모든 기사에 'IN MICE(쥐로)'라는 댓글을 달고 리트윗하기 시작했다.

얼마 안 가 @justsaysinmice는 너드 커뮤니티에서 일종의 우상이 됐다. 과학 연구 결과가 오해하기 쉽게 간략히 요약돼 소개되는 것에 분노하는 팔로워가 7만 명이 넘고, 나도 그중 하나다.

다른 한편에는, 동물실험을 반대하는 사람들이 있다. 동물실험 결과가 인간에게 똑같이 적용될 수 없으므로 동물실험을 할 필요가 없고, 중개연구도 소용없다고 비판하는 사람들이다. 헤더스의 트위터 계정 @justsaysinmice가 존재한다는 사실이 이미 이런 비판 안에 몇 가지 진실이 있음을 보여준다. 4장에서 봤듯이(자료 4.3 참조), 전임상연구에서 동물실험을 마친 후보물질 중에서 극히 일부만이 최종 승인을 받는다. 그리고 승인된 약물이라도 동물과 사람에게 항상 같은 부작용을 일으키는 건 아니다.[6]

동물실험의 실패를 지적할 때 종종 콘테르간 참사(자료 4.1 참조)가 근거로 제시된다. 동물에게 이 수면제를 먹여봤지만, 치명적인 기형 유발 부작용은 나타나지 않았다. 콘테르간 참사는 흥미롭게도 동물실험 반대자뿐 아니라 지지자들도 거론한다. 미국 FDA 직원이자 '콘테르간 영웅'이라고 불리는 프랜시스 올덤 켈시(자료 4.1 참조)는 새끼를 밴 동물의 데이터를 요청했고, 이 데이터가 빠졌다는 이유로 콘테르간의 미국 시장 판매를 승인하지 않았다. 1976년 의약품법 개정으로(자료 4.2 참조) 임산부를 위한 의약품을 개발할 때는 반드시 새끼를 밴 동물을 대상으로 실험을 해야 한다. 콘테르간 참사 이후 또 다른 의약품 규정이 생겼다. 의약품은 반드시 여러 동물 종에 테스트해야 한다. 콘테르간이 생쥐와 들쥐에게는 기형 유발 부작용을 일으키지 않음을 나중에 알게 됐기 때문이다. 쥐에게만 테스트했기 때문에 이런 부작용 위험을 모르고 지나쳤는데, 토끼에게도 테스트했더라면 부작용이 확인돼 참사를 예방할 수 있었을 것이다.

그러나 '동물실험이 정말로 필요할까?'라는 질문에 바르게 답하려면, 다층적 관찰이 필요하다. 우선, 동물실험이 인간에게 유용하지 않다는 주장이 틀렸음을 인정해야 한다. 의학 발달의 역사가 그것을 말해준다. 1901년 첫 노벨의학상이 생긴 이후로 동물실험 없이 노벨상을 받은 사례는 소수에 불과하다. 그리고 1984년 이후 동물실험과 전혀 무관한 노벨의학상은 없다. 동물실험이 점점 더 많아져서 그런 게 아니다. 최근에 연방 정부가 건강 연구에 점점 더 많은 돈을 대긴 하지만, 실험되는 동물의 수는 거의 변하지 않았다.

동물실험이 거의 필수처럼 고착된 이유는 의학 연구에서 맞닥뜨리게 되는 막대한 복합성 때문이다. 이런 복합성은 오직 생체 내에서, 즉 살아 있는 유기체인 동물실험으로만 조사될 수 있다.

하지만 동물실험을 대체할 방법이 있지 않나? 네덜란드에서 뭔가 발표했던 것 같은데? 어쩌면 당신도 이미 그에 관해 읽었을 것

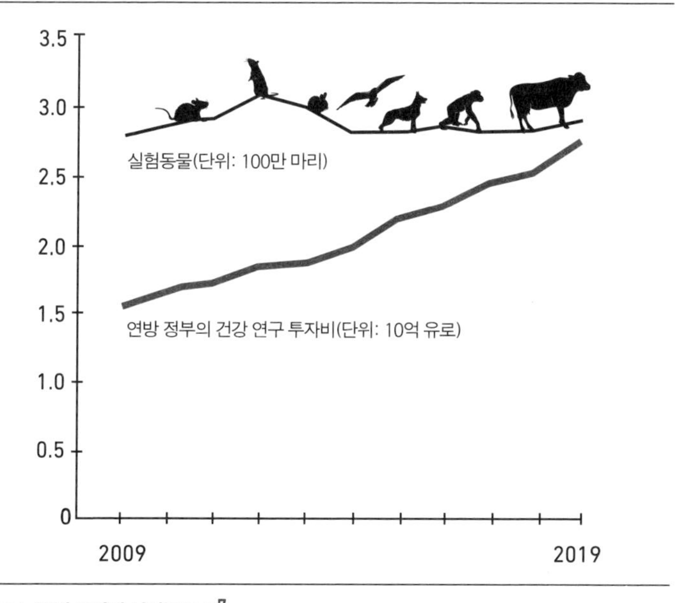

그림 8.4 10년 동안의 실험동물 수[7]

이다. 네덜란드는 EU의 모범으로, 2025년까지 모든 동물실험을 중지하겠다는 이른바 마스터플랜을 발표했다. 정말 환상적으로 들리지만, 애석하게도 실현되기에는 너무 아름답다. 모든 동물실험을 중지하겠다는 환상은 2016년 12월에 발표된 '실험동물 보호를 위한 네덜란드 국립위원회(NCad)'의 권고와 관련이 있다.[8] 그러나 이 권고에서는 2025년까지 '정규 안전점검' 영역에서만 동물실험을 중단할 수 있다고 했다. 정규 안전검검이란 화학물질 · 식품성분 · 살충제 등에 대한 품질 관리, 독성 조사, 안전성 검사를 의미한다. 이 영역의 동물실험 중단을 낙관할 수 있는 이유는 방법 면에서 중대한 이점이 있기 때문이다. 이런 유형의 테스트에서는 한 가지 특성을 테스트하고, 그것을 테스트하려면 어떤 방법이 적합한지 아주 구체적으로 말할 수 있으므로 목적에 정확히 맞는 방법을 개발할 수 있다. 예를 들어 어떤 물질이 점막에 해로운지 테스트하려면, 검사할 화학물질을 토끼의 눈에 넣는 이른바 드레이즈 눈 자극 테스트를 해야 한다. 토끼들 대신에 수정란을 쓸 수 있는데, 수정란의 정맥이 점막 자극 물질에 민감하게 반응하기 때문이다. 동물과 완전히 무관한 방법은 아니지만 그래도 고통은 없다.[9]

뷔르츠부르크의 프라운호퍼연구소 ISC에서는 동물과 완전히 무관한 인공 인간 각막을 쓴다.[10] 이 연구소의 목표는 드레이즈 눈 자극 테스트를 완전히 대체하는 것이다. 최신 규정에 따르면, 수정란 테스트에서 화학물질의 유해성이 드러나지 않으면 확실히 하기 위해 토끼의 눈에 다시 테스트해야만 하기 때문이다. 흥미롭게도 '인공 각막'에서 가장 큰 도전 과제는 인간의 각막과 똑같이 만드는 것이 아니라 화학물질의 잠재된 유해성을 신뢰할 만한 수준으로 알아내는 것이다. 현재 ISC는 연방 위험평가연구소 및 또 다른 협력 파트너와 함께 손상이나 장애를 유발하지 않고 각막의 손상을 확인할 수 있는 비공격적 측정법을 개발한다.[11] 이런 '시험관' 모델이 정말로 신뢰할 만할 때 비로소 이 방법이 동물실험의 대안으로 승인될 것이다.

소비재의 안전점검이라면 우리의 안전을 위해 얼마나 많은 동물이 고통을 받거나 죽어야 하느냐는, 과학기술뿐 아니라 규제의 문제이기도 하다. 최근 들어 유럽 전역에서 화장품을 동물에 테스트하는 것이 금지됐다. 샴푸, 데오도란트, 화장품뿐 아니라 치약이나 세제도 포함된다. 금지가 시작된 2003년만 해도, 동물과 완전히 무관한 테스트 방법이 없었다. 그러나 금지가 창조의 어머니 역할을 한 것 같다. 화장품산업은 현재 여러 분야에서 동물실험을 대체할 수 있는 인간 세포 테스트 방법을 개발해냈다. 이 방법으로 모든 테스트를 대체할 수 있는 건 아니지만, 현재 인간 세포 테스트는 동물실험보다 더 신뢰할 만하다.

그렇게 보면 네덜란드의 정치적 목표 설정은 환영할 만하다. 그러나 금지와 지원만을 혁신의 열쇠로 보는 것은 순진한 생각인 것 같다. 중개의학과 기초연구의 동물실험이라면 대체할 적절한 방법을 개발하기가 훨씬 더 어렵기 때문에 네덜란드 역시 이 단계의 동물실험을 완전히 중단할 수 있으리라 기대하지 않는다. 도대체 왜 안 될까? 어떤 물질이 점막을 자극하는지를 '인공 각막'에 테스트할 수 있다면, 어째서 예상되는 모든 눈병을 인공 각막으로 조사할 수 없는 걸까?

실험실의 모든 인공 장기는 아무리 정교하게 만들어졌더라도 극히 제한된 범위에서만 진짜 장기를 대체할 수 있을 뿐이다. 그러나 연구자는 여우 못지않게 영리하고 기발하다. 여러 장기의 상호작용은 이른바 오가노이드(organoid, 장기유사체)에서 재현되는데, 오가노이드는 심장 · 신장 · 간 같은 서로 다른 장기의 세포 유형이 몇 밀리미터 공간 안에서 적절한 비율로 자라고 뭉쳐지는 일종의 세포 덩어리로 상상하면 된다.[12]

현재 가장 뜨거운 연구 주제 가운데 하나가 '칩 위의 인간(human on a chip)'이라고도 불리는 다장기칩(Multi-Organchips)이다.[13] 호주머니에 쉽게 들어갈 만큼 작은 막 위에서, 더 정확히 말하면 질화규소 판 위에서 인간의 모든 세포 유형이 배양되고, 심지어 그 세포들이 혈액 비슷한 액체를 통해 상호작용할 수 있다. 그것을 통해 물질의 유해성을 조사하는 완전히 새로운 가능성이 생긴다. 간세포를 예로 들어보겠다. 간은 '해독 장기'이므로(인터넷의 모든 '해독 치료법'은 아무튼 거의 헛소리인데, '해독'을 위해 필요한 것은 간과 신장뿐이다) 독성 물질을 처리하는 데 훈련이 되어 있다. 무리를 가하지만 않는다면, 간은 술과 잘 지낼 것이다. 그러나 간세포가 특정 물질을 아주 잘 처리한다고 해서 신체의 나머지도 자동으로 문제를 겪지 않는다는 뜻은 아니다. 이제 다장기칩의 도움으로 간세포를 다른 체세포와 연결할 수 있고, 테스트하는 물질뿐 아니라 그것이 분해한 산물도 얇은 관을 통해 곳곳에 운송하여 효력을 관찰할 수 있다.[14] 그렇다, 특정 환자의 세포로만 구성된 개별 맞춤형 다장기칩도 생각할 수 있다! 현재 그런 장기칩에 거는 기대가 매우 크다.

뇌 연구 분야에서도 인상 깊은 진보를 이뤘다. 현재 MRI 기계로 또는 전선이 연결된 모자를 씌워 뇌 활성을 관찰하는 비침습적 방법이 있다. 그 덕에 신경학 연구에서 수많은 동물실험이 대체될 수 있었다. 그러나 이렇게 촬영된 사진들은 해상도가 낮다. 그래서 뇌 영역이나 영역 간의 연결은 관찰할 수 있지만 미세한 연결망이나 개별 뇌세포의 상호작용은 관찰할 수 없다. 7장에서 봤듯이, 뇌 구조에서 행동 방식이나 성격 특성을 유추할 순 없다. 그 이유 중 하나가 바로 이런 비침습적 방법의 거친 해상도다. 어떤 뇌 영역이 피로 · 배고픔 · 공격성과 관련이 있는지는 식별할 수 있지만, 다양한 뇌세포가 자기 임무를 해내기 위해 구체적으로 어떻게 협력하는지는 알아낼 수 없다. 동물의 뇌에 전극을 삽입하는 침습적 방법은 명확히 더 높은 해상도를 제공한다. 매우 잔인하게 들리겠지만 실제로는 그렇지 않은데, 뇌는 최소한 통증을 느끼지 않기 때문이다. 그러나 연구자들은 대체할 방법을 찾기 위해 자기 뇌를 열심히 굴린다. 최신 매머드급 프로젝트로, EU의 지원을 받은 '인간 뇌 프로젝트'가 있다. 이 프로젝트의 목표는 컴퓨터로 뇌의 일부를 시뮬레이션하는 것이다.[15] 다만 아직은 비전 수준에 머물러 있다.

동물실험을 대체할 혁신적인 방법이 없는 것은 아니다. 그러나 매체들의 왜곡 때문에 어떤 대안들은 실제보다 지나치게 과장되는 것 같다. 시장 조사 업체 가트너(Gartner)에 따르면, 새로운 테크놀로지는 '하이프 사이클'을 그린다(그림 8.5).

'부풀려진 기대의 정점'까지 치솟는 초기의 과장 이후에 기본적

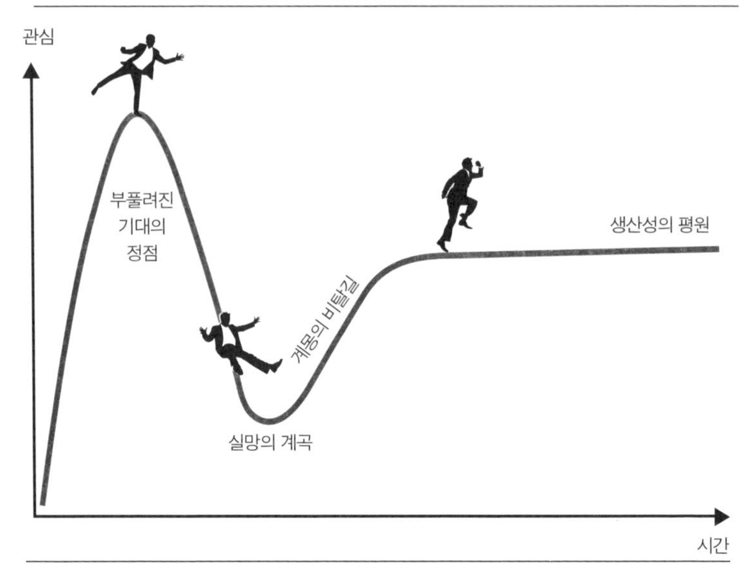

그림 8.5 가트너가 개발한 '하이프 사이클'

으로 '실망의 계곡'이 이어지는데, 주요 원인은 새로운 테크놀로지에 너무 많은 걸 기대했기 때문이다. 테크놀로지는 그 후에도 흔들림 없이 계속 발전하여 좌절된 기대의 일부라도 '계몽의 비탈길'에서 조금씩 조금씩 다시 살아나, 가능한 한 빨리 '생산성의 평원'에 도달하여 안정적으로 폭넓게 활용되어야 한다. 현재 전도유망한 장기칩 기술은 아직 부풀려진 기대의 정점에 있다. 말하자면, 폭넓은 활용으로 동물실험이 유의미하게 감소하기까지는 몇 년이 더 걸릴 것이다.[16]

도대체 몇 년이나 더 걸릴까? 얼마나 많은 동물이 보호될 수 있을까? 전문가들 사이에선 의견이 분분하다. 더 비관적인 목소리도 있고 더 낙관적인 목소리도 있지만, 과학 커뮤니티 내부의 토론은 아직 대중의 토론만큼 뜨겁게 달궈지진 않았다. 애석하게도 논란의 여지가 없는 한 가지 사실 때문이다. 기술 측면에서 우리는 아직 동물실험을 완전히 대체할 수준에서 멀리 떨어져 있다.

그렇지 않다면 이미 오래전에 동물실험을 중단했을 것이다. 동물보호법 제7조 a항에 따르면, '추구하는 목표를 다른 방법이나 과정으로 이룰 수 없을 때만'[17] 동물실험을 할 수 있기 때문이다. 법 이외에 비용 때문에라도 연구자들은 동물실험을 다른 방법으로 대체하는 데 관심이 크다. 실험동물은 돌봄, 공간, 자원을 요구한다. 동물보호법에서도 실험동물을 보건위생상 안전하게 관리해야 한다고 규정한다. 적합한 먹이, 적합한 채광 및 환기, 놀잇감 등을 제공해야 한다. 의료 및 일반적 돌봄을 담당할 직원을 채용해야 하며, 외부 관청이 모든 규정의 준수 여부를 감독해야 한다. 그리고 동물실험은 힘겨운 신청 및 감사 절차를 밟아야 하므로 진정한 관료제 괴물이라고 할 만하다.[18]

대체 방법이 무조건 동물실험보다 더 저렴하진 않을 것이다. 그럼에도 모든 연구자는 동물실험을 안 해도 된다면 분명 반가워할 것이다. 오로지 객관성만 중시한다고 해서 과학자들이 곧 감정 없는 기계인 건 아니다. 내가 아는 수많은 과학자는 비록 어쩔 수 없이 동물실험을 받아들이지만, 자신이 직접 동물을 죽일 마음은 없다. 양심의 가책 없이 고기를 맛있게 먹지만, 자신이 직접 동물을 죽일 마음은 전혀 없는 육식주의자들과 크게 다르지 않다.

그러므로 합의하자. 동물실험의 결과는 제한적으로만 사람에게 적용될 수 있다. 맞다. 절망적이다. 또한 전임상연구에서 높은 비용을 들여 테스트된 후보물질 대부분이 결국 시판되지 못하는 것은 경제적으로도 제약회사에 좋지 않다. 동물의 고통을 줄일 뿐 아니라 신뢰도까지 높이는 대체 방법의 개발은, 동물실험 반대자뿐 아니라 연구자들도 바라는 일이다. 그러나 살아 있는 유기체의 생화학 과정은 너무나 복잡하여 아직은 생체연구 없이 아무것도 할 수 없다. 현재 동물실험이 완전히 대체되지 못하고 신뢰도가 제한적인 이유는 의학 연구가 그만큼 복잡하고 까다롭기 때문이다.

비용과 효용 사이 저울질이 어려운 이유

우리 모두가 2020년에 (글자 그대로 그리고 은유적으로) 열을 내며 기다렸던 코로나 백신 역시 동물실험이 없었더라면 개발할 수 없었을 것이다.

우리가 승인한 최초의 mRNA 백신 '코미나티(Comirnaty)'의 효과는 붉은털원숭이에서 확인됐다. 이 원숭이에게 백신을 접종한 후 바이러스를 주입했다.[19] mRNA 백신의 생화학 원리가 과거의 동물실험을 통해 이미 밝혀진 덕분이다. 잠시 그 상황을 살펴보자.

쥐의 세포에서도 인간의 세포에서도 아주 많은 mRNA가 세포질 안에서, 즉 세포액 안에서 이리저리 헤엄친다. mRNA에서 'm'은 '메신저'를 뜻한다. 그러니까 mRNA는 메신저-RNA다. 이 메신저는 어떤 메시지를 전달할까? RNA 염기서열로 작성된 프로테인 설계도를 전달한다. 세포의 모든 생물학적 기능을 위해 각각 특정 프로테인이 존재한다. 특정 프로테인이 생산되어야 할 때마다 이 프로테인의 설계도가 해당 mRNA 분자를 통해 세포의 프로테인 공장인 리보솜으로 운송되고, 그곳에서 RNA 염기서열로 구성된 설계도에 따라 프로테인이 생산된다. mRNA 백신 자체는 엄격히 말해 아직 백신이 아니다. mRNA가 설계도를 운반하면 우리의 세포가 스스로 백신을 생산한다! 기발한 원리 아닌가(여담을 하나 하자면, 그런 '유전자 기반 백신'을 통해 DNA가 바뀔지도 모른다는 걱정은 그야말로 기우다. DNA는 mRNA가 닿지 않는 세포핵에 있을 뿐 아니라, RNA는 다른 도움 없이 그냥 DNA로 변신할 수 없다. 그리고 무엇보다 바이러스가 우리를 정복하면, 바이러스 역시 DNA 또는 RNA 형식으로 자신의 유전자 정보를 우리 세포로 가져온다. 더욱 심각하게, 바이러스는 우리 세포를 철저히 약탈하여 바이러스 공장으로 바꿔버린다. 끔찍한 일이지만, 어쨌든 그렇더라도 유전자가 바뀌지는 않는다).

이런 mRNA 원리가 이미 1990년대에 쥐 실험으로 확인됐다.[20] 그냥 쥐를 하나 잡아서 mRNA 약간을 주입하고 관찰하는 과정이 결코 아니다. 유전자 기반 치료법을 쓰거나 백신을 세포 안으로 넣으려면, 면역체계의 공격을 받지 않는 적합한 이동 수단에 태워야 한다. 효능물질의 '포장과 수송'만을 연구하는 이른바 '약물 배달(Drug Delivery)' 분야가 있다. 그리고 약물 배달 체계의 작동 여부는 세포 하나가 아니라 동물에게 실험해야 비로소 확인된다.

그렇다. 팬데믹 덕분에 백신이 생명을 구할 뿐 아니라 삶의 질도 회복시킴을 깨닫게 됐고, 그래서 동물실험을 정당화하기가 비교적 쉬워졌다. 필요하다면 비용-효용 계산도 해볼 수 있으리라. 그러나 치료법이나 백신 개발을 위한 중개연구와 응용연구가 전체 동물실

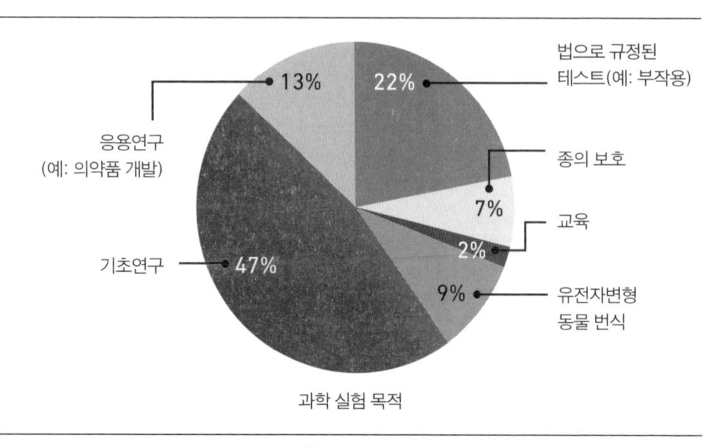

그림 8.6 동물이 사용된 과학 실험(2019)[21]

험에서 차지하는 비율은 13퍼센트에 불과하다. 동물실험에서 가장 큰 부분을 차지하는 것은 기초연구로, 47퍼센트다(그림 8.6).

동물실험 반대자는 때때로 '과학자가 순전히 호기심으로 동물실험을 한다'며 비판한다. 하기야, 실제로 기초연구는 유용성을 특별히 고려하지 않는다. 기초연구의 유일한 목표는 연구 대상을 더 잘 이해하는 것이다. 그런 점에서 '호기심' 비난이 완전히 틀린 것은 아닌데, 이 호기심이 신약 개발 같은 유용한 연구의 초석임을 이해하기만 하면 된다. 어떤 질병을 잘 이해할수록 타깃과 치료법을 더 정확히 찾아낼 수 있다. 위대한 의학적 변혁, 진정한 '게임체인저'의 기원은 대개 기초연구다. 그때까지 전혀 알려지지 않은 질병 메커니즘이 기초연구에서 규명되고, 마침내 목표로 하는 신약 개발이 거기서 시작될 수 있다.

예를 들어 제임스 앨리슨과 타스쿠 혼조가 이른바 관문억제제

(Checkpoint-Inhibitor) 분야의 기초연구로 2018년 노벨의학상을 받았는데, 이 기초연구는 새로운 암 치료법의 기반을 제공했다. 체세포와 침입자를 구별하도록 돕는 '관문'을 면역체계에서 발견한 것이다. 암세포는 맞서 싸우기가 특히 어려운데, 원래 우리 세포였기 때문이다. 그러나 이제 관문억제제 덕분에 암세포가 체세포인 척 관문을 통과하지 못하고 면역체계의 공격을 받게 된다. 이는 그동안 치료가 어려웠던 몇몇 암 종류에 일대 변혁을 가져왔다. 이 관문은 생쥐 실험을 통해 발견됐다. 그러나 이 시점까지 틀림없이 앨리슨이나 혼조도 "나는 암 치료약을 찾고 있다"라고 말하지 않았을 것이다. 그들은 그냥 말했으리라. "나는 면역체계를 더 잘 이해하고자 한다."

모든 의학적 변혁은 기초연구라는 거인의 어깨에 앉아 있다. 기초연구를 정말로 글자 그대로 이해해야 한다. 즉, 기초연구는 모든 연구의 기초다.

기초연구에서 진행되는 동물실험의 경우, 효용과 비용 사이의 윤리적 평가는 명확히 정의된 의학 목적의 동물실험이나 특정 제품의 소비자 안전을 위한 실험보다 훨씬 더 복잡하다. 화장품과 세제에 대한 유럽 전역의 동물실험 금지 사례를 보자. 여기서는 효용과 비용의 저울질이 상대적으로 단순해 보인다. 왜 동물이 보습크림 개발을 위해 고통을 받아야 하는가? 사용처를 알면, 비용(동물의 고통)과 효용(신약 개발 vs. 보습크림 개발)을 서로 저울질할 수 있다. 그러나 기초연구에서는 효용을 밝히기가 매우 어렵다. 물론 많은 사람이 앓지만 마땅한 치료법이 없는 질병을 특히 중대하게 여기고,

치료법 개발에 비용이 많이 드는 기초연구가 특히 중요하다는 결론에 도달할 수 있다. 그러나 치료법이 개발될 때까지 얼마나 많은 동물이 고통받거나 죽어야 하는지는 미리 말할 수 없다. 개발된 치료법이 특히 효과가 좋아 동물이 겪은 고통이 '보람'이 있을지, 아니면 증상만 완화할 뿐 원인은 없애지 못하는 약품만 개발될지 알 수 없다. 트롤리 문제의 은유로 표현하자면, 대다수는 한 사람을 다리에서 밀지 않겠지만 생쥐 몇 마리라면 쉽게 밀 것이다. 그러나 그 쥐들이 정말로 사람들을 구할 수 있을지 알 수 없다면, 어떻게 되는 걸까? 그것이 기초연구의 트롤리 문제다.

기차는 계속 달린다

신약 개발을 위한 동물실험은?

A: 꼭 필요하다. 폭넓은 동물실험으로 신약의 위험성을 제거해야 하기 때문이다.

B: 불필요하고 잔인하므로 중단해야 한다. 동물실험보다 더 나은 방법이 있기 때문이다.

이것은 이 장의 유도 질문일 뿐 아니라 '동물실험에 반대하는 의사들'이라는 단체가 2017년에 여론 조사기관 포르자(Forsa)에 의뢰하여 조사를 진행했고 동물 보호 단체가 즐겨 인용하는 설문조사의 첫 번째 질문이기도 하다. 응답자의 41퍼센트가 A를 선택했고,

52퍼센트가 B를 선택했으며, 나머지는 응답하지 않았다.[22]

동물실험 논쟁에서 나를 가장 짜증 나게 하는 것이 바로 이런 질문이다. 동물실험을 통해 신약의 모든 위험성을 제거할 수 있다고 주장하는 과학자는 없다(4장 참조). 그뿐만이 아니라 '더 나은 연구 방법'이 있기 때문에 동물실험이 '불필요하다'는 주장은 완전히 틀렸다. 두 진술이 정말 사실이라면, 길게 토론할 필요도 없다. 트롤리 문제 같은 윤리적 딜레마도 없을 것이다. 동물실험에 찬성하냐 반대하냐를 묻는 근본적 질문은 결국 사실이 아니라 그저 의견, 도덕, 윤리를 다룰 뿐이다. 가짜 사실을 판단 근거로 사용하는 사람은 명백한 사기꾼이다.

동시에 동물실험을 대체할 방법이 없다고 믿는 일부 과학자는 종종 윤리적으로 비교적 쉽게 수용할 수 있는 의약품이나 백신의 비용-효용 평가를 동물실험의 대표 근거로 내세움으로써 마음의 부담을 던다. 그러나 이때 모든 연구의 토대인 기초연구에서는 이런 비용-효용 평가가 그렇게 간단할 수 없다는 사실을 투명하게 밝히지 않는다.

나에게 동물실험은 진짜 트롤리 문제다. 우리의 목적을 위해 우리가 동물을 사용하는 방식은 끔찍하기 그지없다. 사이코패스나 사디스트가 아닌 이상 아마 대부분 사람이 나와 비슷하게 느낄 것이다. 그러나 단지 뭔가가 끔찍하다는 이유로, 그것의 대안이 반드시 덜 끔찍하다는 뜻은 아니다. 기차는 멈추지 않는다. 전환기를 당길지 말지 결정해야 한다. 전환기를 당기든 아니든, 누군가는 해를 입는다. 자주 요구되는 것처럼 동물실험의 전환기를 당겨 기차의 진행 방향을 바꿀 거라면, 기차를 어느 방향으로 보낼지 의식해야 한다. 인간을 실험하는 방향으로? 어떤 사람은 인간을 위해 개발된 의약품을 인간에게 테스트하는 것이 공정하다고 느낄 것이다. 그러나 이런 생각은 곧바로 심각한 문제가 된다. 우선, 인간의 목숨은 모두 똑같이 소중하다. 그것이 우리의 기본 윤리다. 또한 실험에 참여할 지원자를 충분히 찾을 수 없고, 대부분의 실험은 맹렬한 팬데믹에 맞서 팔에 백신을 주입하는 것보다 더 불편하다. 따라서 어떤 사람을 대상으로 (그들의 의지에 반하여) 시험할지 결정해야 한다. 여기에서조차 문제의식을 갖지 않는 사람이 있다면, 솔직히 말해 나는 그런 사람이 더 두렵다.

독일만 보더라도 매년 약 300만 마리의 실험동물이 사용된다. 그래서 실험동물을 별도로 번식시킨다. 게다가 특정 질병을 체계적으로 조사할 수 있도록 특정 유전적 특성을 갖도록 번식시킨다.

달리 말해, 동물실험을 포기하면 좋든 싫든 우리는 생체실험을 완전히 포기하는 방향으로 가게 될 것이다. 그런 포기는 의학 연구의 여러 분야에서 진보를 늦출 뿐 아니라 부분적으로 완전히 마비시킬 것이고, (이것을 아는 사람이 거의 없는데) 신뢰할 만하게 작동하는 실험 방법의 개발도 벽에 부딪힐 것이다. 예를 들어 샬레 안의 표피층이 진짜 피부에 적합한 모델인지 또는 컴퓨터로 시뮬레이션된 뇌가 정말로 진짜 뇌와 충분히 유사한지 테스트하려면, 그리고 방법을 검증하고 최적화하려면, 계속해서 진짜 피부나 진짜 뇌와 비교해야 하기 때문이다. 이런 방식으로 계속해서 끝까지 생각하면, 동물실험의 포기가 무엇을 의미할지 그리고 과학자들이 동물실험을 왜 차악으로 여기는지도 이해할 수 있을 것이다.

물론 이를 다르게 볼 수도 있다. 인간을 다른 생명체보다 우위에 둬선 안 된다고, 완전히 윤리적으로 주장할 수 있다. 우리 사회는 다른 더 높은 목적을 위해 누군가가 희생되어선 절대 안 된다는 데 동의한다. 다른 사람을 구하기 위해서도 안 된다. 우리는 거구의 남자를 다리에서 밀고 싶지 않다. 기차를 멈추기 위해 사람을 다리에서 밀면 안 되는데, 왜 뚱뚱한 들쥐는 밀어도 된단 말인가?

가장 중대해 보이는 요점들을 모두 소개했으니, 이제 마지막으로 내 입장을 밝히겠다. 나는 동물실험을 차악으로 여기므로, 윤리적으로 수용할 만하다고 여긴다. 모두가 과학의 기본 사항을 충분히 이해했다는 전제조건 아래에서 나는 두 가지를 믿는다. 첫째, 비교적 많은 사람이 나와 같은 의견이다. 둘째, 나와 의견이 다르더라도 나 같은 사람을 영혼 없는 악마로 여기지 않는다. 내가 그들을 이해할 수 있는 것처럼, 그들도 나를 이해할 수 있으리라.

나는 대중의 토론이 종종 오해나 잘못된 정보로 부추겨지는 것이 매우 유감스럽다. 예를 들어 동물실험이 불필요하다는 주장은 그야말로 불필요하게 전선을 격화한다. 내가 조화를 사랑하는 사람이라 격렬한 논쟁을 유감스러워하는 게 아니다. 그런 잘못된 정보와 주장으로 우리의 시선이 훨씬 더 중대한 질문에서 쓸데없는 논쟁으로 돌려지기 때문이다. 잘못된 정보를 기반으로 문제의 표면에서 싸우는 대신, 더 깊숙이 들어가 대체, 감소, 개선이라는 3R 원칙(자료 8 참조)을 더 훌륭히 실현할 방안과 대체 방법을 개발하고

실험동물의 고통을 줄일 방법을 토론해야 한다. 더 나아가 과학이 아니라 식량을 위해 죽은 동물에 대해서도 진지하게 토론해야 할 것이다. 동물의 99퍼센트 이상이 실험실이 아니라 도축장에서 죽는 것을 생각하면, 실험동물보다 더 진지하진 않더라도 그에 버금가는 강도로 토론해야 마땅하다. 동물실험을 위해 마련된 윤리적 권리와 지침에서 동물을 대하는 일반적 태도에 대해 뭔가를 배울 수 있지 않을까?

세상에 남은 최소공통분모인 과학적 사실에 기반하여 합의할 수만 있다면, 토론과 다양한 의견은 아주 건설적일 수 있다. 우리에겐 훨씬 더 자주 최소공통분모가 필요하다.

매력적인 가짜 뉴스에서 벗어나는 법

우리에게는 덜 싸우기보다
잘 싸우기 위한 과학이 필요하다

유도질문

없음

그냥 얘기 좀 합시다.

“숨을 못 쉬겠어요.”

경찰관 데릭 쇼뱅(Derek Chauvin)은 미니애폴리스의 한 마트 앞에서 길바닥에 엎드려 있는 조지 플로이드(George Floyd)의 목을 무릎으로 9분 29초 동안 눌렀다.[1] 구조대가 와서 비키라고 요구한 뒤에야 비로소 쇼뱅은 압박을 풀었다. 너무 늦게. 구급차 안에서 플로이드의 심장이 박동을 멈췄다. 그는 마흔여섯 살이었고 다섯 아이의 아빠였다. 플로이드가 생을 마감하는 마지막 순간을 수많은 행인이 스마트폰으로 촬영했다. “숨을 못 쉬겠어요.” 이 말이 계속 반복된다. 그는 최후의 한마디로 어머니를 불렀고 의식을 잃었다.

이 영상들은 전 세계를 충격에 빠뜨렸다. 플로이드는 최근 경찰의 폭력으로 목숨을 잃은 아프리카계 미국인의 놀랍도록 긴 명단에 자기 이름을 더했다. 흑인의 목숨도 보호받을 가치가 있다고 끊임없이 외쳤던 ‘BLM(Black Lives Matter)’ 운동은 지친 듯 묻는다.

“얼마나 더 많이?”

“얼마나 더 오래?”

플로이드의 죽음은 미국 전역에 대규모 시위를 일으켰고, 대다수는 평화시위였지만 일부 지역, 특히 미니애폴리스에서는 분노가 폭동 · 기물파손 · 약탈로 폭발했다. 이런 고통의 시간 한복판에서, 도널드 트럼프가 분열시켰고, 팬데믹으로 타격을 입은 나라에서 스물여덟 살의 백인 데이터 분석가 데이비드 쇼어(David Shor)가 과학 연구 하나를 트위터에 공유했다.[2] 흑인 정치학자 오마르 와소(Omar Wasow)의 연구였는데, 공화당 후보 리처드 닉슨이 승리한 1968년 미국 대통령선거에 흑인의 평화시위와 폭력시위가 미친 영향을 분석했다. 분석에 따르면, 평화시위는 민주당에 유리한 반향을 일으킨 반면 폭력시위는 정반대 효과를 내 공화당의 지지도를 높였다.

2020년 11월에 트럼프와 바이든이 겨루는 대통령선거가 있었으므로, 쇼어는 이 연구를 중대한 정보로 여겼던 것 같다. 그러나 이 트윗은 좋은 반응을 얻지 못했다. 대다수 흑인 미국인은 이 트윗을 대략 이렇게 읽었다.

"흑인들아, 제발 더 평화롭게 경찰의 손에 죽을 수는 없겠니? 우리는 이번 선거에서 꼭 이겨야 하거든!"

그러면서 '평화롭게' 하라는 제안을 조롱으로 받아들였다. 수십 년 동안 평화로운 시위를 했지만, 여전히 흑인이 경찰에게 살해됐기 때문에 분노가 더욱 컸다.

분노는 소셜미디어에서 종종 충동적이고 방향성 없이 표출되고, 빠르게 과도해진다. 스마트폰에 자신이 입력한 내용이 실질적 결과로 이어질 수 있다는 사실을 깊이 생각하는 사람은 많지 않다. 몇몇 분노한 트위터 이용자가 데이비드 쇼어를 해고하라고 요구했을 때도 그랬다. 욕이 빗발치고 며칠이 지났을 때, 실제로 쇼어는 직장에서 해고됐다. 해고 사유는 트윗에 공유된 연구 및 반응과는 무관하다고 발표됐다. 쇼어는 '기밀유지 협약'에 서명했으므로 자기 의견을 공개적으로 밝혀선 안 됐다.[3]

최소공통분모가 필요한 이유

우리는 사회적 존재다. 그래서 소셜미디어에도 그토록 집착하는 것이다. 그러나 인터넷에서는 종종 사회적 존재와 거리가 먼 행동을 한다. 익명성과 비대면은 공감 능력을 해치고, 서로의 눈을 봐야 하는 실생활에서는 결코 드러내지 않을 혐오를 표출하게 부추긴다. 사람들은 놀라우리만치 빠르게 그것에 익숙해진다. 수년간의 유튜브 활동 후, 마침내 나를 향한 인격모독이 거의 사라졌다. 사실 나는 그런 모독들에 별다른 영향을 받진 않았다. 모욕의 댓글이 줄어든 것에 자부심을 느껴야 할지, 걱정해야 할지 솔직히 잘 모르겠다. 어쨌든 나는 그것을 가능한 한 긍정적으로 보려고 노력한다. 모욕적 댓글에 내가 객관적인 답변을 하면, 사과의 대댓글이 달리는 일이 자주 있다.

"미안해요, 그날 기분 나쁜 일이 있어서 그랬어요."

많은 사람이 아무도 읽지 않을 거라는 생각으로 함부로 댓글을 쓰는 것 같다. 인터넷을 일종의 샌드백으로 보고 분노와 좌절을 쏟아내는 것 같다. 그중 일부는 그 뒤에 샌드백이 아니라 사람이 있다는 걸 알아차리면 자신의 행동을 후회한다. 팬데믹이 모든 사회적 이슈를 덮어버리는 동시에 증폭시키는 동안, 사람들의 좌절은 커지고 인터넷의 어조는 거칠어졌다. 이해할 만한 일이다. 나 역시 긍정적 시각을 유지하기가 더 어려워졌다.

2018년에 출간된 전 세계적 베스트셀러 《팩트풀니스》에서 한스

로슬링(Hans Rosling)은 수치와 통계를 이용해 세계가 생각보다 더 낫다는 것을 입증했다. 예를 들어 극도로 빈곤하게 사는 사람의 비율이 지난 20년 동안 그대로 유지됐거나 상승했을 거라고 대다수는 예상한다. 그러나 실제로는 극빈자 비율이 전 세계적으로 절반 가까이 줄었다. 또한 지난 20년 동안 자살이 늘었다고 대다수가 믿지만, 실제 자살 비율은 전 세계적으로 약 25퍼센트가 줄었다. 한스 로슬링이 코로나 팬데믹 이후에 책을 썼다면, 무슨 말을 했을지 궁금하다. 아마도 사실에 기반한 수치와 통계로 위안을 줬으리라.

그는 '팩트풀니스'를 '사실적 증거에 기반한 의견만 고수하여 스트레스를 줄이는 습관'이라고 정의했다. 그러나 그렇게 하기가 점점 더 어려워지고 있고, 어려워지는 추세 역시 점점 더 가팔라지는 것 같다. 몇 년 전부터 우리는 '거짓 언론', 더 최근에는 '사이비 과학자'를 욕하며 '가짜 뉴스'에 분노한다. 진실, 거짓, 사실, 이념 등 모든 것이 뒤섞여 쓰레기가 됐다. 정보가 많을수록, 정보를 알기가 더 어려워졌다. 정보화 시대의 역설이다. 과학 저널리스트이자 사이언스미디어센터장인 폴커 슈톨로르츠(Volker Stollorz)는 2020년 말에 〈차이트온라인(ZEIT-Online)〉에서 이렇게 요약했다.

> 민주주의 국가가 고의적 허위 정보를 막는 동시에 정당한 의견 차이를 보장하는 방법은 무엇일까? 이것이 디지털 전환에서 남은 아직 해결되지 않은 커다란 도전 과제다.

허위 정보는 치명적일 수 있다. 팬데믹 기간에는 더욱 그렇다.

그러나 허위 정보만이 치명적인 건 아니다. 인터넷이 초래한 또 다른 문제가 있다. 2020년에 '취소 문화(Cancel Culture)'라는 단어가 미국에서 독일로 건너왔다. 트윗을 통해 데이비드 쇼어에 대한 부당한 재판, 이른바 '취소하기(Cancellation)'가 진행됐고, 쇼어의 삶에 무거운 결과를 가져왔다. '가짜 뉴스'와 마찬가지로 '취소 문화'라는 용어는 그동안 너무 자의적으로 남용되어 모든 의미를 잃었다. 자신에 관한 모든 부정적 뉴스는 '가짜 뉴스'이고 긍정적 뉴스만 사실이었던 도널드 트럼프가 아마 가장 유명한 사례일 것이다. 비슷한 방식으로, 자신에 대한 비판을 방어하는 수단으로 '취소 문화'라는 용어가 점점 더 자주 남용된다. 대립 상황에서 자신을 야만적인 비판자들로부터 괴롭힘을 당하는 희생자로 연출하기 위해 모든 비판을 '취소 문화'로 낙인찍으며 일축한다. 그러나 맘에 드는 정보만 사실로 보고 맘에 들지 않는 정보는 모두 가짜로 치부하며 모든 비판을 '취소 문화'로 일축한다면, 스스로 표현의 자유를 부정하는 셈이다.

가짜 뉴스와 진짜 정보 또는 유효한 비판과 인격모독의 차이는 객관성에 있다. 그러므로 객관적 사실을 모르면, 이 둘을 구별할 수 없다. 객관적 사실에 대한 공통된 이해가 없으면, 올바르게 다툴 수도 없다. 그런데 무엇이 객관적 사실일까? 무엇이 우리의 공통분모일까?

나는 팬데믹 기간에 종종 그레타 툰베리의 '과학으로 단결하자'라는 슬로건을 곰곰이 생각했다. 툰베리는 2019년 여름 기후행동 정상회의에서 이 말로 연설을 마쳤다. 전 세계의 과학자들은 분명 주먹으로 책상을 내리치며 "그렇지!"라고 화답했으리라.

"우리가 요구하는 것은 이것뿐입니다, 과학으로 단결합시다(That is all we ask, just unite behind the science)."

이것이 무리한 요구일까? 확실히 그런 것 같다. 그러나 코로나 이후, 과학으로 단결해야 하는 이유를 더 확실히 이해하게 된 것 같다.

'과학종교'와 '취소 문화'에 대한 잘못된 이미지

코로나바이러스가 싫어하는 따뜻한 날씨를 어느 정도 편안한 마음으로 누릴 수 있었던 2020년 여름, 나의 협소한 트위터-너드 커뮤니티에서 풍자 코미디언 디터 누어(Dieter Nuhr)와 독일연구협회(DFG)를 둘러싼 작은 소란이 벌어졌다. DFG는 2020년에 설립 100주년을 기념했다. 이 자리를 빌려 뒤늦게나마 축하를 전한다! 기념식은 코로나 탓에 비대면으로 열렸고, #furdaswissen 캠페인을 같이 진행했다. 캠페인을 위해 DFG는 "과학을 위하여(fur das Wissen)!"라고 크게 외친 유명 인사들로부터 짧은 발언들을 모았다. 디터 누어 역시 부탁을 받았고, 다음과 같이 발언했다.

> 과학은 100퍼센트 확실한 것이 아니라 사실에 기반한 의견을 갖는 것입니다. 과학자가 자신의 의견을 바꾸면 많은 사람이 욕합니다. 하지만 그래선 안 됩니다! 과학자가 의견을 바꾸는 것은 일

반적인 일입니다! 사실이 바뀌면 의견을 바꾸는 것이 과학입니다. 과학은 구원이 아니고, 절대진리를 선언하는 종교가 아닙니다. '과학을 따르라!'라고 끊임없이 외치는 사람은 그 의미를 제대로 이해하지 못한 것이 분명합니다. 과학이 전부는 아니지만, 우리가 가진 유일한 합리적 기반입니다. 그래서 과학이 중요한 것입니다.

마치 내 속에 들어갔다 나온 것처럼, 내가 하고 싶은 말을 콕 찍어 말했다. 그러나 DFG가 누어의 발언을 트위터에 공개했을 때, 수많은 과학자 친구는 반기지 않았다. 대중은 디터 누어에게 발언을 부탁한 결정을 터무니없다며 기분 나빠했을 뿐만 아니라 발언 자체에도 분노했다. 댓글과 리트윗 형태로 분노가 표출됐다. DFG는 과민하게 반응하여 누어의 발언을 (트위터는 그대로 두고) 일단 DFG의 홈페이지에서 삭제했다. 그리고 며칠 뒤 누어에게 토론을 위해 댓글과 함께 발언을 다시 업로드할 것을 제안했는데, 누어는 거절했다. 그러나 얼마 후 그의 발언이 다시 온라인에 등장했다. 엉망진창이다! 왜 이런 일이 벌어졌을까?

디터 누어의 팔로워들은 알 텐데, 그는 과학자들에게 그다지 사랑받는 인물이 아니다. 그는 예를 들어 '미래를 위한 금요일(Fridays for Future)'을 조롱하는 글을 올려, 이 캠페인이 대중의 뇌를 "세탁할 뿐 아니라 탈수하여 건조한다"라고 비판했다. 팬데믹 기간에는 메르켈과 드로스텐을 비웃었다. "미즈 메르켈은 확실히 미스터 드로스텐에게 반했다." 그리고 혼잣말처럼 물었다. "드로스텐이 아직 메르켈의 조언자일까, 아니면 메르켈이 이미 드로스텐에게 복종할까?" 디터 누어는 불쾌감을 준다. 그리고 오늘날 미디어에서는 작은 분노가 금세 거대한 대립으로 부풀려진다. 메르켈-드로스텐 복종에 관한 온라인 기사가 넘쳐난다. 드로스텐이나 메르켈이 이런 발언에 그저 어깨 한번 으쓱해 보이고 말까? 아닐 것 같다. 분노 인플레이션이 시작된 것처럼 보인다. 헛웃음 한 번이면 적당한 일에, 소셜미디어는 비명을 지른다. 이런 발언은 당연히 불쾌감을 일으키고 취향에도 맞지 않을 것이다. 그러나 똑같이 모욕을 퍼부으며 드로스텐이나 기후 운동을 조롱하지 못하게 해야 하고 누어의 방송 출연을 금지하라고 주장한다면, 과녁을 한참 벗어나게 화살을 쏘는 것일 뿐 아니라 역설적이게도 누어의 조롱에 딱 맞게 행동하는 것이다.

말하자면 디터 누어는 '취소 문화'라는 용어를 독일에 안착시킨 사람이다. 그는 출연하는 모든 방송에서 논란의 발언으로 자신에게 쏟아진 욕 폭풍이 자신을 '취소 문화'의 희생자로 만들었다고 설명했다. 당연히 대중은 그런 설명에 '취소하기'로 반응했다. 그는 사람들이 외면하려는 불편한 의견을 자신이 대변한다고 주장했고, 사람들은 '취소하기'로 반응했고, 그렇게 그의 효력 범위가 계속 넓어졌다. 그가 이런 역설을 부정하는 것에는 동의할 수 없지만, 인신공격과 객관적 비판을 분리하자는 그의 요구에는 무조건 동의한다. (그의 정의에 따르면) 나 역시 '취소당하는' 사람이기 때문이다. 유명한 텔레그램 그룹들이 나의 과학 영상을 종종 공유한다. 그러면 '싫어요'와 악플의 형태로 "기습공격!!!"이 선언된다. 그러나 이런 공격이 오히려 내 영상의 효력 범위를 더 넓힌다는 사실을, 나는 적어도 인정한다.

또한 누어는 한결같은 과학 독단주의를 지적하며, 사람들이 과학을 종교처럼 추종한다고 비판한다. 그는 2020년 4월 30일에 자신이 진행하는 방송에서 다음과 같이 말했다.

> 말했듯이, 현재 아는 사람이 거의 없는 이 어린 여성 철학자는, 이름이 뭐였더라, 아마 그레타인가 뭐 그랬던 것 같은데, '과학을 따르라!'라고 말했습니다. 하지만 코로나 상황에서 과학을 따른다는 게 그렇게 간단하지가 않아요. '과학을 따르라!' 좋아요. 그런데 어떤 과학을 따라야 할까요? 어떤 바이러스학자의 말을 믿어야 할까요? 과학적 사실이 있다고 하더라도, 과학을 따르라는 말이 얼마나 한심한지 아시겠죠? 불안한 시대에는 '과학을 잘 아는 지도자'에 대한 욕구가 커집니다. 그러나 과학 계몽도 없고 과학적 사실도 없습니다.

사람들이 맹목적으로 과학을 따르는 것에 몹시 짜증을 내는 누어를 보면서, 나는 흐뭇하게 웃을 수밖에 없었다. 다음에 또 텔레그램에서 욕 폭풍이 불면, 나는 이것을 떠올리며 흥분을 가라앉힐 생각이다. 아무튼 이 발언이 DFG 기념식에 맞춰 했던 발언과 내용면에서 아주 흡사하다는 것은 부정할 수 없는 사실이다.

바로 그런 유사성 때문에 현재 많은 사람이 DFG 캠페인을 불쾌해하며, 하필이면 '과학을 위한' 발언에서 '미래를 위한 금요일'과 과학으로 단결하자는 툰베리의 호소를 비꼬고 빈정댄다며 누어를 비난한다. 게다가 일부 정치가와 저널리스트는 기후 운동에 기후 종교라는 프레임을 씌우면서 과학에 기반한 요구를 독단주의라고 공격한다. 종교와 비교함으로써 타당성과 과학성을 믿음의 영역으로 등급을 낮추려는 책략이다. 디터 누어가 비판을 받는 지점이 바로 그것이다. 디터 누어가 바로 그런 과학 적대감을 부추기고, 하필이면 DFG의 홈페이지에서 그러려고 한다는 것이다.

DFG가 나중에 누어의 발언을 다시 온라인에 올리긴 했지만, 어떤 사람들은 문제의 발언을 삭제한 DFG의 과민 반응을 일종의 검열로 봤다. 비록 DFG가 누어의 발언을 다시 올리면서 "풍자가로서 누어가 지적한 내용이 다소 혼란스러울 수 있겠지만, DFG 같은 기관은 계몽에 기반하여 사고의 자유를 보장할 의무가 있다"[4]라고 명확히 밝혔지만, 어떤 사람들은 이것에 만족할 수 없었다. 그리고 또 어떤 사람들은 누어에 대한 과학계의 수많은 비판을, 다른 의견을 절대 용납하지 않으려는 분노의 따돌림으로 여겼다. '과학종교'와 '취소 문화'가 합쳐져 그럴듯한 이야기가 만들어졌다. 그러나 내가 보기에 이 이야기는 틀려도 한참 틀렸다. 과학적 합의는 종교와 정반대다. 그리고 과학적 토론 문화는 취소 문화와 정반대다.

이제 과학적 합의를 시작해보자.

자료 9.1 _ 기후변화에 관한 과학적 사실 스물네 가지

'미래를 위한 과학자(Scientists for Future, S4F)'의 초기 성명서 부록에서 발췌했다.[5] 이 내용은 현재 S4F 홈페이지에 올라와 있다.[6] 모든 진술의 과학적 출처를 다음 링크에서 확인할 수 있다.

https://de.scientists4future.org/ueber-uns/stellungnahme/fakten/

1. 전 세계적으로 평균기온이 이미 약 1°C 상승했다. 상승의 약 절반은 최근 30년 동안 이루어졌다.
2. 전 세계적으로 2015 · 2016 · 2017 · 2018 · 2019 · 2020년은 매년 가장 뜨거운 해로 기록됐다.
3. 기온 상승은 인간이 만들어내는 온실가스 배출에서 대부분 기인했다.
4. 온난화로 이미 많은 지역에서 극단적 날씨가 더 빈번하고 더 강력해졌고, 그 결과 우리는 폭염 · 가뭄 · 산불 · 폭우 등에 직면해 있다.
5. 지구온난화는 인간의 건강을 해친다. 앞에 언급한 직접적 결과 이외에 식량 불안과 병원체 및 전염체의 확산 같은 간접적 결과에도 주의를 기울여야 한다.
6. 세계공동체가 온난화를 1.5°C로 제한하는 파리협정의 목표를 달성하지 못하면, 기후변화는 세계 여러 지역에서 사람과 자연에 더 강력한 영향을 미칠 것이다.
7. 1.5°C 온난화를 넘지 않을 확률을 높이려면, 온실가스(특히 CO_2)의 실제 배출량을 막대하게 감축해 앞으로 20년에서 30년까지 전 세계적으로 0까지 줄여야 한다(IPCC 2018).
8. 그러나 CO_2 배출량이 계속 증가한다. 현재 전 세계적으로 논의되고 있는 제안들로는 세기말까지 온난화가 아마도 3°C를 초과할 것이고, 지속적인 배출과 피드백 효과로 그 이후에도 계속 증가할 것이다.
9. 현재 CO_2 배출량으로 볼 때, 1.5°C 제한을 넘기기까지 지구에 남은 시

간은 대략 10년뿐이다. 2°C 제한을 넘기기까지도 약 25년에서 30년밖에 남지 않았다.

10. 그 이후로 우리는 'CO$_2$ 초과대출'로 산다. 즉, 그 이후 배출되는 온실가스는 나중에 아주 힘들게 대기에서 다시 제거되어야 한다. 지금의 젊은 이들이 이 '대출'을 갚아야 한다. 대출을 갚지 못하면 수많은 후세대가 온난화의 심각한 결과로 고통받을 것이다.
11. 지구의 지속적 온난화로 지구생태계의 위험한 기후 전환점, 즉 지구생태계의 자체 강화 과정이 점점 더 현실화된다. 그러면 다음 세대는 현재의 기온으로 다시는 돌아오지 못한다.
12. 바다는 추가된 열기의 약 90퍼센트를 흡수하고, 지금까지 방출된 CO_2의 약 30퍼센트를 흡수했다. 그 결과 해수면이 상승하고, 빙하가 사라지고, 바다가 산화되고 산소가 부족해졌다. 파리협정의 목표를 지속적으로 달성하는 것은 인간과 자연을 보호하고 해양생물과 서식지, 특히 급속도로 위험에 처한 산호초의 소멸을 제한하는 데 필수다(IPCC 2018).
13. 지구가 감당할 수 있는 한계가 초과되어 여러 지역에서 인간의 생활 기반이 위협받는다. 2015년 상태로 보면 아홉 가지 한계 중에서 두 가지(기후온난화, 토지용도변경)가 '심각한 초과' 상태이고, 또 다른 두 가지(생물 다양성의 파괴, 질소와 인의 순환장애)도 '우려스러운 수준의 초과' 상태다.
14. 공룡 시대 이후로 가장 큰 대량 멸종이 일어나고 있다. 전 세계적으로 현재 인류의 영향이 시작되기 전보다 수백에서 수천 배 더 빨리 멸종한다. 지난 500년 동안 척추동물 300종 이상이 멸종했고, 척추동물의 개체군은 1970년과 2014년 사이에 평균 약 60퍼센트가 감소했다.
15. 생물 다양성의 후퇴 원인은 한편으로 농업 · 벌목 · 거주 및 교통을 위한 토지 사용에 의한 서식지 상실이고, 다른 한편으로는 과도한 채집 · 어획 · 포획 형식의 남획과 생태계 교란종이다.
16. 여기에 지구온난화가 추가된다. CO_2 방출량이 감소하지 않을 경우

2100년까지 예를 들어 아마존 또는 갈라파고스섬에서 동물과 식물 종의 절반이 사라질 수 있다. 바다 수온 상승은 열대의 산호초에도 주요 위협 요인이다.

17. 농지 감소와 토양 훼손 그리고 종의 다양성과 생태계의 불가역적 파괴 역시 현재와 미래 세대의 생활 기반과 생계 활동을 위협한다.
18. 전체적으로 토양 · 해양 · 담수자원 · 종의 다양성을 충분히 보호하지 않아(동시에 지구온난화가 '위험 증가 요소로' 작용하여) 많은 국가에서 식수 및 식량 부족이 사회적 · 군사적 갈등을 일으키거나 악화시키고, 인구 집단의 대대적 이주를 야기할 위험이 있다.
19. 기후와 육지 및 바다 생태계를 보호하려면 어류, 육류, 우유 소비를 대폭 줄인 지속 가능한 식단과 자원 절약형 식량 생산으로 방향을 바꿔야 한다.
20. 축산업은 농업지역의 5분의 4 이상을 사용하면서 전 세계에서 소비되는 칼로리의 5분의 1 미만만 생산하고, 기후를 해치는 온실가스 배출량의 상당 부분을 차지한다. 농업지역에는 영구녹지, 영구농지, 곡물경작지가 있는데 영구녹지 상당 부분이 곡물 경작지로 전환될 수 없으므로 현재 전 세계 곡물 수확량의 3분의 1 이상이 동물 사료를 생산하는 축산업에 사용된다고 해도 과언이 아닐 것이다.
21. 채식의 증가는 부족한 농경지의 부담을 줄이고, 온실가스를 적게 생성하고, 건강에도 상당히 이롭다.
22. 화석연료에 들어가는 국가 보조금이 연간 1,000억 달러를 넘는다. 세금으로 상쇄되지 않는 사회적 · 환경적 비용(특히 대기오염에 의한 건강 비용)을 고려하면, 국제통화기금(IMF)의 전문가들이 추정하기로 화석연료 사용에 전 세계적으로 매년 약 5조 달러가 지원된다. 이 금액은 2014년 세계 국내총생산(GDP)의 6.5퍼센트에 해당한다.
23. 오염자에게 비용을 부담시키려면 기후 피해에 화석연료 연소 비용을 더해야 한다. 특히 효율적으로 배출량을 줄이는 방법은 예를 들어 'CO_2 가격'이다. 단, 저렴한 재생에너지 공급이 아직 충분하지 않으므로 그

가격은 사회적으로 수용할 수 있는 방식으로 설계되어야 한다. 예를 들어 특히 피해를 본 가구에 보조금 지급 또는 세금 감면 혜택을 주거나 전 국민에게 지원금을 줄 수 있을 것이다.

24. 이미 도입된 기후친화적 기술의 급격한 비용 감소와 생산 능력 향상을 통해 화석연료를 떠나 저렴한 재생에너지 기반의 에너지 시스템으로 완전히 이동할 수 있고, 새로운 경제적 기회를 창출할 수 있다.

과학적 합의의 기술

현재 많은 젊은이가 기후 보호와 서식지 보존을 위해 정기적으로 시위를 한다. 우리 과학자들은 확실한 과학 지식을 바탕으로 다음과 같이 선언한다. 젊은이들의 시위는 정당하고 근거가 명확하다. 기후, 종, 산림, 해양, 토양의 보호 정책은 현재 전반적으로 불충분하다.

2019년 초 44명의 독일 과학자가 작성한 성명서 '미래를 위한 과학자'의 도입부다. 나도 이 성명서에 서명한 2만 6,800명에 속한다. 이 성명서에는 당연히 과학적 근거가 있고, '기후변화에 관한 과학적 사실 스물네 가지'가 첨부됐다. 그럼에도 이 성명서는 정치적이다. 서명한 과학자들은 '미래를 위한 금요일'의 기후 보호 시위와 그들의 정치적 요구를 지지한다. "여러분을 존경하고 전폭적 지지를 보냅니다." 특정 활동 단체와 동맹을 맺는 일은 분명 과학자에게 익숙하지 않은 일이다. 당연히 과학은 객관적이어야 하고 이념의 제약을 받지 않아야 한다. 그런데 과학은 얼마나 정치적일 수 있을까?

글쎄, 만약 나에게 또는 다른 서명자들에게 이렇게 묻는다면 우리는 이렇게 되물을 것이다. "정치는 얼마나 과학적일 수 있을까요?"

젊은 유권자인 동시에 부모와 조부모의 투표 성향에 영향을 미칠 젊은이들이 금요일마다 대규모로 거리로 나온 후에야 비로소 정치가 반응을 보였다. 어떤 정치가는 여전히 활동가의 어린 나이를 지적하고, 기후 보호는 '전문가들의 일'이라며 젊은이들의 시위를 무시했다. 그런데 이때의 전문가는 수십 년째 정치가들에게 기후 위기를 경고했지만 매번 '쇠귀에 경 읽기'에 부딪혔던 기후 연구자들이 아니라, 우습게도 정치가를 뜻했다. 또한 금요일에는 학교에 가서 기후 위기를 막을 방법을 배우는 것이 더 낫다는 요구에, 교수 직함과 수많은 논문으로 경고했지만 아무 관심을 받지 못했던 고학력 과학자들은 따귀를 맞은 기분이었다.

그러나 그렇게 많은 과학자가 이 성명서에 서명한 데는 특히 두 가지 이유가 있었다. 첫째, 기후 위기만큼 정치와 관련이 많은 과학 주제는 없다. 둘째, (기후 위기가 어제오늘 연구된 게 아니므로) 주요 쟁점에서 과학적 합의가 많다. '과학'과 '과학적 사실'은 일반적으로 과학적 합의를 뜻한다. 그러나 기후에 관한 과학적 합의를 둘러싼 토론은 계몽보다 혼란을 더 야기하는 것 같다.

기후 연구자의 97퍼센트는 기후변화의 원인이 인간이라는 것에 동의한다.

곳곳에서 인용되는 이 문장은 2013년에 발표된 한 논문에서 왔다.[7] 1991년부터 2011년까지 발표됐고 데이터뱅크에서 'global warming(지구온난화)'과 'global climate change(지구 기후변화)'라는 검색어로 찾을 수 있는 약 1만 2,000개 과학 연구가 이 논문에서 분석됐다. 물론 1만 2,000개 연구 모두가 기후변화를 연구 대상으로 했다고 보기는 어렵다. 즉, 모든 연구가 '기후변화의 원인이 인간인가'를 중심 질문으로 한 건 아니다. 과학자 9명이 모든 논문 초록을 훑으며 인간이 야기한 기후변화에 관한 진술을 찾아냈다(초록이란 가장 중요한 연구 결과와 결론을 짧게 요약한 것을 말한다). 1만 2,000개 연구 논문의 3분의 2는 초록에서 '인간이 야기한 기후변화'에 관해 진술하지 않았다. 그러나 그것을 언급한 3분의 1만 보면, 97.1퍼센트가 대략 '우리 인간의 잘못이다'라는 취지로 기술했다.

연구자들은 분석의 두 번째 단계로, 논문 저자들에게 편지를 보냈다. 인간이 야기한 기후변화에 대해 어떤 입장인지를 응답해야 하는 설문조사지가 8,500명의 과학자에게 발송됐다. 이 설문지를 통해 초록에 등장하지 않은 입장도 파악할 수 있었다. 편지를 받은 과학자 8,500명 가운데 1,200명이 설문에 참여했다. 인간이 야기한 기후변화와 무관한 연구였다는 응답이 거의 3분의 1에 달했다. 나머지 3분의 2의 응답은 초록 분석과 비슷했다. 과학자의 97.2퍼센트가 기후변화의 원인이 인간임을 재확인했다고 응답했다.

즐겨 인용되는 '97퍼센트'가 어떻게 산출됐는지 안다면(방법! 이것은 영원히 중요하다), 이 분석이 기후변화 부정자들로부터 공격을 받을 뿐 아니라 기후 연구자들로부터 방법론적 허점을 지적받는 이유도 쉽게 이해할 수 있다. 과학 비평가 누구도 '인간이 야기한 기후변화'에 이의를 제기하지 않을 것이다. 그러나 '97퍼센트'에서 많은 사람이 의구심을 가졌다. 그런 비율은 과학적 합의의 기본 개념과 모순되기 때문이다.

과학적 합의에 대해 만연한 오해 두 가지를 소개하겠다.

과학적 합의는 표결이 아니다

과학적 합의는 설문조사나 선거에서 쓰이는 고전적이고 민주적인 다수결이 아니라 '다수'의 데이터, 즉 과학적 증거를 통해 이루어진다. 여기서는 수량보다 '중량'이 중요하기 때문에 다수결과 혼동하지 않도록 '다수'에 따옴표를 붙였다. 물론 다수의 연구가 특정 가설을 입증한다면 합의에 도움이 되겠지만, 연구의 수량보다 더 중요한 것은 그 연구들이 얼마나 신뢰할 만하고 타당하냐다. 연구자의 자유가 적고 재현성이 높은 신뢰할 만한 방법으로 연구된 결과라면, 다양한 방법으로 진행한 결과들이 가설의 다양한 측면을 조명하고 상호보완하며 일관된 그림을 보여준다면(퍼즐 조각이 서로 잘 맞는다면) 그것을 과학적 합의라고 할 수 있다.

'97퍼센트 합의'의 경우, 비록 다양한 전문가의 개인적 추정을 묻지는 않았지만 과학적 합의를 위해서는 개인이 아니라 데이터를 봐야 했다. 다시 말해, 설문조사에서 기후변화가 인간 때문이라고 생각하느냐가 아니라 연구 결과가 그것을 입증했는지 물어야 했다. 이것은 매우 중대한 차이이다. 바로 그 때문에 논문이나 과학자의 수를 백분율로 표시하는 것은 사실 무의미하다. 이 책의 몇몇 사례에서 이미 확인했듯이, 연구라고 다 똑같은 연구가 아니다. 어떤 연구는 확실한 증거를 제공하고, 어떤 연구는 흥미로운 단서를 제공하며, 또 어떤 연구는 방법론적으로 너무 허술해서 타당성이 약하다. 그런데 앞서의 '97퍼센트 연구'는 모든 연구에 똑같은 무게를 부여했다. 그럼으로써 과학적 합의라는 개념을 훼손했다. 이 연구로 인해 많은 사람이 과학적 합의와 설문조사를 동일시했기 때문이다. 과학적 합의가 유의미하고 중요한 이유는, 그것이 의견이나 연구의 수량이 아니라 방법론적으로 탄탄한 연구들의 일관성으로 이루어지기 때문이다.

새로운 지식이 생기면 과학적 합의는 바뀐다

과학적 합의는 당연히 새로운 증거를 통해 조정되고 심지어 완전히 버려질 수도 있다. 새로운 증거가 요구하면, 의견을 바꿔야 한다. 그것이 과학의 기본 원칙이고, 인류는 이미 여러 번 이 원칙에 감탄했다. 예를 들어 태양이 지구를 도는 것이 아니라 지구가 태양 주변을 돈다! 뇌는 굳은 채 가만히 있지 않고 끊임없이 변하고 움직인다. 개별 과학자도 각각의 실험으로 다수의 의견을 흔들고 패러다임을 바꾸고 혁명을 일으킬 수 있다. 그러나 애석하게도 이런 환상적인 기본 원칙마저 종종 오해되거나 의도적으로 왜곡된다.

미생물학자 슈샤리트 박티(Sucharit Bhakdi)가 좋은(또는 나쁜) 사례다. 그는 코로나 팬데믹 기간에 바이러스학자와 전염병학자의 합의를 공개적으로 부정하고 (합당한 증거로 근거를 대지 않은 채) 코로나의 무해함을 주장하여 유명해졌다. 그래서 그의 관점은 권위 있는 과학자들의 동의를 얻어낼 수 없었다. 어떤 사람은 과학 커뮤니티가 박티를 아주 매몰차게 배척한 것을 존중의 부족으로 봤고, 또 어떤 사람은 생각이 다른 사람을 용납하지 않는 과학종교의 독단주의로 봤다. 한 게시물에서 나는 과학적 근거가 없다며 그의 발언을 비판했는데, 그의 추종자들로부터 분노의 공격을 받았다. 역설적이게도, 내가 근거 없이 박티를 비판했다는 이유였다.

근거를 제시해야 할 의무는 과학적 합의를 부정하는 사람에게 있다. 그리고 강한 부정일수록 근거가 더욱 강력해야 한다. 생각해보라. 사물이 바닥으로 떨어지지 않고 하늘로 솟는다고 주장하면서 아무 근거도 대지 않고, 그저 가짜 언론이 그것을 보도하지 않기 때문에 아무도 모르고 있는 거라고 우기며, 이 주장이 틀렸음을 증명하는 사람이 아무도 없으니 패러다임을 전환해야 한다고 요구해도 될까? 그럴 수는 없지 않겠나.

그러나 매체에서는 과학적 합의를 찾아보기 어렵다. 모두가 그저 다투기만 하는 것 같다. 코로나 팬데믹 기간에 과학 저널리스트 폴커 슈톨로르츠는 다음을 확인했다.

> 압도적으로 많은 매체가 검증되지 않은 개별 연구 결과를 반사적으로 무분별하게 보도하고 모든 과학적 추정을 반대 주장과 대조

하여, 오래전부터 과학적 합의였던 당연한 사실을 의심하게 했다. (자료 9.2 참조.)

전문가들 사이에서 가장 뜨겁고 가장 대립되는 논쟁이라도, 크기의 차이만 있을 뿐 언제나 과학적 합의가 인정된다. 감탄할 만한 과학계의 탁월함이다. 1장에서 봤듯이, 데이비드 너트와 그를 비판하는 사람들이 너트의 마약 랭킹이 정책 결정의 기반이 될 수 있는지를 다퉜다. 그러나 그들은 이 순위에 방법론적 문제가 있다는 데 합의할 수 있었다. 2장에서는 부시먼과 퍼거슨이 폭력적 비디오게임이 공격성을 높이는지를 다퉜다. 그러나 그들은 폭력적 비디오게임이 총기 난사 사건 같은 극단적 사건의 원인이라고 주장할 수 없다는 데 합의했다. 7장에서 조엘은 모자이크 뇌 연구로, '전형적인 남자 뇌'와 '전형적인 여자 뇌'가 정말 존재하느냐에 대한 큰 싸움을 일으켰다. 그러나 가장 신랄하게 비판하는 사람도 신경학적 차이에서 자동으로 행동의 차이를 유추할 수 없다는 데 동의한다.

사회적 · 정치적 논쟁의 전선이 얼마나 단단히 굳어졌고 소셜미디어의 어조가 얼마나 비인간적이고 믿을 수 없을 정도로 거칠어졌는지를 고려하면, 세상에 남은 최소공통분모에 합의하는 과학자들의 능력은 거의 초인적으로 보인다. 과학자들이 일반 대중보다 그 일을 확실히 더 잘 해내는 이유는 뭘까?

자료 9.2 _ 매체의 '합의 차별'

매체에서 과학적 합의가 얼마나 차별적으로 다뤄지는지를 우리는 코로나 팬데믹 기간에 특히 명확히 목격할 수 있었다. 나는 이런 현상에 합의 차별이라는 이름을 붙였다. 합의 차별에 중요한 역할을 한 요인으로는 여섯 가지가 있다.

1. 기본에 충실할 시간이 없다

매체는 연구 결과를 종종 요약하여 보도한다. 정치 토크쇼나 뉴스는 과학을 자세히 설명할 시간이 없다. 코로나 팬데믹 기간에 최신 연구 결과에 대한 관심이 당연히 높아졌지만, 연구 결과들은 언제나 기본적으로 산더미 같은 기본 사항과 여러 과학적 합의를 기반으로 한다. 제한된 시간 안에 보도해야 하는 매체는 대중의 관심을 끌 만한 새로운 결과에만 집중할 뿐 새로운 결과를 의미 있게 분류하는 데 반드시 필요한 기본 사항은 자세히 다루지 않는다. 확실한 기본 사항 없이 연구 결과만 보도되기 때문에 불확실성이 실제보다 더 커 보이고, 그래서 기본 사항에 더 많은 확실성과 과학적 합의가 있다는 사실이 쉽게 간과된다.

2. 방법에 할애할 시간이 없다

요약 때문에 연구 결과를 어떤 방법으로 얻었는지 자세히 설명할 시간 역시 없다. 방법이 설명되지 않으면, 일반인은 어떤 연구가 왜 불확실한지 또는 어떤 연구가 왜 신뢰할 만한지 알 수 없다. 다른 측면이 다른 방법으로 조사됐더라도, 그것을 밝히지 않으면 결과가 모순인 까닭을 꿰뚫어 볼 수 없다. 이렇듯 불확실성이나 모순성이 해명되지 않기 때문에 비전문가들은 불안과 혼란을 느낀다.

3. 검은 양을 위한 큰 무대

과학은 객관성 · 뉘앙스 · 디테일이 생명이지만, 매체는 요약됐거나 어쩌면 틀렸을 수도 있는 주장을 확신에 차서 외치는 사람의 목소리를 종종 더 크게 전달하고 주목한다. 과학계는 다수의 의견에 반하는 강력한 발언이 합당한 근거에 기반할 때만 진지하게 받아들이는 반면, 과학 외부 세계에서는 줄에서 벗어난 모든 튀는 내용이 주목을 받는다. 실제로는 큰 합의가 지배하는데도, 과학계의 일치된 목소리와 과학 외부 세계의 의견이 서로 대립하는 거짓 균형(False Balance) 때문에 매체에서는 양극단으로 갈리는 것처럼 보이기도 한다.

4. 신뢰성보다 최신성이 먼저다

방법에 허점이나 오류가 있는 연구도 불안을 조장하는 데 기여한다. 연구 결과는 원칙에 따라 먼저 이른바 동료 리뷰(Peer Review)가 진행된다. 즉 동료 전문가들이 과학적으로 점검한다. 이 과정에서 개선이 요구되고, 때때로 재실험 또는 보충이 요구되거나 논문이 완전히 거부되기도 한다. 이때 동료 점검자의 요구를 모두 채울 수 있으면, 그 연구 논문은 과학 학술지에 게재된다.
코로나 팬데믹 기간에 (새로운 과학 지식의 시급함 때문에) 연구 논문이 심사 전에 이른바 프리프린트 서버(Preprint-Sever, 동료 리뷰를 거쳐 저널에서 출판되기 전 저자가 올린 논문을 배포하는 곳-옮긴이)에 자주 공개됐다. 과학자가 아닌 저널리스트가 그런 논문의 신뢰성을 평가하기는 힘들다. 그럼에도 최신성을 확보하기 위해 저널리스트들은 사전 공개된 설익은 연구 결과들을 성급하게 보도했다.

5. 개인의 일이다

2020년 여름 〈빌트〉는 사전 공개된 드로스텐의 논문에 가한 통계학자들의 방법론적 비판을 개인 간의 싸움으로 연출하고자 했다. 신랄한 논쟁과 꼬치꼬치 따지기는 과학 토론과 동료 리뷰에서 흔히 일어나는 중요한 부분이다.

프리프린트 서버에 논문을 공개하면, (진지한 연구와 진지하지 않은 연구를 곧바로 구별할 능력이 있는) 과학자들에게 '공개 동료 리뷰(Open Peer Review)'를 받을 가능성이 생긴다. 드로스텐의 바이러스 연구는 일반적으로 같은 분야의 전문가들이 먼저 점검한다. 이제 통계학자들도 바이러스학자나 전염병학자와 함께 토론에 참여할 수 있다. 강도 높게 점검하는 과정이라고 할 수 있다. 그러나 과학의 질을 높이는 객관적 논쟁이 두 사람의 개인적 싸움으로 해석되어 종종 나쁜 이미지를 갖게 되고, 그 이미지 때문에 비전문가들은 과학적 합의의 존재를 의심하게 된다.

6. 권위의 함정

과학자들은 가장 강력한 증거가 뒷받침하는 의견만을 신뢰하지만, 여러 증거를 제대로 분류할 수 없는 비전문가들은 과학자의 전문적 조언을 그냥 믿을 수밖에 없다. 일반인은 학위가 없는 과학 저널리스트보다 박사 학위가 2개인 교수의 말을 더 신뢰하는 오류에 종종 빠진다. 매체들은 박사 학위나 교수 직함을 이용해 개인적 의견을 퍼뜨리려는 전문가들에게 여전히 너무 자주 공간을 제공한다. 매체는 정치인들에겐 비판적 질문자로 나서는 반면, 과학자들에게는 진위를 비판적으로 따져보지도 않고 권위자라는 이름으로 발언하게 한다. 과학 저널리스트가 나서서 이런 발언들을 더 큰 맥락에서 분류하고 과학적 합의와 비교해야 한다. 그러나 불행히도 매체의 편집부는 아직 정치 형식을 따르고 과학 저널리즘 전문지식이 부족하다. 그래서 개별 전문가들이 아직 입증되지 않은 발언들로 과학적 합의를 계속 왜곡할 수 있다.

모두가 과학 스피릿에 빠지는 그날까지

나는 자주 질문을 받는다. 화학을 좋아하는 이유가 뭔가요? 왜 화학을 전공했어요? 화학의 매력이 뭐예요? 워낙 많이 받으니 지금은 익숙해졌지만, 솔직히 나는 이런 질문이 매우 혼란스럽다. 자신을 구성하고 있는 분자에 어떻게 관심이 '없을 수가' 있단 말인가. 과학, 특히 자연과학을 거의 너드들의 이상한 지식으로 취급하는 것은 지성 사회에 어울리지 않는다. 교양 있고 지적인 사람으로 살고 싶으면 역사와 정치, 세계사, 예술, 문학을 잘 알아야 한다. 그렇다면 열역학의 세 가지 법칙은? 그런 너드 지식은 없어도 될까? 아니다! 자연과학 지식이 얼마나 중요하고 필수인지를 코로나 위기 동안 확인할 수 있었다. 과학 지식은 허위 정보에 대한 백신이다. 이때 과학 지식은 사회와 과학의 연관성을 이해하는 것 이상이다(코로나, 기후변화, 유전자 기술, 인공지능 등등). 과학은 사고방식과 태도, 이른바 '과학 스피릿'을 기반으로 한다. 우리는 정치적 · 사회적 토론에서도 과학 스피릿을 반드시 더 많이 발휘해야 한다.

무엇이 과학 스피릿일까? 우리는 몇 가지 사례를 통해 이미 살펴봤다.

과학적 사고

내가 생각하는 과학적 사고란 단순한 답을 의심하고 복합성을 즐기는 것이다. 객관성, 뉘앙스, 디테일, 회색톤을 사랑하는 것이다. 신랄한 정치 논쟁과 비교하면, 과학 토론은 거의 편안한 온천욕처럼 보인다. 하지만 과학적 사고는 무엇보다 비판적 사고이고, 그래서 과학 외부 세계에서도 반드시 필요하다. 과학적 사고를 하는 사람은 대상을 그냥 받아들이지 않고 꼬치꼬치 따진다. 그러므로 따지지 말고 '과학을 따르라'고 요구하는 것은 가장 비과학적이다. 그렇게 보면, 건강한 의심으로 시작한 사람들 일부가 조악한 음모론에 빠져드는 것은 거의 비극에 가깝다. 그들은 자신의 의심이 얼마나 편협한 것인지 깨닫지 못한다. 건강한 의심이란 자기 자신을 포함한 모든 것에 대해 비판적으로 사고하는 것이다. 가짜 주장과 오류를(이 책에서 다뤘던 확증편향, post/cum hoc ergo propter hoc, 개인주의적 오류, 자연주의적 오류 등) 식별하는 것이 당연히 중요하지만, 자신 역시 오류를 저지를 가능성이 있음을 의식해야 한다. 바로 그 때문에 과학적 방법이 필요하다.

과학적 방법

이 책에서 하나만 가져가야 한다면, 바로 '과학적 방법'이다. 어떤 방법으로 얻은 것인지 모른다면, 그 연구 결과는 아무런 힘이 없다. 모든 연구가 다 같은 연구가 아니고 모든 증거가 다 같은 증거가 아니라는 사실, 그것이 과학이다. 탄탄한 증거도 있고, 힘없이 이리저리 떠다니는 증거도 있다. 이렇게 증거를 분류하지 못하면 증거에 기반한 주장을 펼 수 없다. 이 책에서 우리는 증거를 분류하는 여러 개념을 배웠다. 메타분석, 코호트 연구, 무작위 대조군 연구, 통계적 유의미성, p-해킹, 하킹, 효과크기, 상관계수, 연구의 사전등록 등. 이런 과학 개념들이 상식으로 자리 잡는다면, 수많은 불필요한 다툼은 저절로 사라질 것이다.

과학적 실수 문화

과학은 해답뿐 아니라 문제와 실수도 지향한다. 직접 연구를 해본 사람은 알 텐데, 실험이 실패로 끝나는 것에 별로 실망하지 않는다. 오히려 실험이 정말로 작동해서 어리둥절할 때가 더 많다. 수많은 가설이 실험을 통해 틀린 것으로 확인된다. 모든 실패는 지식을 주고 그것이 발전의 초석이 된다. 인간은 길을 잃고 헤매면서도 계속 전진한다. 유튜브 채널 〈마이랩〉에 올릴 새로운 영상을 작업할 때, 우리는 언제나 서로의 실수를 발견하기 위해 열심히 다툰다. 우리는 증거에 기반한 반론이라는 과학 원칙을 지킨다. 가능한 한 명확한 증거로 모든 주장을 입증하고, 공격과 반박을 이겨내야 한다. 박사 학위 구두시험을 괜히 '디펜스' 또는 '방어'라고 부르는 게 아니다. 논문 제출자는 심사위원의 사실에 기반한 신랄한 공격에 맞서 자신의 논문을 방어해야 한다. 이런 공격을 방어하는 데 실패하면 애석하게도 길을 잃고 헤매지만, 그럼에도 인간은 여기에서도 전진한다. 더 나은 방법, 더 확실한 분석, 더 결정적인 가설이 승리한다.

반면, 사회적 · 정치적 토론에서는 입장을 고수하는 것이 종종 강함으로 인식된다. 누군가가 길을 잃고 헤매거나 자신의 입장을 바꾸면, 대중은 실망한다. 코로나 팬데믹 기간에 어떤 사람들은 생각했을 것이다.

'과학에 귀를 기울일 필요가 있을까? 맨날 틀리는데?'

하지만 간과한 것이 있다. 늘 옳았던 사람과 종종 실수했던 사람의 차이가 무엇인지 아는가? 후자는 자신이 틀릴 수 있음을 안다.

과학적 토론 문화

과학 토론에서는 최고의 권위자 또는 최고의 달변가가 아니라 가장 강력한 방법과 증거로 모든 반론을 이겨내는 주장이 승리한다. 그래서 과학 토론은 일상적인 다툼보다 약간 더 힘들다. 과학자는 "모자이크 뇌에 관한 이 방법은 헛소리다"라고 그냥 일갈하지 않고, 원숭이 얼굴의 형태학적 데이터를 수집하고 실험을 재현하고 다층적으로 분석하고 토론하려 애쓴다. 이것은 정말로 칭찬할 만한 일이다. 이런 토론 문화가 과학 토론을 더욱 신랄하게 만든다. 의견이 아니라 과학적 방법과 데이터를 교환하기 때문에 개인적이진 않지만 매우 본질적이다. 그러므로 과학에서 다툼과 토론은 일상이고, 과학이 진보하게 하는 중요한 엔진이다.

아무리 신랄하게 대립하는 토론이라도 탄탄한 과학적 합의를 기반으로 한다. 어떤 분야에서는 더 크고 어떤 분야에서는 더 작을 수 있지만, 무엇이 과학적 사실이냐에는 전반적으로 동의할 수 있다. 그리고 각각의 모든 새로운 지식으로 우리는 현실을 더 잘 해명할 수 있다. 어쩌면 과학은 '진리'가 아닐 것이다. 그러나 과학적 합의는 진리에 다가가는 가장 좋은 접근 방식이다. 진리에 가까이 갈수록 과학적 합의는 더 커지고 더 넓어진다. 합의를 확장하기 위한 협력. 그것이 바로 다툼의 목적이다. 그런데 이를 망각한 채 토론에서 자신의 주장을 관철하기 위해 온갖 수단을 동원하고 다툼에서 오로지 이기려고만 한다면, 발이 묶여 전진하지 못하고 만다. 과학 토론은 다투며 전진한다는 의미다.

논쟁의 오류에서 벗어나는 법

"과학으로 단결하자"라는 말은 무슨 뜻일까? 최소한의 합의란 무엇일까? 기후변화, 지능의 유전, 마약 정책 등 각각의 주제에 각각 다르게 답할 수 있을 것이다. 그러나 모든 대답에는 한 가지 공통점이 있다. 건설적 논쟁과 구체적 문제 해결에는 과학 스피릿, 과학적 사고, 과학적 방법, 과학적 실수 문화, 과학적 토론 문화가 필요하다는 것이다. '과학'으로 단결하는 것은 내 생각에(거의 종교적으로 들릴 위험을 감수하고 말하는데) 과학 스피릿을 공유한다는 뜻이다.

최소공통분모를 지향하고 과학적 합의를 추구하는 것이 자유로운 의견 교환과 토론 문화를 저해한다고 생각하는 실수를 범해선 안 된다. 나는 이런 실수를 논쟁의 오류라고 부르는데, 최소공통분모와 과학적 합의 추구는 오히려 자유로운 의견 교환과 토론 문화를 지원하기 때문이다.

신종 바이러스가 위험한지 아닌지 합의하지 못하면, 바이러스 퇴치 방안을 논의하는 진짜 중요한 토론을 진행할 수 없다. 기후 위기를 막기가 점점 더 힘들어진다는 데 합의하지 못하고 시간을 허비할수록, 좋은 기후 전략을 짤 소중한 시간을 잃는다. 논쟁의 기반인 사실에 대한 공통된 이해가 없으면, 우리는 전진하지 못하고 제자리걸음만 하며 싸우게 된다. 과학성은 덜 싸우는 것이 아니라 잘 싸우는 것이다.

감사의 글

토마스의 설득,

라스와 옌스의 멋진 두뇌,

유리아와 콘스탄츠의 살뜰한 지원,

킴과 지몬의 모든 음식,

엄마와 아빠, 할머니와 할아버지, 남편의 보살핌,

그리고 그 외 모든 일에

감사를 전합니다.

참고문헌

1장

1 *≫Cannabis ist kein Brokkoli≪ - Bundesdrogenbeauftragte uber Legalisierung & Entkriminalisierung*, Jung & Naiv, https://youtu.be/L27ffKWOBBE

2 https://hanfverband.de/sites/default/files/2019.09.02_hanfverband_cannabis_graf.pdf

3 Nutt, D. J. (2009). Equasy - an overlooked addiction with implications for the current debate on drug harms. *Journal of PsychoPharmacology*, 23(1), 3-5.

4 https://www.gov.uk/penalties-drug-possession-dealing

5 http://news.bbc.co.uk/2/hi/uk_news/7882708.stm

6 https://www.crimeandjustice.org.uk/sites/crimeandjustice.org.uk/files/Estimating%20drug%20harms.pdf

7 https://www.theguardian.com/politics/2009/nov/02/drug-policy-alan-johnson-nutt

8 https://archive.senseaboutscience.org/pages/principles-for-the-treatment-of-independent-scientific-advice-.html

9 https://www.gov.uk/government/publications/scientific-advice-to-government-principles

10 Nutt, D. J., King, L. A., & Phillips, L. D. (2010). Drug harms in the UK: a multicriteria decision analysis. *The Lancet*, 376 (9752), 1558-1565.

11 상동

12 Nutt, D. J., King, L. A., Saulsbury, W., & Blakemore, C. (2007). Development ofarationalscaletoassesstheharmofdrugsofpotentialmisuse. *The Lancet*, 369 (9566), 1047-1053.

13 https://www.bayernkurier.de/inland/13158-bayern-und-bier-eine-besondere-beziehung/

14 *Horst Seehofer (CSU) zur Cannabis-Legalisierung*, Jung & Naiv, https://youtu.be/YALk76OKm-8

15 Levine, H. G. (1984). The alcohol problem in America: From temperance to alcoholism. *British Journal of Addiction*, 79(4), 109-119.

16 Blocker Jr, J. S. (2006). Did prohibition really work? Alcohol prohibition as a public health innovation. *American journal of public health*, 96(2), 233-243.

17 *What people get wrong about Prohibition*, German Lopez, 19.10.2015, https://www.vox.com/2015/10/19/9566935/prohibition-myths-misconceptions-facts

18 Okrent, D. (2010). *Last call: The rise and fall of prohibition*. Simon and Schuster.

19 Miron, J. A., & Zwiebel, J. (1991). *Alcohol consumption during prohibition* (No.w3675).NationalBureauofEconomicResearch.

20 상동

21 Blocker Jr, J. S. (2006). Did prohibition really work? Alcohol prohibition as a public health innovation. *American journal of public health*, 96(2), 233-243.

22 상동

23 상동

24 World Health Organization. (2019). *Global status report on alcohol and health 2018*. World Health Organization.

25 Forney, R. B. (1971). Toxicology of marihuana. *Pharmacological reviews*, 23(4), 279.

26 Gaffuri, A. L., Ladarre, D., & Lenkei, Z. (2012). Type-1 cannabinoid

receptor signaling in neuronal development. *Pharmacology*, 90(1-2), 19-39.

27 Schonhofen, P., Bristot, I. J., Crippa, J. A., Hallak, J., Zuardi, A. W., Parsons, R. B., & Klamt, F. (2018). Cannabinoid-Based Therapies and Brain Development: Potential Harmful Effect of Early Modulation of the Endocannabinoid System. *CNS drugs*, 32(8), 697-712.

28 Marconi, A., Di Forti, M., Lewis, C. M., Murray, R. M., & Vassos, E. (2016). Meta-analysis of the association between the level of cannabis use and risk of psychosis. *Schizophrenia bulletin*, 42(5), 1262-1269.

29 Fischer, B., Russell, C., Sabioni, P., Van Den Brink, W., Le Foll, B., Hall, W.,… & Room, R. (2017). Lower-risk cannabis use guidelines: a comprehensive update of evidence and recommendations. *American journal of public health*, 107(8), e1 - 12.

30 *≫Cannabis ist kein Brokkoli≪ - Bundesdrogenbeauftragte uber Legalisierung & Entkriminalisierung*, Jung & Naiv, https://youtu.be/L27ffKWOBBE

31 Gekürzte Übersetzung aus dem wissenschaftlichen Artikel Fischer, Benedikt, et al.: Lower-risk cannabis use guidelines: a comprehensive update of evidence and recommendations. *American journal of public health*, 107.8 (2017): e1-e12. Wissenschaftliche Quellen fur jede der zehn Empfehlungen können dort nachgeschlagen werden.

32 Greenwald, G. (2009). *Drug decriminalization in Portugal: lessons for creating fair and successful drug policies.* Cato Institute Whitepaper Series.

33 Szalavitz, M. (2009). Drugs in Portugal: Did Decriminalization Work? *Time Magazine*. The Economist. (27. April 2009). Portugal's drug policy: treating not punishing. *The Economist*. Vastag, B. (07. April 2009). 5 years after: Portugal's drug decriminalization policy shows positive results. *Scientific American*.

34 Coelho, M. P. (2015). Drugs: The Portuguese fallacy and the absurd medicalization of Europe. *Motricidade*, 11(2), 3-15.

35 https://wfad.se/blog/2011/01/01/best-portugal-advice-to-the-world-dont-follow-us/

36 Hughes C. E., & Stevens, A. (2015). A resounding success or a disastrous failure: re-examining the interpretation of evidence on the Portuguese decriminalization of illicit drugs. In M. W. Brienen & J. D. Rosen (Eds.), *New Approaches to Drug Policies* (pp. 137-162). Palgrave Macmillan.

37 상동

38 Goncalves, R., Lourenco, A., & da Silva, S. N. (2015). A social cost perspective in the wake of the Portuguese strategy for the fight against drugs. *International Journal of Drug Policy*, 26(2), 199-209.

39 https://www.npr.org/2011/01/20/133086356/Mixed-Results-For-Portugals-Great-Drug-Experiment?t=1606333368748&t=1607425484679

40 https://compendium.ch/product/1179602-diaphin-ir-tabl-200-mg/mpro

https://www.cancerresearchuk.org/about-cancer/cancer-in-general/treatment/cancer-drugs/drugs/diamorphine

41 https://www.deutsche-apotheker-zeitung.de/daz-az/2009/az-23-2009/durchbruch-im-diamorphin-streit

42 https://www.aerzteblatt.de/archiv/211759/Diamorphingestuetzte-Substitutionsbehandlung-Die-taegliche-Spritze

43 https://www.dkfz.de/de/tabakkontrolle/download/Publikationen/sonst Veroeffentlichungen/Tabakatlas-Deutschland-2020.pdf

44 https://www.bzga.de/fileadmin/user_upload/Alkoholsurvey_2016_Bericht_Rauchen_fin.pdf

45 https://www.fr.de/sport/sport-mix/nikotin-groesseres-suchtpotenzial-heroin-11587729.html

46 Kozlowski, L. T., Wilkinson, D. A., Skinner, W., Kent, C., Franklin, T., & Pope, M. (1989). Comparing tobacco cigarette dependence with other drug dependencies. Greater or equal ›difficulty quitting‹

and ›urges to use‹ but less ›pleasure‹ from cigarettes. *JAMA*, 261(6), 898-901. https://doi.org/10.1001/jama.261.6.898

47 Caulkins, J. P., Reuter, P., & Coulson, C. (2011). Basing drug scheduling decisions on scientific ranking of harmfulness: false promise from false premises. *Addiction*, 106(11), 1886-1890.

48 https://www.emcdda.europa.eu/publications/drug-profiles/synthetic-cannabinoids_de

49 https://www.emcdda.europa.eu/topics/pods/synthetic-cannabinoids_de

50 https://www.gesetze-im-internet.de/npsg/

51 https://www.forschung-bundesgesundheitsministerium.de/foerderung/bekanntmachungen/evaluation-zu-den-auswirkungen-des-gesetzes-zur-bekaempfung-der-verbreitung-neuer-psycho-aktiver-stoffe-npsg

52 Caulkins, J. P., Reuter, P., & Coulson, C. (2011). Basing drug scheduling decisions on scientific ranking of harmfulness: false promise from false premises. *Addiction*, 106(11), 1886-1890.

53 Van Amsterdam, J., Opperhuizen, A., Koeter, M., & van den Brink, W. (2010). Ranking the harm of alcohol, tobacco and illicit drugs for the individual and the population. *European addiction research*, 16(4), 202–207. Bonomo, Y., Norman, A., Biondo, S., Bruno, R., Daglish, M., Dawe, S., … & Lubman, D. I. (2019). Th e Australian drug harms ranking study. *Journal of Psychopharmacology*, 33(7), 759–68.

54 Lachenmeier, D. W., & Rehm, J. (2015). Comparative risk assessment of alcohol, tobacco, cannabis and other illicit drugs using the margin of exposure approach. *Scientific reports*, 5, 8126.

55 상동

56 Dubljević, V. (2018). Toward an improved Multi-Criteria Drug Harm Assessment process and evidence-based drug policies. *Frontiers in Pharmacology*, 9, 898.

57 Caulkins, J. P., Reuter, P., & Coulson, C. (2011). Basing drug scheduling decisions on scientific ranking of harmfulness: false promise from false premises. *Addiction*, 106(11), 1886-1890.
58 Nutt, D. (2011). Let not the best be the enemy of the good. *Addiction*, 106(11), 1892-1893.
59 상동
60 Fischer, B., & Kendall, P. (2011). Nutt et al.'s harm scales for drugs - Room for improvement but better policy based on science with limitations than no science at all. *Addiction*, 106(11), 1891-1892.

2장

1 Ferguson, C. J. (2015). Does media violence predict societal violence? It depends on what you look at and when. *Journal of Communication*, 65(1), E1-E22.)
2 https://www.bpb.de/gesellschaft/digitales/verbotene-spiele/63500/chronik-der-schlagzeilen?p=0
3 https://www.youtube.com/watch?v=s2ktyt5D5hE&feature=youtu.be
4 Rosling, H. (2019). *Factfulness*. Flammarion.
5 Dodou, D., & de Winter, J. C. (2014). Social desirability is the same in offline, online, and paper surveys: A meta-analysis. *Computers in Human Behavior*, 36, 487-495.
6 https://www.nature.com/news/1-500-scientists-lift-the-lid-on-reproducibility-1.19970
7 Baker, M. (2016). Reproducibility crisis. *nature*, 533(26), 353-66.
8 Open Science Collaboration. (2015). Estimating the reproducibility of psychological science. *Science*, 349(6251).
9 Gilbert, D. T., King, G., Pettigrew, S., & Wilson, T. D. (2016). Comment on ≫Estimating the reproducibility of psychological science≪. *Science*, 351(6277), 1037.
10 Chandler, J. (2016). *Response to Comment on ≫Estimating the*

Reproducibility of Psychological Science≪. Mathematica Policy Research.

11 Gilbert, D. T., King, G., Pettigrew, S., & Wilson, T. D. (2016). *A Response to the Reply to our Technical Comment on ≫estimating the Reproducibility of Psychological Science*≪.

12 https://www.wired.com/2016/03/psychology-crisis-whether-crisis/

13 https://www.ndr.de/nachrichten/info/54-Coronavirus-Update-Eine-Empfehlung-fuer-den-Herbst,podcastcoronavirus238.html

14 Elson, M., Mohseni, M. R., Breuer, J., Scharkow, M., & Quandt, T. (2014). Press CRTT to measure *Aggressive behavior*: The unstandardized use of the competitive reaction time task in aggression research. *Psychological assessment*, 26(2), 419.

15 Warburton, W. A., & Bushman, B. J. (2019). The competitive reaction time task: The development and scientific utility of a flexible laboratory aggression paradigm. *Aggressive behavior*, 45(4), 389-396.

16 Taylor, S. P. (1967). Aggressive behavior and physiological arousal as a function of provocation and the tendency to inhibit aggression 1. *Journal of personality*, 35(2), 297-310.

17 http://www.tylervigen.com/spurious-correlations

18 Ferguson, C. J. (2015). Does movie or video game violence predict societal violence? It depends on what you look at and when. *Journal of Communication*, 65(1), 193-212.

19 Chester, D. S., & Lasko, E. N. (2019). Validating a standardized approach to the Taylor Aggression Paradigm. *Social Psychological and Personality Science*, 10(5), 620-631.

20 Giancola, P. R., & Parrott, D. J. (2008). Further evidence for the validity of the Taylor aggression paradigm. Aggressive behavior: Official *Journal of the International Society for Research on Aggression*, 34(2), 214-229.

Ferguson, C. J., & Rueda, S. M. (2009). Examining the validity of the modified *Taylor competitive reaction time test of aggression*. *Journal of Experimental Criminology*, *5*(2), 121.

21 Chester, D. S., & Lasko, E. N. (2019). Validating a standardized approach to the Taylor Aggression Paradigm. *Social Psychological and Personality Science*, 10(5), 620-631.

22 Elson, M., Mohseni, M. R., Breuer, J., Scharkow, M., & Quandt, T. (2014). Press CRTT to measure *Aggressive behavior*: The unstandardized use of the competitive reaction time task in aggression research. *Psychological assessment*, 26(2), 419.

23 Head, M. L., Holman, L., Lanfear, R., Kahn, A. T., & Jennions, M. D. (2015). The extent and consequences of p-hacking in science. *PLoS Biol*, 13(3), e1002106.

24 Schafer, T., & Schwarz, M. A. (2019). The meaningfulness of effect sizes in psychological research: Differences between sub-disciplines and the impact of potential biases. *Frontiers in Psychology*, 10, 813.

25 de Vrieze, J. (2018). The metawars. *Science*, 361(6408), 1184-1188.

26 Anderson, C. A., Shibuya, A., Ihori, N., Swing, E. L., Bushman, B. J., Sakamoto, A., … & Saleem, M. (2010). Violent video game effects on aggression, empathy, and prosocial behavior in Eastern and Western countries: A meta-analytic review. *Psychological bulletin*, 136(2), 151.

27 Huesman, L. R. (2010). Nailing the coffin shut on doubts that violent video games stimulate aggression: comment on Anderson et al. (2010). *Psychological Bullettin*, 136(2), 179-181.

28 Ferguson, C. J., & Kilburn, J. (2010). Much ado about nothing: The misestimation and overinterpretation of violent video game effects in Eastern and Western nations: Comment on Anderson et al. (2010). *Psychological bulletin*, 136(2), 174-178.

29 Ferguson, C. J. (2015). Do angry birds make for angry children? A meta-analysis of video game influences on children's and adolescents' aggression, mental health, prosocial behavior, and academic performance. *Perspectives on psychological science*, 10(5), 646-666.

30 Huesman, L. R. (2010). Nailing the coffin shut on doubts that violent video games stimulate aggression: comment on Anderson et al. (2010). *Psychological Bullettin*, 136(2), 179-181.

31 Mathur, M. B., & VanderWeele, T. J. (2019). Finding common ground in meta-analysis ≫wars≪ on violent video games. *Perspectives on psychological science*, 14(4), 705-708.

32 McCarthy, R. J., Coley, S. L., Wagner, M. F., Zengel, B., & Basham, A. (2016). Does playing video games with violent content temporarily increase aggressive inclinations? A pre-registered experimental study. *Journal of Experimental Social Psychology*, 67, 13-19.

Ferguson, C. J. (2019). A preregistered longitudinal analysis of aggressive video games and aggressive behavior in Chinese youth. *Psychiatric quarterly*, 90(4), 843-847.

Przybylski, A. K., & Weinstein, N. (2019). Violent video game engagement is not associated with adolescents' aggressive behaviour: evidence from a registered report. *Royal Society open science*, 6(2), 171474.

Ferguson, C. J., & Wang, J. C. (2019). Aggressive video games are not a risk factor for future aggression in youth: A longitudinal study. *Journal of youth and adolescence*, 48(8), 1439-451.

33 Gentile, D. A. (2013). Catharsis and media violence: A conceptual analysis. *Societies*, 3(4), 491-510.

34 https://www.bundestag.de/resource/blob/412164/886df268546152fbf9e2b14908d01ba2/WD-9-223-06-pdf-data.pdf

35 Griffiths, M. D., Davies, M. N., & Chappell, D. (2003). Breaking the stereotype: The case of online gaming. *CyberPsychology & Behavior*, 6(1), 81-91.

36 https://theconversation.com/coronavirus-making-friends-through-online-video-games-134459

37 Herrenkohl, T. I., Maguin, E., Hill, K. G., Hawkins, J. D., Abbott, R. D., & Catalano, R. F. (2000). Developmental risk factors for youth violence.

Journal of adolescent health, 26(3), 176-186.

Ferguson, C. J., San Miguel, C., & Hartley, R. D. (2009). A multivariate analysis of youth violence and aggression: The influence of family, peers, depression, and media violence. *The Journal of pediatrics*, 155(6), 904-908.

Hawkins, J. D. (2000). *Predictors of youth violence*. US Department of Justice, Offi ce of Justice Programs, Offi ce of Juvenile Justice and Delinquency Prevention.

3장

1 https://www.equalpayday.de/fileadmin/public/user_upload/2020_12_10_PM_NeuesDatumEPD2021_final.pdf

2 https://www.destatis.de/DE/Themen/Arbeit/Verdienste/Verdienste-Verdienstunterschiede/_inhalt.html

3 https://www.destatis.de/DE/Themen/Arbeit/Verdienste/FAQ/gender-pay-gap.html

4 https://www.equalpayday.de/fileadmin/public/user_upload/2020_12_10_PM_NeuesDatumEPD2021_final.pdf

5 https://www.destatis.de/DE/Themen/Arbeit/Verdienste/Verdienste-Verdienstunterschiede/Methoden/Erlaeuterungen/erlaeuterung-Verdienststrukturerhebung.html

https://www.destatis.de/DE/Methoden/WISTA-Wirtschaft-und-Statistik/2017/02/verdienstunterschiede-022017.pdf?__blob=publicationFile

6 Moss-Racusin, C. A., Dovidio, J. F., Brescoll, V. L., Graham, M. J., & Handelsman, J. (2012). Science faculty's subtle gender biases favor male students. *Proceedings of the national academy of sciences*, 109(41), 16474-16479.

7 Paulhus, D. L., & Williams, K. M. (2002). The dark triad of personality: Narcissism, Machiavellianism, and psychopathy. *Journal of research in*

personality, 36(6), 556-563.

8 Spurk, D., Keller, A. C., & Hirschi, A. (2016). Do bad guys get ahead or fall behind? Relationships of the dark triad of personality with objective and subjective career success. *Social psychological and personality science*, 7(2), 113-121.

9 Jonason, P. K., & Davis, M. D. (2018). A gender role view of the Dark Triad traits. *Personality and Individual Differences*, 125, 102-105.

10 https://www.destatis.de/DE/Methoden/WISTA-Wirtschaft-und-Statistik/2017/02/verdienstunterschiede-022017.pdf?__blob=publicationFile

11 Finke, C., Dumpert, F., & Beck, M. (2017). Verdienstunterschiede zwischen Männern und Frauen: eine Ursachenanalyse auf Grundlage der Verdienststrukturerhebung 2014. *WISTA Wirtschaft und Statistik*, (2), 43-62.

12 상동

13 https://www.destatis.de/DE/Themen/Gesellschaft-Umwelt/Soziales/Elterngeld/Publikationen/Downloads-Elterngeld/elterngeld-leistungsbezuege-j-5229210197004.pdf?__blob=publicationFile

14 https://www.freundin.de/so-viel-kostet-ein-baby-im-ersten-jahr#:~:text=Windeln,gut%20und%20kosten%20weitaus%20weniger.

15 Bertrand, M., Goldin, C., & Katz, L. F. (2010). Dynamics of the gender gap for young professionals in the financial and corporate sectors. *American economic journal: applied economics*, 2(3), 228-55.

16 Bertrand, M., Goldin, C., & Katz, L. F. (2010). Dynamics of the gender gap for young professionals in the financial and corporate sectors. *American economic journal: applied economics, 2*(3), 228-55.

17 Goldin, C. (2014). A grand gender convergence: Its last chapter. *American Economic Review*, 104(4), 1091-1119.

18 Goldin, C. (2014). A grand gender convergence: Its last chapter. *American Economic Review*, 104(4), 1091-1119.

19 https://www.bbc.com/worklife/article/20200108-is-minimum-leave-

a-better-alternative-to-unlimited-time-off
20 https://jobs.netflix.com/culture
21 https://humaninterest.com/blog/unlimited-paid-time-off-pto-startups-pros-cons/
22 https://www.bpb.de/politik/innenpolitik/care-arbeit/
23 상동
24 https://www.handelsblatt.com/unternehmen/management/vorstandsgehaelter-fast-zehn-millionen-euro-vw-chef-herbert-diess-ist-neuer-dax-topverdiener/26002856.html?ticket=ST-7068936-KVq51aSdzH66BYXTW0d2-ap4
25 Koebe, J., Samtleben, C., Schrenker, A., & Zucco, A. (2020). *Systemrelevant, aber dennoch kaum anerkannt: Entlohnung unverzichtbarer Berufe in der Corona-Krise unterdurchschnittlich.*
26 상동
27 상동

4장

1 https://www.spiegel.de/geschichte/medizin-skandal-todesstudie-von-tuskegee-a-947601.html
https://www.sueddeutsche.de/wissen/menschenversuche-das-verbrechen-von-tuskegee-1.702457
2 https://www.hhs.gov/ohrp/regulations-and-policy/belmont-report/index.html
3 https://www.bundesaerztekammer.de/fileadmin/user_upload/downloads/pdf-Ordner/International/Deklaration_von_Helsinki_2013_20190905.pdf
4 https://www.who.int/cancer/PRGlobocanFinal.pdf
5 Grimes, D. R. (2016). On the viability of conspiratorial beliefs. *PloS one*, 11(1), e0147905.
6 https://www.deutsche-apotheker-zeitung.de/news/artikel/2019/03

/05/homoeopathie-absatzzahlen-werden-mehr-oder-weniger-packungen-verkauft/chapter:1
7 https://www.contergan.de/images/zahlen-daten-fakten/20140317113301CON_Zahlen-Daten-Fakten_140311_mit_links.pdf
8 https://www.contergan.de/index.php/presseservice/zahlen-daten-fakten
9 https://www.deutsche-apotheker-zeitung.de/news/artikel/2017/09/26/fuer-die-opfer-ist-der-skandal-noch-nicht-vorbei/chapter:2
10 https://www.test.de/Bluthochdruck-Verunreinigte-Medikamente-zurueckgerufen-5354979-0/
11 https://theconversation.com/the-two-obstacles-that-are-holding-back-alzheimers-research-86435
12 https://www.sciencemediacenter.de/alle-angebote/fact-sheet/details/news/arzneimittel-von-der-entwicklung-bis-zur-zulassung/
13 http://dipbt.bundestag.de/doc/btd/07/050/0705091.pdf
14 https://www.gesetze-im-internet.de/amg_1976/__8.html
15 Bundesinstitut für Arzneimittel und Medizinprodukte, *Jahresbericht 2017/18*
16 https://www.bfarm.de/DE/Arzneimittel/Arzneimittelzulassung/Zulassungsarten/BesondereTherapierichtungen/Homoeopathische_und_anthroposophische_Arzneimittel/KriterienIndikationen.html;jsessionid=0F33AF316618AF9442A981A4C5555F73.1_cid344
17 https://www.bfarm.de/DE/Arzneimittel/Arzneimittelzulassung/Zulassungsarten/BesondereTherapierichtungen/Homoeopathische_und_anthroposophische_Arzneimittel/mitglieder-kommission-d.html
18 Baell, J., & Walters, M. A. (2014). Chemistry: Chemical con artists foil drug discovery. *Nature News*, 513(7519), 481.
19 Nelson, K. M., Dahlin, J. L., Bisson, J., Graham, J., Pauli, G. F., & Walters, M. A. (2017). The essential medicinal chemistry of curcumin: miniperspective. *Journal of medicinal chemistry*, 60(5), 1620-1637.
20 Rawat, S., & Meena, S. (2014). Publish or perish: Where are we

heading? *Journal of research in medical sciences: the official journal of Isfahan University of Medical Sciences*, 19(2), 87.

21 Baell, J., & Walters, M. A. (2014). Chemistry: Chemical con artists foil drug discovery. *Nature News*, 513(7519), 481.

22 Anand, P., Kunnumakkara, A. B., Newman, R. A., & Aggarwal, B. B. (2007). Bioavailability of curcumin: problems and promises. *Molecular pharmaceutics*, 4(6), 807-818.

23 상동

24 https://www.krebsdaten.de/Krebs/DE/Content/Krebsarten/Brustkrebs/brustkrebs_node.html

25 https://www.hirntumorhilfe.de/hirntumor/tumorarten/

26 Wechsler, M. E., Kelley, J. M., Boyd, I. O., Dutile, S., Marigowda, G., Kirsch, I., … & Kaptchuk, T. J. (2011). Active albuterol or placebo, sham acupuncture, or no intervention in asthma. *New England Journal of Medicine*, 365(2), 119-126.

27 Hróbjartsson, A., & Gøtzsche, P. C. (2010). Placebo interventions for all clinical conditions. The Cochrane database of systematic reviews, 2010(1), CD003974. https://doi.org/10.1002/14651858.CD003974.pub3

28 Evers, A. W., Colloca, L., Blease, C., Annoni, M., Atlas, L. Y., Benedetti, F.,… & Crum, A. J. (2018). Implications of placebo and nocebo eff ects for clinical practice: expert consensus. *Psychotherapy and psychosomatics*, 87(4), 204 – 10.

29 Girrbach, F. F., Bernhard, M., Hammer, N., & Bercker, S. (2018). Intranasale Medikamentengabe im Rettungsdienst. *Notfall+ Rettungsmedizin*, 21(2), 120-128.

30 Levine, J., Gordon, N., & Fields, H. (1978). The mechanism of placebo analgesia. *The Lancet*, 312(8091), 654-657.

31 Eippert, F., Finsterbusch, J., Bingel, U., & Buchel, C. (2009). Direct evidence for spinal cord involvement in placebo analgesia. *Science (N.Y.)*, 326(5951), 404. https://doi.org/10.1126/science.1180142

32 상동

33 Hadamitzky, M., Sondermann, W., Benson, S., & Schedlowski, M. (2018). Placebo effects in the immune system. *International review of neurobiology*, 138, 39-59).

34 Kirchhof, J., Petrakova, L., Brinkhoff, A., Benson, S., Schmidt, J., Unteroberdorster, M., … & Schedlowski, M. (2018). Learned immunosuppressive placebo responses in renal transplant patients. *Proceedings of the National Academy of Sciences*, 115(16), 4223-4227.

35 Carvalho, C., Caetano, J. M., Cunha, L., Rebouta, P., Kaptchuk, T. J., & Kirsch, I. (2016). Open-label placebo treatment in chronic low back pain: a randomized controlled trial. *Pain*, 157(12), 2766.

36 Irving, G., Neves, A. L., Dambha-Miller, H., Oishi, A., Tagashira, H., Verho, A., & Holden, J. (2017). International variations in primary care physician consultation time: a systematic review of 67 countries. *BMJ open*, 7(10), e017902.

37 Howe, L. C., Leibowitz, K. A., & Crum, A. J. (2019). When Your Doctor ≫Gets It≪ and ≫Gets You≪: The Critical Role of Competence and Warmth in the Patient-Provider Interaction. *Frontiers in psychiatry*, 10, 475. https://doi.org/10.3389/fpsyt.2019.00475

38 https://www.welt.de/wirtschaft/article195631627/Aerztepraesident-Reinhardt-Es-wird-kuenftig-Gegenden-ohne-Hausarzt-geben.html

39 *Homoopathie wirkt* | NEO MAGAZIN ROYALE mit Jan Bohmermann - ZDFneo*, https://youtu.be/pU3sAYRl4-k

40 https://www.hevert.com/market-us/en_US/products

41 https://www.spiegel.de/panorama/zweifelhafte-heilsversprechen-der-tragische-krebstod-der-anja-weiss-a-24925d8a-e04b-446f-a7d5-f6697f78f450

42 https://www.krebsdaten.de/Krebs/DE/Content/Krebsarten/Brustkrebs/brustkrebs_node.html

43 https://www.heilpraktiker-psychotherapie-werden.de/rechtliches-2/

44 https://www.gesetze-im-internet.de/heilprg/BJNR002510939.html

45 https://www.vdh-heilpraktiker.de/fileadmin/nutzerdateien/vdh-heilpraktiker.pdf
46 https://www.heilpraktiker-fakten.de/heilpraktikerfakten/die-heilpraktikerueberpruefung-vor-dem-gesundheitsamt/
47 https://www.bdh-online.de/bdh-weist-kritik-an-heilpraktiker-beruf-in-deutschland-zurueck-2/

5장

1 Plotkin, S. A., & Plotkin, S. L. (2013). A short history of vaccination. In S. A. Plotkin, W. A. Orenstein & P. A. Offit (Eds.), *Vaccines* (pp. 1-13). Elsevier-Saunders.
2 상동
https://www.who.int/bulletin/volumes/86/2/07-040089/en/
3 https://www.rki.de/DE/Content/Infekt/Impfen/Praevention/praevention_node.html
4 https://www.rki.de/DE/Content/Infekt/EpidBull/Merkblaetter/Ratgeber_Masern.html#doc2374536bodyText3
5 https://www.deutschlandfunk.de/kinderlaehmung.709.de.html?dram:article_id=86222#:~:text=Allein%20im%20Jahre%201952%20erkrankten,darauffolgenden%20Jahr%20auf%20nur%20295.
6 https://www.impfen-info.de/wissenswertes/herdenimmunitaet.html
7 https://www.rki.de/DE/Content/Infekt/Impfen/Praevention/praevention_node.html
8 상동
9 상동
10 https://www.mta-dialog.de/artikel/masernausbrueche-in-deutschland.html
11 Petrova, V. N., Sawatsky, B., Han, A. X., Laksono, B. M., Walz, L., Parker, E.,…& Kellam,P.(2019). Incomplete genetic reconstitution of Bcell pool scontributes to prolonged immunosuppression after measles. Science

immunology, 4(41).

Mina, M. J., Kula, T., Leng, Y., Li, M., De Vries, R. D., Knip, M., … & Larman, H. B. (2019). Measles virus infection diminishes preexisting antibodies that offer protection from other pathogens. *Science*, 366(6465), 599 – 06.

12 Schönberger, K., Ludwig, M. S., Wildner, M., & Weissbrich, B. (2013). Epidemiology of subacute sclerosing panencephalitis (SSPE) in Germany from 2003 to 2009: a risk estimation. *PloS one*, 8(7), e68909.

13 https://www.aerzteblatt.de/archiv/215468/Masern-Der-Zwang-zum-Kombinationsimpfen-wird-Folgen-haben

14 https://www.deutsche-apotheker-zeitung.de/news/artikel/2020/08/17/einzelimpfstoff-gegen-masern-auch-als-import-nicht-mehr-verfuegbar/chapter:2

15 Van Prooijen, J. W., & Douglas, K. M. (2017). Conspiracy theories as part of history: The role of societal crisis situations. *Memory studies*, 10(3), 323-333.

16 A timeline of the Wakefield retraction. *Nat Med 16*, 248 (2010).

17 https://www.bzga.de/fileadmin/user_upload/PDF/studien/Infektions-schutzstudie_2018.pdf

18 Lu, R., Zhao, X., Li, J., Niu, P., Yang, B., Wu, H., … & Bi, Y. (2020). Genomic characterisation and epidemiology of 2019 novel corona-virus: implications for virus origins and receptor binding. *The Lancet*, 395(10224), 565-574.

19 https://www.bundesregierung.de/breg-de/themen/themenseite-forschung/corona-impfstoff-1787044#:~:text=Ein%20Impfstoff%20gegen%20Covid%2D19,mit%20insgesamt%20750%20Millionen%20Euro

20 https://www.bloomberg.com/news/features/2020-10-29/inside-operation-warp-speed-s-18-billion-sprint-for-a-vaccine

21 https://ec.europa.eu/info/live-work-travel-eu/coronavirus-response/public-health/coronavirus-vaccines-strategy_en

22 https://www.ema.europa.eu/en/documents/leaflet/infographic-fast-track-procedures-treatments-vaccines-covid-19_en.pdf

23 Gouglas, D., Le, T. T., Henderson, K., Kaloudis, A., Danielsen, T., Hammersland, N. C., … & Røttingen, J. A. (2018). Estimating the cost of vaccine development against epidemic infectious diseases: a cost minimisation study. *The Lancet Global Health*, 6(12), e1386-e1396.

24 https://www.rki.de/DE/Content/Infekt/Impfen/ImpfungenAZ/Influenza/Influenza.html

25 Schenck, C. H., Bassetti, C. L., Arnulf, I., & Mignot, E. (2007). English translations of the first clinical reports on narcolepsy and cataplexy by Westphal and Gelineau in the late 19th century, with commentary. *Journal of Clinical Sleep Medicine*, 3(3), 301-311.

26 Kornum, B. R., Knudsen, S., Ollila, H. M., Pizza, F., Jennum, P. J., Dauvilliers, Y., & Overeem, S. (2017). *Narcolepsy. Nature reviews Disease primers*, 3(1), 1-19.

27 https://web.archive.org/web/20110217101203/
http://www.lakemedelsverket.se/english/All-news/NYHETER-2010/The-MPA-investigates-reports-of-narcolepsy-in-patients-vaccinated-with-Pandemrix/

28 Han, F., Lin, L., Warby, S. C., Faraco, J., Li, J., Dong, S. X., … & Yan, H. (2011). Narcolepsy onset is seasonal and increased following the 2009 H1N1 pandemic in China. *Annals of neurology*, 70(3), 410-417.

29 Huang, W. T., Huang, Y. S., Hsu, C. Y., Chen, H. C., Lee, H. C., Lin, H. C.,… & Yang, C. H. (2020). Narcolepsy and 2009 H1N1 pandemic vaccination in Taiwan. Sleep medicine, 66, 276-81.

30 Han, F., Lin, L., Warby, S. C., Faraco, J., Li, J., Dong, S. X., … & Yan, H. (2011). Narcolepsy onset is seasonal and increased following the 2009 H1N1 pandemic in China. *Annals of neurology*, 70(3), 410-417.

31 Huang, W. T., Huang, Y. S., Hsu, C. Y., Chen, H. C., Lee, H. C., Lin, H. C., … & Yang, C. H. (2020). *Narcolepsy and 2009 H1N1 pandemic* vaccination in Taiwan. *Sleep medicine*, 66, 276-81.

32 Kornum, B. R., Knudsen, S., Ollila, H. M., Pizza, F., Jennum, P. J., Dauvilliers, Y., & Overeem, S. (2017). *Narcolepsy. Nature reviews Disease primers*, 3(1), 1-19.

Katzav, A., Arango, M. T., Kivity, S., Tanaka, S., Givaty, G., Agmon-Levin, N., Honda, M., Anaya, J. M., Chapman, J., & Shoenfeld, Y. (2013). Passive transfer of narcolepsy: anti-TRIB2 autoantibody positive patient IgG causes hypothalamic orexin neuron loss and sleep attacks in mice. *Journal of autoimmunity*, 45, 24-30.

33 상동

34 Oldstone M. B. (2014). Molecular mimicry: its evolution from concept to mechanism as a cause of autoimmune diseases. *Monoclonal antibodies in immunodiagnosis and immunotherapy*, 33(3), 158-165. https://doi.org/10.1089/mab.2013.0090

35 Luo, G., Ambati, A., Lin, L., Bonvalet, M., Partinen, M., Ji, X., Maecker, H. T., & Mignot, E. J. (2018). Autoimmunity to hypocretin and molecular mimicry to flu in type 1 narcolepsy. *Proceedings of the National Academy of Sciences of the United States of America, 115*(52), E12323-E12332. https://doi.org/10.1073/pnas.1818150116

36 Nohynek, H., Jokinen, J., Partinen, M., Vaarala, O., Kirjavainen, T., Sundman, J., … & Saarenpogää-Heikkiogä, O. (2012). AS03 adjuvanted AH1N1 vaccine associated with an abrupt increase in the incidence of childhood narcolepsy in Finland. *PloS one*, 7(3), e33536.

37 Kwok, R. (2011). The real issues in vaccine safety. *Nature*, 473(7348), 436.

38 Klein, N. P., Fireman, B., Yih, W. K., Lewis, E., Kulldorff, M., Ray, P., … & Belongia, E. A. (2010). Measles-mumps-rubella-varicella combination vaccine and the risk of febrile seizures. Pediatrics, 126(1), e1-e8.

39 Nohynek, H., Jokinen, J., Partinen, M., Vaarala, O., Kirjavainen, T., Sundman, J., … & Saarenpogää-Heikkiogä, O. (2012). AS03 adjuvanted AH1N1 vaccine associated with an abrupt increase in the incidence of childhood narcolepsy in Finland. *PloS one*, 7(3), e33536.

40 https://www.pei.de/DE/newsroom/veroffentlichungen-arzneimittel/sicherheitsinformationen-human/2015/ablage2015/2015-05-11-sicherheitsinformation-rotavirus-darminvagination.html#:~:text=Invagination%20ist%20eine%20insgesamt%20seltene,Sauglinge%20innerhalb%20des%20ersten%20Lebensjahres.

41 상동

42 Schonberger, L. B., Bregman, D. J., Sullivan-Bolyai, J. Z., Keenlyside, R. A., Ziegler, D. W., Retailliau, H. F., Eddins, D. L., & Bryan, J. A. (1979). Guillain-Barre syndrome following vaccination in the National Influenza Immunization Program, United States, 1976-1977. *American journal of epidemiology*, 110(2), 105-123. https://doi.org/10.1093/oxfordjournals.aje.a112795

43 Kwok, R. (2011). The real issues in vaccine safety. *Nature*, 473(7348), 436.

44 https://www.tagesschau.de/ausland/allergien-corona-101.html

45 Sarkanen, T., Alakuijala, A., Julkunen, I., & Partinen, M. (2018). Narcolepsy associated with Pandemrix vaccine. *Current neurology and neuroscience reports, 18*(7), 43.

46 https://www.pei.de/SharedDocs/Downloads/DE/newsroom/bulletin-arzneimittelsicherheit/einzelartikel/2018-daten-pharmakovigilanz-impfstoffe-2016.pdf?__blob=publicationFile&v=2

47 https://www.gesetze-im-internet.de/ifsg/__6.html

48 https://www.pei.de/DE/arzneimittelsicherheit/pharmakovigilanz/meldeformulare-online-meldung/meldeformulare-online-meldung-node.html

https://www.rki.de/DE/Content/Infekt/IfSG/Meldeboegen/Impfreaktion/impfreaktion_node.html

49 Petrova, V. N., Sawatsky, B., Han, A. X., Laksono, B. M., Walz, L., Parker, E., 358 ··· & Kellam, P. (2019). Incomplete genetic reconstitution of B cell pools contributes to prolonged immunosuppression after measles. *Science immuno logy*, 4(41).

Mina, M. J., Kula, T., Leng, Y., Li, M., De Vries, R. D., Knip, M., … & Larman, H. B. (2019). Measles virus infection diminishes preexisting antibodies that offer protection from other pathogens. *Science*, 366(6465), 599－06.

6장

1 Francis, G. (1910). *Genie und Vererbung*. Deutsche Ausgabe, Leipzig.

2 Legg, S., & Hutter, M. (2007). A collection of definitions of intelligence. *Frontiers in Artificial Intelligence and applications*, 157, 17.

3 Schuerger, J. M., & Witt, A. C. (1989). The temporal stability of individually tested intelligence. *Journal of Clinical Psychology*, 45(2), 294-302.

4 Rinaldi, L., & Karmiloff-Smith, A. (2017). Intelligence as a developing function: A neuroconstructivist approach. *Journal of Intelligence*, 5(2), 18.

5 상동

Deary, I. J. (2014). The stability of intelligence from childhood to old age. *Current Directions in Psychological Science*, 23(4), 239－245.

6 Deary, I. J. (2014). The stability of intelligence from childhood to old age. *Current Directions in Psychological Science*, 23(4), 239-245.

7 Alhola, P., & Polo-Kantola, P. (2007). Sleep deprivation: Impact on cognitive performance. *Neuropsychiatric disease and treatment*, 3(5), 553-567.

8 Duckworth, A. L., Quinn, P. D., Lynam, D. R., Loeber, R., & Stouthamer-Loeber, M. (2011). Role of test motivation in intelligence testing. *Proceedings of the National Academy of Sciences*, 108(19), 7716-7720.

9 Spearman, C. (1961). ≫General Intelligence≪ Objectively Determined and Measured. In J. J. Jenkins & D. G. Paterson (Eds.), *Studies in individual differences: The search for intelligence* (p. 59-73).

Appleton-Century-Crofts.

Laird, J. E., Newell, A., & Rosenbloom, P. S. (1987). Soar: An architecture for general intelligence. *Artifi cial intelligence*, 33(1), 1-64.

Chabris, C. F. (2007). Cognitive and neurobiological mechanisms of the Law of General Intelligence. In M. J. Roberts (Ed.), *Integrating the mind: Domain general vs domain specific processes in higher cognition* (p. 449-491). Psychology Press.

10 상동

11 Spearman, C. (1904). (1904). ≫General intelligence≪, objectively determined and measured. *American Journal of Psychology*, 15, 201-293.

12 Roth, B., Strenze, T. (2007). Intelligence and socioeconomic success: A meta-analytic review of longitudinal research. *Intelligence*, 35(5), 401-426.

Gottfredson, L. S. (2004). Intelligence: is it the epidemiologists' elusive≫fundamental cause≪ of social class inequalities in health? *Journal of personality and social psychology*, 86(1), 174.

Gottfredson, L. S., & Deary, I. J. (2004). Intelligence predicts health and longevity, but why? *Current Directions in Psychological Science*, 13(1), 1-4.

Becker, N., Romeyke, S., Schafer, S., Domnick, F., & Spinath, F. M. (2015). Intelligence and school grades: A meta-analysis. *Intelligence*, 53, 118-137.

Ceci, S. J., & Williams, W. M. (1997). Schooling, intelligence, and income.

American Psychologist, 52(10), 1051.

13 Strenze, T. (2007). Intelligence and socioeconomic success: A meta-analytic review of longitudinal research. *Intelligence*, 35(5), 401-426.

14 https://www.genome.gov/17516714/2006-release-about-whole-genome-association-studies

15 https://medlineplus.gov/genetics/understanding/traits/height/

16 Flynn, J. R. (1987). Massive IQ gains in 14 nations: What IQ tests really measure. *Psychological bulletin*, 101(2), 171.

Flynn, J. R. (2007). *What is intelligence?: Beyond the Flynn effect*. Cambridge University Press.

17 Plomin, R., & Deary, I. J. (2015). Genetics and intelligence differences: five special findings. *Molecular psychiatry*, 20(1), 98-108.

18 Rushton, J. P., & Jensen, A. R. (2005). Thirty years of research on race differences in cognitive ability. *Psychology, public policy, and law*, 11(2), 235.

19 Plomin, R., & Deary, I. J. (2015). Genetics and intelligence differences: five special findings. *Molecular psychiatry*, 20(1), 98-108.

20 Røysamb, E., & Tambs, K. (2016). The beauty, logic and limitations of twin studies. *Norsk Epidemiologi*, 26(1-2).

21 Sauce, B., & Matzel, L. D. (2018). The paradox of intelligence: Heritability and malleability coexist in hidden gene-environment interplay. *Psychological bulletin*, 144(1), 26.

22 Neyer, F. J., & Asendorpf, J. B. (2017). *Psychologie der Personlichkeit*. Springer-Verlag.

23 Haworth, C. M., Wright, M. J., Luciano, M., Martin, N. G., de Geus, E. J., van Beijsterveldt, C. E., … & Kovas, Y. (2010). The heritability of general cognitive ability increases linearly from childhood to young adulthood. *Molecular psychiatry*, 15(11), 1112-1120.

Plomin, R., & Deary, I. J. (2015). Genetics and intelligence diff erences: five special fi ndings. *Molecular psychiatry*, 20(1), 98 – 108.

Deary, I. J., Spinath, F. M., & Bates, T. C. (2006). Genetics of intelligence.

European Journal of Human Genetics, 14(6), 690 – 700.

24 Lee, T., Henry, J. D., Trollor, J. N., & Sachdev, P. S. (2010). Genetic influences on cognitive functions in the elderly: A selective review of twin studies. *Brain research reviews*, 64(1), 1-13.

25 Plomin, R. (1986). *Development, genetics, and psychology*. Psychology

Press.

26 Ge, C., Ye, J., Weber, C., Sun, W., Zhang, H., Zhou, Y., … & Capel, B. (2018). The histone demethylase KDM6B regulates temperature-dependent sex determination in a turtle species. *Science*, 360(6389), 645-648.

27 Feil, R., & Fraga, M. F. (2012). Epigenetics and the environment: emerging patterns and implications. *Nature reviews genetics*, 13(2), 97-109.

Alegria-Torres, J. A., Baccarelli, A., & Bollati, V. (2011). Epigenetics and lifestyle. *Epigenomics*, 3(3), 267 - 277.

28 Gordon, L., Joo, J. E., Powell, J. E., Ollikainen, M., Novakovic, B., Li, X., … & Alisch, R. S. (2012). Neonatal DNA methylation profi le in human twins is specifi ed by a complex interplay between intrauterine environmental and genetic factors, subject to tissue-specifi c infl uence. *Genome research*, 22(8), 1395 - 406.

29 Greer, E. L., Maures, T. J., Ucar, D., Hauswirth, A. G., Mancini, E., Lim, J. P., … & Brunet, A. (2011). Transgenerational epigenetic inheritance of longevity in Caenorhabditis elegans. *Nature*, 479(7373), 365 - 71.

30 Greer, E. L., Maures, T. J., Ucar, D., Hauswirth, A. G., Mancini, E., Lim, J. P., … & Brunet, A. (2011). Transgenerational epigenetic inheritance of longevity in Caenorhabditis elegans. *Nature*, 479(7373), 365-371.

Heard, E., & Martienssen, R. A. (2014). Transgenerational epigenetic inheritance: myths and mechanisms. *Cell*, 157(1), 95-109.

Horsthemke, B. (2018). A critical view on transgenerational epigenetic inheritance in humans. *Nature communications*, 9(1), 1-4.

Gordon, L., Joo, J. E., Powell, J. E., Ollikainen, M., Novakovic, B., Li, X., … & Saff ery, R. (2012). Neonatal DNA methylation profi le in human twins is specifi ed by a complex interplay between intrauterine environmental and genetic factors, subject to tissue-specifi c infl uence. Genome research, 22(8), 1395-1406.

31 Kaminski, J. A., Schlagenhauf, F., Rapp, M., Awasthi, S., Ruggeri,

B., Deserno, L., … & Quinlan, E. B. (2018). Epigenetic variance in dopamine D2 receptor: amarkerofIQmalleability? *Translational psychiatry*, 8(1), 1-11.

32 https://www.genome.gov/human-genome-project/What

33 상동

34 1000 Genomes Project Consortium: Auton, A., Brooks, L. D., Durbin, R. M., Garrison, E. P., Kang, H. M., Korbel, J. O., Marchini, J. L., McCarthy, S., McVean, G. A., & Abecasis, G. R. (2015). A global reference for human genetic variation. *Nature*, 526(7571), 68-74.

35 Ritchie, S. J., & Tucker-Drob, E. M. (2018). How much does education improve intelligence? A meta-analysis. *Psychological science*, 29(8), 1358-1369.

36 Plomin, R. & von Stumm, S. (2018). The new genetics of intelligence. *Nature Reviews Genetics*, 19(3), 148.

37 Ritchie, S. J., Tucker-Drob, E. M., Cox, S. R., Corley, J., Dykiert, D., Redmond, P., … & Deary, I. J. (2016). Predictors of ageing-related decline across multiple cognitive functions. *Intelligence*, 59, 115-126.

38 Dirk, J., & Schmiedek, F. (2016). Fluctuations in elementary school children's working memory performance in the school context. *Journal of Educational Psychology*, 108(5), 722.

39 https://blogs.scientificamerican.com/beautiful-minds/toward-a-new-frontier-in-human-intelligence-the-person-centered-approach/

7장

1 Van Hemert, D. A., van de Vijver, F. J., & Vingerhoets, A. J. (2011). Culture and crying: Prevalences and gender differences. *Cross-Cultural Research*, 45(4), 399-431.

2 Björkqvist, K. (2018). Gender differences in aggression. *Current Opinion in Psychology*, 19, 39-42.

3 Weisberg, Y. J., DeYoung, C. G., & Hirsh, J. B. (2011). Gender

differences in personality across the ten aspects of the Big Five. *Frontiers in psychology*, 2, 178.

4 Johnson, W., Carothers, A., & Deary, I. J. (2008). Sex differences in variability in general intelligence: A new look at the old question. *Perspectives on psychological science*, 3(6), 518-531.

5 Von Stumm, S., Chamorro-Premuzic, T., & Furnham, A. (2009). Decomposing self-estimates of intelligence: Structure and sex differences across 12 nations. *British Journal of Psychology*, 100(2), 429-442.

6 Linn, M. C., & Petersen, A. C. (1985). Emergence and characterization of sex differences in spatial ability: A meta-analysis. *Child Development*, 56(6), 1479-1498.

7 Machin, S., & Pekkarinen, T. (2008). Global sex differences in test score variability. *Science*, 322(5906), 1331-1332.

8 Lippa, R. (1998). Gender-related individual differences and the structure of vocational interests: The importance of the people-things dimension. *Journal of personality and social psychology*, 74(4), 996.

9 Zell, E., Krizan, Z., & Teeter, S. R. (2015). Evaluating gender similarities and differences using metasynthesis. *American Psychologist*, 70(1), 10.

10 Del Giudice, M., Puts, D. A., Geary, D. C., & Schmitt, D. (2019). Sex differences in brain and behavior: Eight counterpoints. *Psychology Today*.

11 https://directorsblog.nih.gov/2018/06/21/brain-in-motion/

12 https://scopeblog.stanford.edu/2018/07/05/the-beating-brain-a-video-captures-the-organs-rhythmic-pulsations/

13 Azevedo, F. A., Carvalho, L. R., Grinberg, L. T., Farfel, J. M., Ferretti, R. E., Leite, R. E., … & Herculano-Houzel, S. (2009). Equal numbers of neuronal and nonneuronal cells make the human brain an isometrically scaled-up primate brain. *Journal of Comparative Neurology*, 513(5), 532-541.

14 Drachman, D. A. (2005). Do we have brain to spare?

15 Lledo, P. M., Alonso, M., & Grubb, M. S. (2006). Adult neurogenesis and functional plasticity in neuronal circuits. *Nature Reviews Neuroscience*, 7(3), 179-193.

16 Zatorre, R. J., Fields, R. D., & Johansen-Berg, H. (2012). Plasticity in gray and white: neuroimaging changes in brain structure during learning. *Nature neuroscience*, 15(4), 528-536.

17 Lombardo, M. V., Ashwin, E., Auyeung, B., Chakrabarti, B., Taylor, K., Hackett, G., … & Baron-Cohen, S. (2012). Fetal testosterone influences sexually dimorphic gray matter in the human brain. *Journal of Neuroscience*, 32(2), 674-680.

18 Zatorre, R. J., Fields, R. D., & Johansen-Berg, H. (2012). Plasticity in gray and white: neuroimaging changes in brain structure during learning. *Nature neuroscience*, 15(4), 528-536.

19 https://www.pharmazeutische-zeitung.de/inhalt-48-1998/medizin1-48-1998/

20 Ritchie, S. J., Cox, S. R., Shen, X., Lombardo, M. V., Reus, L. M., Alloza, C., … & Liewald, D. C. (2018). Sex diff erences in the adult human brain: evidence from 5216 UK Biobank participants. *Cerebral Cortex*, 28(8), 2959 -975.

21 Joel, D., Berman, Z., Tavor, I., Wexler, N., Gaber, O., Stein, Y., … & Liem, F. (2015). Sex beyond the genitalia: The human brain mosaic. *Proceedings of the National Academy of Sciences*, 112(50), 15468-15473.

22 상동

23 상동

24 Maney, D. L. (2016). Perils and pitfalls of reporting sex differences. Philosophical Transactions of the Royal Society B: *Biological Sciences*, 371(1688), 20150119.

25 Wolfgang, R., & Michael, N. (2008). Franz Joseph Gall und seine ≫sprechenden Schedel≪ schufen die Grundlagen der modernen Neurowissenschaften. *Wiener Medizinische Wochenschrift*, 158(11-

12), 314-319.

26 Bocchio, M., Nabavi, S., & Capogna, M. (2017). Synaptic plasticity, engrams, and network oscillations in amygdala circuits for storage and retrieval of emotional memories. *Neuron*, 94(4), 731-743.

27 Burgos-Robles, A., Kimchi, E. Y., Izadmehr, E. M., Porzenheim, M. J., Ramos-Guasp, W. A., Nieh, E. H., … & Anandalingam, K. K. (2017). Amygdala inputs to prefrontal cortex guide behavior amid conflicting cues of reward and punishment. *Nature neuroscience*, 20(6), 824-835.

28 Santos, S., Almeida, I., Oliveiros, B., & Castelo-Branco, M. (2016). The role of the amygdala in facial trustworthiness processing: A systematic review and meta-analyses of fMRI studies. *PloS one*, 11(11), e0167276.

29 De Pisapia, N., Bacci, F., Parrott, D., & Melcher, D. (2016). Brain networks for visual creativity: a functional connectivity study of planning a visual artwork. *Scientific reports*, 6, 39185.

30 Maguire, E. A., Woollett, K., & Spiers, H. J. (2006). London taxi drivers and bus drivers: a structural MRI and neuropsychological analysis. *Hippocampus*, 16(12), 1091-1101.

31 Jones, O. P., Alfaro-Almagro, F., & Jbabdi, S. (2018). An empirical, 21st century evaluation of phrenology. *Cortex*, 106, 26-35.

32 Coccaro, E. F., McCloskey, M. S., Fitzgerald, D. A., & Phan, K. L. (2007). Amygdala and orbitofrontal reactivity to social threat in individuals with impulsive aggression. *Biological psychiatry*, 62(2), 168-178.

Xie, C., Li, S. J., Shao, Y., Fu, L., Goveas, J., Ye, E., … & Yang, Z. (2011). Identifi cation of hyperactive intrinsic amygdala network connectivity associated with impulsivity in abstinent heroin addicts. *Behavioural brain research*, 216(2), 639 –46.

Zheng, D., Chen, J., Wang, X., & Zhou, Y. (2019). Genetic contribution to the 363 phenotypic correlation between trait impulsivity and resting-state functional connectivity of the amygdala and its subregions. *Neuroimage*, 201, 115997.

33 De Vries, G. J. (2004). Minireview: sex differences in adult and

developing brains: compensation, compensation, compensation. *Endocrinology*, 145(3), 1063-1068.

34 Jiang, Y., & Platt, M. L. (2018). Oxytocin and vasopressin flatten dominance hierarchy and enhance behavioral synchrony in part via anterior cingulate cortex. *Scientific reports*, 8(1), 1-14.

35 Snyder-Mackler, N., & Tung, J. (2017). Vasopressin and the neurogenetics of parental care. *Neuron*, 95(1), 9-11.

36 Bluhm, R. (2013). Self-fulfilling prophecies: The influence of gender stereotypes on functional neuroimaging research on emotion. *Hypatia*, 28(4), 870-886.

37 Joel, D., Berman, Z., Tavor, I., Wexler, N., Gaber, O., Stein, Y., … & Liem, F. (2015). Sex beyond the genitalia: The human brain mosaic. *Proceedings of the National Academy of Sciences*, 112(50), 15468-15473.

38 Del Giudice, M., Lippa, R., Puts, D., Bailey, D., Bailey, J. M., & Schmitt, D. (2015). *Mosaic Brains? A Methodological Critique of Joel et al*. https://doi.org/10.13140/RG.2.1.1038.8566

39 Cahill, L. (2006). Why sex matters for neuroscience. *Nature reviews neuroscience,* 7(6), 477-484.

Cahill, L. (2014, March). Equal≠ the same: sex diff erences in the human brain.

In: *Cerebrum: the Dana forum on brain science* (Vol. 2014). Dana Foundation.

40 상동

41 Clayton, J. A., & Collins, F. S. (2014). Policy: NIH to balance sex in cell and animal studies. *Nature News*, 509(7500), 282.

42 상동

43 Abraham, E., Hendler, T., Shapira-Lichter, I., Kanat-Maymon, Y., Zagoory-Sharon, O., & Feldman, R. (2014). Father's brain is sensitive to childcare experiences. *Proceedings of the National Academy of Sciences*, 111(27), 9792 -797.

44 Gordon, I., Zagoory-Sharon, O., Leckman, J. F., & Feldman, R. (2010). Oxytocin and the development of parenting in humans. *Biological Psychiatry*, 68(4), 377-382.

45 Gettler, L. T., McDade, T. W., Feranil, A. B., & Kuzawa, C. W. (2011). Longitudinal evidence that fatherhood decreases testosterone in human males. *Proceedings of the National Academy of Sciences*, 108(39), 16194-16199.

8장

1 Heimliche Aufnahmen: Tierversuche am Max-Planck-Institut-Reportage 1von6|stern-TV, 2016, https://youtu.be/MY03Tj3g6sw

2 http://www.tierversuchsgegner.de/downloads/Anzeige-Alekto-Stella.pdf

3 https://www.deutschlandfunk.de/kontroverse-um-affenversuche-verfahren-gegen-tuebinger.676.de.html?dram:article_id=436710

4 https://www.bmel.de/SharedDocs/Meldungen/DE/Presse/2020/200524-fleischkonsum-ernaehrungsverhalten.html

5 Richtlinie 2010/63/EU des Europäischen Parlaments und des Rates vom 22. September 2010 zum Schutz der für wissenschaftliche Zwecke verwendeten Tiere; Text von Bedeutung für den EWR .

6 Clark, M., & Steger-Hartmann, T. (2018). A big data approach to the concordance of the toxicity of pharmaceuticals in animals and humans. Regulatory toxicology and pharmacology: *RTP*, 96, 94-105. https://doi.org/10.1016/j.yrtph.2018.04.018

7 https://www.tierversuche-verstehen.de/versuchstierzahlen-2019/.

8 https://www.tierversuche-verstehen.de/wp-content/uploads/2020/11/Vorbild-fuer-Europa_Tierversuchs-Ausstieg-in-den-Niederlanden_Mythos-und-Wirklichkeit.pdf

9 Luepke, N. P., & Kemper, F. H. (1986). The HET-CAM test: an alternative to the Draize eye test. *Food and Chemical Toxicology*, 24

(6-7), 495-496.

10 https://www.isc.fraunhofer.de/de/presse-und-medien/presseinformationen/projektstart-ImAi-weltweiten-standard-tierversuch-ersetzen.html

11 상동

12 Kaushik, G., Ponnusamy, M. P., & Batra, S. K. (2018). Concise Review: Current Status of Three-Dimensional Organoids as Preclinical Models. *Stem Cells*, 36(9), 1329-1340.

13 Zhao, Y., Kankala, R. K., Wang, S. B., & Chen, A. Z. (2019). Multi-Organs-on-Chips: Towards Long-Term Biomedical Investigations. *Molecules*, 24(4), 675.

Low, L. A., Mummery, C., Berridge, B. R., Austin, C. P., & Tagle, D. A. (2020).

Organs-on-chips: into the next decade. *Nature Reviews Drug Discovery*. https://doi.org/10.1038/s41573-020-0079-3

14 Gough, A., Soto-Gutierrez, A., Vernetti, L., Ebrahimkhani, M. R., Stern, A. M., & Taylor, D. L. (2020). Human biomimetic liver microphysiology systems in drug development and precision medicine. *Nature Reviews Gastroenterology & Hepatology*, 1-17.

15 https://www.humanbrainproject.eu/en/

16 Low, L. A., Mummery, C., Berridge, B. R., Austin, C. P., & Tagle, D. A. (2020). Organs-on-chips: Into the next decade. *Nature Reviews Drug Discovery*, 1-17.

17 http://www.gesetze-im-internet.de/tierschg/__7a.html

18 https://www.dfg.de/download/pdf/dfg_im_profil/reden_stellungnahmen/2018/genehmigungsverfahren_tierversuche.pdf

19 Vogel, A., Kanevsky, I., Che, Y., Swanson, K., Muik, A., Vormehr, M., ... & Loschko, J. (2020). A prefusion SARS-CoV-2 spike RNA vaccine is highly immunogenic and prevents lung infection in non-human primates. *bioRxiv*.

20 Martinon, F., Krishnan, S., Lenzen, G., Magné, R., Gomard, E., Guillet,

J. G., … & Meulien, P. (1993). Induction of virus-specific cytotoxic T lymphocytes in vivo by liposome-entrapped mRNA. *European journal of immunology*, 23(7), 1719-1722.

21 BMEL

22 https://www.aerzte-gegen-tierversuche.de/images/pdf/statistiken/umfrage_2017.pdf

9장

1 https://www.sueddeutsche.de/politik/george-floyd-tod-polizeigewalt-videos-rekonstruktion-1.4928047

2 https://twitter.com/davidshor/status/1265998625836019712?ref_src=twsrc%5Etfw%7Ctwcamp%5Etweetembed%7Ctwterm%5E1265998625836019712%7Ctwgr%5E%7Ctwcon%5Es1_&ref_url=https%3A%2F%2Fwww.vox.com%2F2020%2F7%2F29%2F21340308%2Fdavid-shor-omar-wasow-speech

3 https://nymag.com/intelligencer/2020/07/david-shor-cancel-culture-2020-election-theory-polls.html

4 https://dfg2020.de/beitrag-von-dieter-nuhr-wieder-online/

5 https://de.scientists4future.org/wp-content/uploads/sites/3/2020/12/S4F-Stellungnahme-2019-03-13de.pdf

6 https://de.scientists4future.org/ueber-uns/stellungnahme/fakten/

7 Cook, J., Nuccitelli, D., Green, S. A., Richardson, M., Winkler, B., Painting,R., ... & Skuce, A. (2013). Quantifying the consensus on anthropogenic global warming in the scientific literature. *Environmental research letters, 8*(2), 024024.

그림 출처

이보네 숄체가 제작한 모든 그래픽 및 일러스트레이션

p.18 Nutt, D. J., King, L. A., & Phillips, L. D. (2010). Drug harms in the UK: a multicriteria decision analysis. *The Lancet*, 376(9752), 1558-1565

p.42 상동

p.48 Ferguson, C. J. (2015). Does media violence predict societal violence? It depends on what you look at and when. *Journal of Communication*, 65(1), E1-E22.

p.53 Nature, Monya Baker: 1,500 scientists lift the lid on reproducibility, 25 May 2016, https://www.nature.com/news/1-500-scientistslift-the-lid-on-reproducibility-1.19970

p.61 Tyler Vigen, Spurious Correlations, Hachette Books, 978-0316339438, http://www.tylervigen.com/spuriouscorrelations

p.63 https://user.ocstatic.com/upload/2019/04/29/15565586319994_ch03_001_weight_height.png

p.75 https://sexdiff erence.org/: Manley DL. 2016 Perils and pitfalls of reporting sex diff erences. Phil. Trans. R. Soc. B371: 20150119. https://royalsocietypublishing.org/doi/10.1098/rstb.2015.0119

p.75 o. Archiv der Autorin

p.76 u. Schäfer, T., & Schwarz, M. A. (2019). Th e meaningfulness of eff ect sizes in psychological research: Diff erences between sub-disciplines and the impact of potential biases. *Frontiers in Psychology*, 10(813)

p.83 Ferguson, C. J. (2015). Does media violence predict societal violence? It depends on what you look at and when. *Journal of Communication*, 65(1), E1-E22.

p.92 Statistisches Bundesamt (Destatis), 2020

p.99 Bertrand, M., Goldin, C., & Katz, L. F. (2010). Dynamics of the gender gap for young professionals in the fi nancial and corporate sectors. *American economic journal: applied economics*, 2(3), 228-55

p.100 Goldin, C. (2014). A grand gender convergence: Its last chapter. *American Economic Review*, 104(4), 1091-1119

p107 Koebe, J., Samtleben, C., Schrenker, A., & Zucco, A. (2020). *Systemrelevant, aber dennoch kaum anerkannt: Entlohnung unverzichtbarer Berufe in der Corona-Krise unterdurchschnittlich*

p.109 상동

p.131 L. Röper/B. Haas/N. Eckstein, Arzneimittelstudien in besonderen Fällen, Deutsche Apotheker Zeitung, Nr. 22(30.05.2013), S. 50 © DAZ / Hammelehle;

p.180 © EMA [1995-2021]

p.185 Han, F., Lin, L., Warby, S. C., Faraco, J., Li, J., Dong, S. X., ... & Yan, H. (2011). Narcolepsy onset is seasonal and increased following the 2009 H1N1 pandemic in China. *Annals of neurology*, 70(3), 410-417

p.202 Archiv der Autorin

p.208 https://commons.wikimedia.org/wiki/File:Reliability_and_validity.svg, Nevit Dilmen

p.209 Bruce C. Dudek, R/Shiny app: https://shiny.rit.albany.edu/stat/corrsim

p.214 stock.adobe.com/Kateryna_Kon

p.215 Zvitaliy/Shutterstock.com, Mai Th i Nguyen-Kim

p.226 Archiv der Autorin

p.234 Zvitaliy/Shutterstock.com, Mai Th i Nguyen-Kim

p.249 o. https://sexdiff erence.org/: Manley DL. 2016 Perils and pitfalls of reporting sex diff erences. Phil. Trans. R. Soc. B371: 20150119. https://royalsocietypublishing.org/doi/10.1098/rstb.2015.0119

p.249 u. Petros Katsioloudis, Vukica Jovanovic, Millie Jones: A

Comparative Analysis of Spatial Visualization Ability and Drafting Models for Industrial and Technology Education Students; https://www.researchgate.net/publication/268982370_A_Comparative_Analysis_of_S

p.250 Archiv der Autorin

p.255 ShadeDesign/Shutterstock.com

p.260 o. Madhura Ingalhalikara,1, Alex Smitha,1, Drew Parkera, Theodore D. Satterthwaiteb, Mark A. Elliottc, Kosha Ruparelb, Hakon Hakonarsond, Raquel E. Gurb, Ruben C. Gurb and Ragini Vermaa,2: Sex diff erences in the structural connectome of thehuman brain, a Section of Biomedical Image Analysis and c Center for Magnetic Resonance and Optical Imaging, Department of Radiology, and b Department of Neuropsychiatry, Perelman School of Medicine, University of Pennsylvania, Philadelphia, PA 19104; and d Center for Applied Genomics, Children's Hospital of Philadelphia, Philadelphia, PA 19104

p.260 u. Maney DL. 2016 Perils and pitfalls of reporting sex diff erences. Phil. Trans. R. Soc. B 371: 20150119, http://dx.doi.org/10.1098/rstb.2015.0119

p.270 Mai Th I Nguyen-Kim

p.270 Joel, D., Berman, Z., Tavor, I., Wexler, N., Gaber, O., Stein, Y., Liem, F. (2015). Sex beyond the genitalia: Th e human brain mosaic. *Proceedings of the National Academy of Sciences*, 112(50), 15468-15473

p.271 상동

p.272 상동

p.273 상동

p.274 Archiv der Autorin;

p.286 Bundesministerium für Ernährung und Landwirtschaft, 2014;

p.287 ebd. 2019;

p.289 상동

p.293 상동

p.298 Gartner.com; Hype Cycles: https://www.gartner.com/en/research/methodologies/gartner-hype-cycle

p.302 Bundesministerium für Ernährung und Landwirtschaft, 2019

그 외

p.261 INTERFOTO / Sammlung Rauch

p.264 mauritius images / FL Historical collection 4 / Alamy

p.264 상동

의심스러운 사회를 읽는 과학자의 정밀 확대경
세상은 온통 과학이야

제1판 1쇄 인쇄 | 2022년 10월 27일
제1판 1쇄 발행 | 2022년 11월 3일

지은이 | 마이 티 응우옌 킴
옮긴이 | 배명자
펴낸이 | 오형규
펴낸곳 | 한국경제신문 한경BP
책임편집 | 윤혜림
교정교열 | 공순례
저작권 | 백상아
홍보 | 이여진 · 박도현 · 하승예
마케팅 | 김규형 · 정우연
디자인 | 지소영
본문 디자인 | 디자인 현

주소 | 서울특별시 중구 청파로 463
기획출판팀 | 02-3604-590, 584
영업마케팅팀 | 02-3604-595, 562 FAX | 02-3604-599
H | http://bp.hankyung.com E | bp@hankyung.com
F | www.facebook.com/hankyungbp
등록 | 제 2-315(1967. 5. 15)

ISBN 978-89-475-4854-0 03400

책값은 뒤표지에 있습니다.
잘못 만들어진 책은 구입처에서 바꿔드립니다.